詳解

車載ネットワーク

CAN、CAN FD、LIN、CXPI、Ethernetの仕組みと設計のために

株式会社ネットワークマスタ　藤澤行雄
株式会社サニー技研　品川雅臣／高島光／村上倫／石本裕介／米田真之

日刊工業新聞社

はじめに

自動車制御に初めてコンピュータが搭載されてから40年以上が過ぎようとしています。その間、自動車に搭載されるコンピュータの数は増加を続け、個々のコンピュータを有機的に接続して情報交換するための車載ネットワークも同じく発展してきました。

1980年代に規格化されたCANは、車載通信の主役として今日に至るまで利用され続けていますが、自動車に搭載されるコンピュータの用途、性能、コストに応じて新たな車載ネットワークも誕生してきました。LINやFlexRay、次世代車載通信のCAN FDやCXPI、そして、産業・民生のIT分野で利用されてきたEthernetの車載仕様化など、自動車システムの多様化に合わせて車載ネットワークは発展を続けています。

本書はこれから車載ネットワークを応用した開発に携わるエンジニアの方、そして車載ネットワークに関する業務知識を必要とされる方に向けて、基礎的な車載ネットワーク技術や関連技術について習得できることを目的とした書籍です。

本書では、車載ネットワーク技術を知るうえで基礎となる基本知識や技術を解説した後、自動車制御通信で使用されるCAN、CAN FD、LIN、CXPI、車載Ethernetの各プロトコルの技術内容を各章に分けて解説をしています。さらに、車載ネットワークを応用したシステムの開発に必要となる開発環境を解説し、最終章では読者の理解を助けるために、ネットワークに関する一般的な技術の解説をしています。

今日の自動車制御通信は、複数の車載ネットワークを組み合わせて構成されており、自動車全体では複数の車載通信プロトコルが混在してシステムが機能するという仕組みが一般的になっています。自動車の車載ネットワークにおいて、従来のネットワーク規格が新しいネットワーク規格に置き換わるというケースもありますが、目的・用途に応じて、従来のネットワーク規格を継続して利用しながら、新しいネットワーク規格を導入していくというモデルが今後も続くものと考えられます。本書が、従来の車載通信規格であるCAN、LINと、新しい車載通信規格であるCAN FD、CXPI、車載Ethernetを網羅している理由はここにあります。本書を通じて、車載ネットワークの歴史、そしてその特徴や発展について実感いただければ幸いです。

車載ネットワークを取り巻く自動車のコンピュータ環境は従来の自動車内部の制御通信から、MaaS、コネクテッドのように車外との通信まで幅広い範囲に拡大しており、今後も新たな用途や要求により発展していくことが考えられます。時代と共に発展を続ける車載ネットワークについて解説した本書が、読者の皆様の技術力向上と業務へのお役に立てることができれば幸いと存じます。

執筆者 一同

目 次

第3章 CANの高速化とセキュア対応を目的にした拡張通信プロトコル CAN FD

第4章 マンマシンインターフェースECU用低消費電力プロトコル LIN

第5章 センサーECU用 高速応答プロトコル CXPI

第6章 ますます広がる車載Ethernet

第7章 車載ネットワークを使った制御のための開発環境

第8章 ネットワークに関わる基本知識

第 1 章

自動車の電子化と車載ネットワークの変遷

1.1 増加する制御用ECU

自動車に搭載される電子制御装置をECU（Electric Control Unitの略）と呼びます。このECUは1970年に制定された北米の大気浄化法の改正法（俗称は、マスキー法）で定められた排気ガス対策を行うために、電子制御燃料噴射装置（EFI：Electronic Fuel Injectionの略）として誕生したのが始まりです。1980年代以降は、自動車の基本的な機能（走る、曲がる、止まる）や安全性、快適性の向上に向けて、エアコン、電子制御AT、アンチロック・ブレーキシステム（以

（提供：株式会社アイシン）

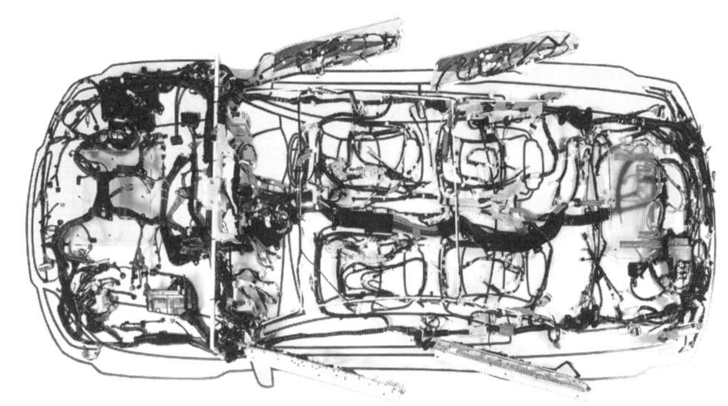

（提供：矢崎総業株式会社）

図1.1　様々な車載ネットワーク

下、ABSと略す)、電子制御サスペンション、パワーウィンドウ、電動シート、キーレス・エントリーシステム、自動防眩式ミラー、エアバッグ、電動パワーステアリングなど、様々な装置にECUが搭載されています。これら各ECUは、車載ネットワークのCANやLINといったネットワークで接続されています(**図1.1**)。

最近の技術動向としては、インターネットとの常時接続技術や自動運転を目的としたセンシング技術とAI技術が、新しい流れとなっています。これらは、いずれも大容量でかつ高速な情報を扱うという点と不正アクセスによる防御対策(セキュリティ機能)の強化が必須なため、ECU間を接続する車載ネットワークも大きく変わろうとしています。

1.1.1. ECUの外観

ECUは、袋構造の樹脂やアルミ素材を使用した筐体とブラケット(取付金具のこと)から構成されています(**図1.2**)。筐体は、ECU基板を衝撃や応力などの機械的外力や湿度や熱などの外部環境ストレスから保護しています。ブラケットは、筐体を車両に固定するために使用しています。このような別体型の外観のECUが多いのですが、最近では、機械部品の中に直接ECU基板を実装した機電一体型と呼ばれるものも増えてきています。

(提供:矢崎総業株式会社)

図1.2 ECU

1.1.2. ECU基板の基本構成

対象となる制御システムの制御規模や複雑さによって使用するマイコンや回路の規模は変わりますが、基本的な構成は全て同じです。**図1.3**に入力制御システムの例を示します。

①入力処理回路

センサーやスイッチの信号をマイコンが読み込める信号に変換します。たとえば、12Vの信号を5Vの信号に変換したり、0.5V振幅の信号を5V振幅信号に変換したりします。

②マイコン

CPU、ROM、RAM、入出力ポート、タイマ、ADコンバータ、通信コントローラなどがワンチップ化されたデバイスです。制御の中心的役割を担います。

③出力処理回路

パワーデバイスを駆動可能な信号に変換します。たとえば、5Vの信号を12Vに変換します。

④パワーデバイス

モーターやソレノイドなどを駆動するための大電流に変換します。

⑤通信インターフェース

他のECUと協調制御を行うための車載ネットワーク用インターフェースのことです。

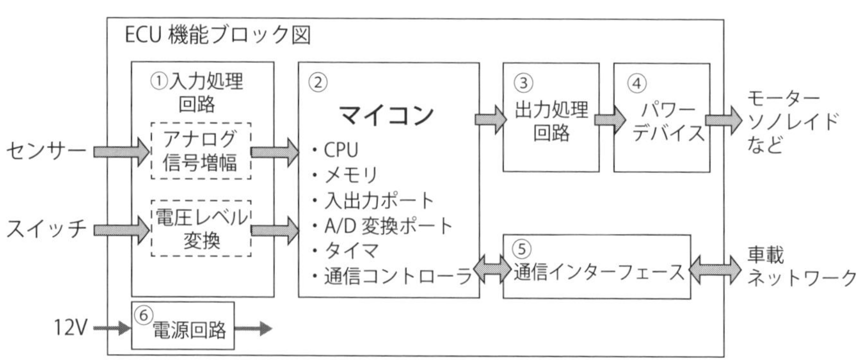

図1.3　メカ制御システムのECUの例

⑥電源回路

ECUが動作するための電源回路です。車載バッテリーから12Vを入力し、ECUが動作に必要な5Vと12VのDC電源を供給します。ECUの制御回路によっては、3.3VなどのDC電源が必要な場合もあり、その場合は3.3Vの電源を供給します。

1.1.3. ドメイン別ECUの色々

2019年以降の車両に搭載しているECUは、制御用途ごとに下記の6種類に分類できます（**図1.4**）。

①パワートレイン系ドメイン

エンジンやトランスミッションなどの動力伝達系を制御するECUのことです。

②シャーシ系ドメイン

ABSやEPSなどの足回り機構を制御するECUのことです。

③ボディ系ドメイン

ボディ系ECUには、エクステリア（車の外装）系とインテリア（車の内装）系の2種類があります。

エクステリア系とは、ヘッドライト、ウインカー、ドアミラーなどの制御機構を制御するECUのこと、インテリア系とは、メーター、エアコン、電動シートなどの車室内の制御機構を制御するECUのことです。

④衝突安全系ドメイン

エアバッグやシートベルトなどの安全機構を制御するECUのことです。

⑤情報系ドメイン

ナビゲーション、ETC車載機器など車外にある通信インフラと通信を行う情報機器を制御するECUのことです。

⑥走行安全系ドメイン

車間距離を計測するためのカメラやミリ波レーダなどのセンサーECUと、各センサーECUの情報から衝突回避や自動ブレーキなどの運転支援制御を行うECUのことです。ADAS（Advanced Driver-Assistance Systems）用のECUなどです。

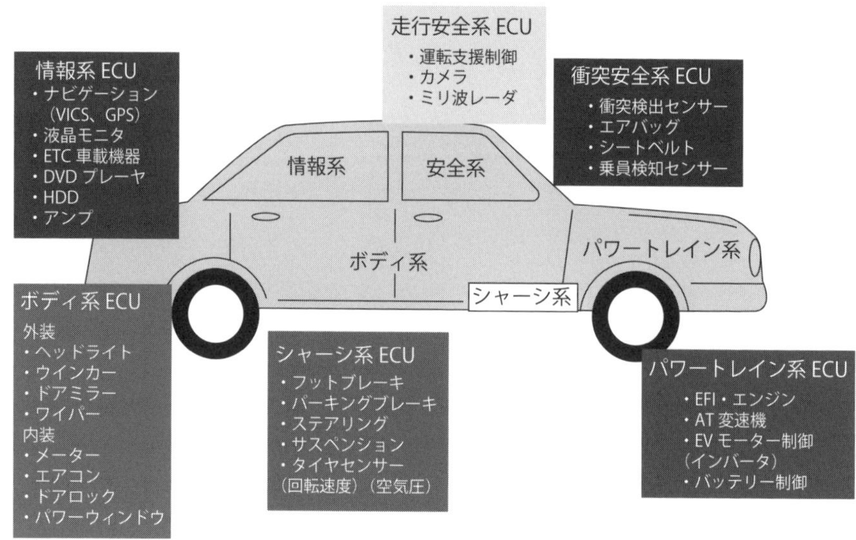

図1.4 自動車のドメイン別ECUの例

1.2 先進運転システム(ADAS)

ADASとは「Advanced Driver-Assistance Systems」の略で、「エーダス」と一般的に呼ばれています。これは、先進運転支援システムの総称です。周囲の情報を把握し、運転操作の制御やドライバーへの注意を促し、快適な運転をサポートし、事故を未然に防ぎます。

車を運転する際の運転操作は、大きく「認知」「判断」「操作」に分けられます。ドライバーが周囲の状況を把握するために目や耳を使って状況を把握(認知)して、加速や停止、さらには左折、右折などの判断を行います。その後、手や足を使いハンドルやアクセルなどを操作して、車を動かすというのが一連の流れです。これらの認知、判断、制御のいずれか、もしくは全てをアシストするのがADASです。

代表的なADASの種類を以下に示します。これらの制御には、車外の状況を把握するためにミリ波レーダやカメラといったセンサー情報が使用されています。

①車線逸脱防止支援システム（レーンキープアシスト）

走行時の車線からの逸脱を防止するために使用されるシステムです。道路上の白いラインの画像解析を行うことで、自車の位置を計算し、車線からはみ出てしまう可能性を判定していきます。車線からのはみ出しの可能性が高い場合には、ドライバーへの警告を行い、回避するという仕組みになっています。

②クルーズコントロール

アクセルを踏み続けずに、走行中の速度を一定に維持する機能です。先を走っている車との車間制御機能を合わせ持つシステムは、「アダプティブ・クルーズ・コントロール」と呼ばれており、自動ブレーキ機能などを備えているものがあります。

③駐車支援システム

駐車の際に、ハンドルやアクセル/ブレーキペダルの操作を支援し、周囲の状況をモニター上などで伝えるシステムです。クルマの後方や側方、あるいは全周囲をモニターに映し出す機能や、一定の手順に従ってハンドルやブレーキなどを制御し、自動的に駐車する機能などがあります。

④ブラインドスポットモニタ

運転席側や助手席側、後方を含む車外に位置する他のクルマや歩行者などを監視・検出し、ドライバーの死角を補うシステムです。ミリ波レーダなどのセンサーによりドアミラーなどに映らない位置にいる他のクルマなどを検知し、車線変更や右左折の際にドライバーに警告し、接触事故などを防止します。

⑤ペダル踏み間違い加速抑制装置

停止時や低速走行時に、車載のレーダ、カメラ、ソナーが前方や後方の壁や車両を検知している状態で、運転者がシフトレバーやアクセルペダルの誤操作などにより、アクセルを踏み込んだ場合に作動します。周辺障害物と衝突する可能性がある場合に、衝突防止または被害軽減のためにエンジン出力を抑えるなどにより、急発進、急加速を抑制する装置です。

⑥自動（衝突被害軽減）ブレーキ

ドライバーの不注意などの運転ミスで発生してしまう前方の車両や歩行者、障害物などへの衝突事故を減らすために作られたシステムです。**図1.5**にあるようにカメラなどのセンサーにより前方の障害物を検知して、相手との距離や速度などを計算した上で、衝突の危険が高いと判断した際には、ドライバーへ注意喚起をし、ブレーキ制御を行うというものです。

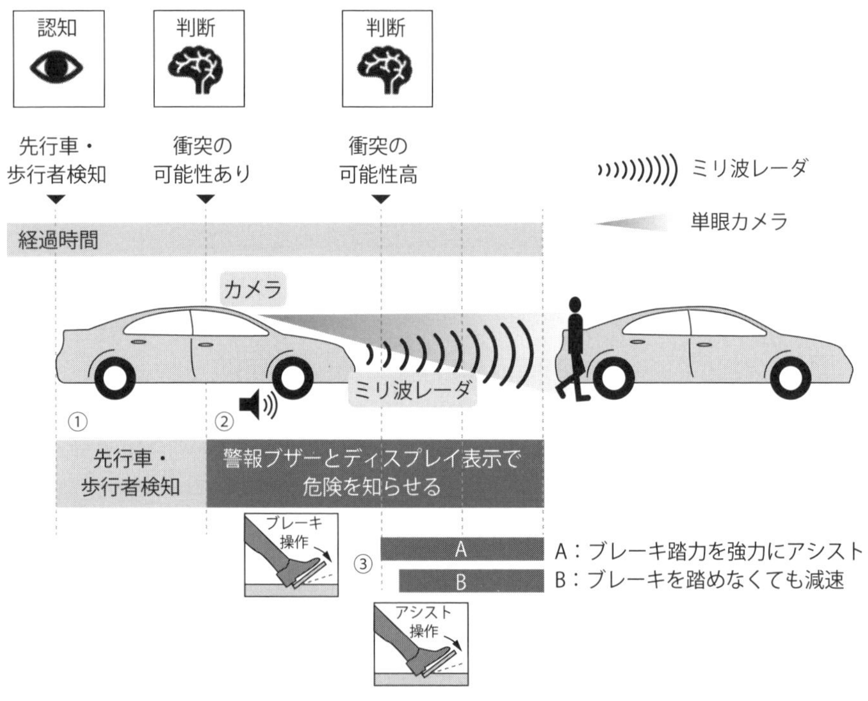

図1.5　衝突被害軽減ブレーキの動作イメージ

1.3 車載ネットワークの推移

1.3.1. ネットワーク化の背景

ECU間の協調制御を行うためにUARTやSPIをベースにした1対1のシリアル通信方式でECU間の通信網を構築した場合、4個のECUでの協調制御システムでは、機能拡張のためにECUを1個増やしただけで4組（UARTの場合3本×4組）のケーブル本数の増加となります（**図1.6、表1.1**）。

このようにECUの数に比例して通信用のケーブル本数が増える仕組みだと、追加したECUと通信を行うためには、既存ECUにシリアル通信用のハードウェア回路や通信ソフトウェアを追加するといった開発をしなければならないという

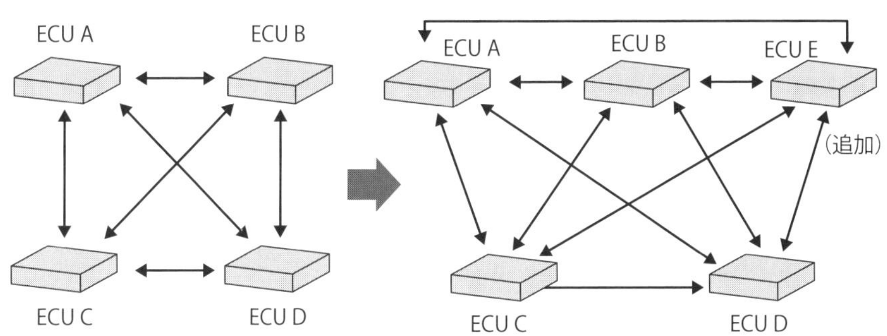

図1.6 1対1通信で構築した例（伝送路としては合計10経路）

表1.1 ECU数と伝送路本数の関係（1対1通信）

ECU数	4	5	6	7	8	9
伝送路本数	6	10	15	21	28	36

特徴：

・ECUの数が多くなればなるほど、伝送路本数が爆発的に増加する。
・上記システムにECUを1個追加すると、伝送路は6経路から10経路となる。

問題がありました。また、ケーブル本数が増えるので、ケーブルやコネクタなどのコストアップも当然発生します。さらに、ケーブル本数が増えすぎて、製造時にドア回りやピラーに配線する配線作業効率が悪化するという問題も発生していたようです。

1.3.2. ネットワーク化の効果

1対1のシリアル通信方式をベースとした通信網を1対多のシリアル通信方式をベースにした通信網に変更した場合、ECUを1個増やすことによって増加するケーブルは、幹線に接続するための支線1本（バス型の場合）だけです（**図1.7**、**表1.2**）。

1対多のシリアル通信方式をベースにした通信網では、ECUが通信するためのハードウェア回路は1本化できるため、通信網にECUを追加しても既存ECUは通信ソフトウェアの一部変更開発だけで対応できます。ケーブル本数は、ECUの増加に比例して増加しますが、1対1ベースの通信網と比較するとケーブル本数やケーブル長（重量）の面で大きなメリットがあります。製造時の配線作業の問題も幹線と支線という構成なので、ECUの数が増えても大きな問題にならないことがわかります。

1.3.3. ネットワークの種類

車載ネットワークの標準化が行われ、制御ドメインごとに用途に特化した車載ネットワークがあります（**図1.8**）。年代順に紹介します。

①CAN（Controller Area Network）-1983年

CANはBOSCH社によって最初に開発された車載ネットワークで、動作速度は最大1Mbpsです。CANはISOの規格プロセスで規格化されました。その利点は、費用効率と信頼性です。一方、欠点は、共有アクセスと帯域幅の狭さです。パワートレイン系、シャーシ系、ボディ系のドメインで使われています。このCANの短所である帯域幅の狭さを改善した機能拡張版のCAN FD、CAN XLと

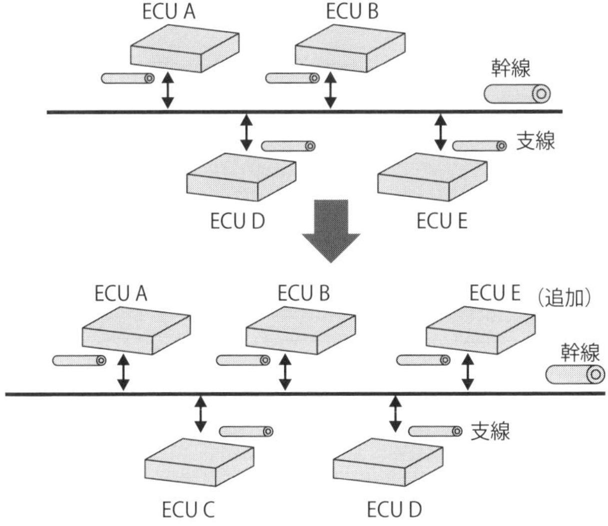

**図1.7　ネットワーク通信（バス型）で構築した例
（伝送路としては幹線1経路と支線5経路）**

表1.2　ECU数と伝送路本数の関係（ネットワーク通信）

ECU数	4	5	6	7	8	9
伝送路本数	5	6	7	8	9	10

特徴：
・ECUの数が多くなっても、伝送路本数はあまり増えない。
・上記システムにECUを1個追加しても、支線経路が1増えるだけ。

いう車載ネットワークがCANの代わりに使われていくといわれています。

②LIN（Local Interconnect Network）-1998年

LINは、自動車メーカーとテクノロジーパートナーのコンソーシアムによって開発されました。速度は19,200bpsと低く、必要な共有ワイヤーの数はCANが2本であるのに対してLINは1本だけです。CANではすべてのノードが平等に扱われるのに対して、LINはマスタ／スレーブアーキテクチャを採っています。LINはCANより低コストであり、ミラー、パワーシート、アクセサリなどのボデイ系ドメインの小型ECUのネットワークに使われています。

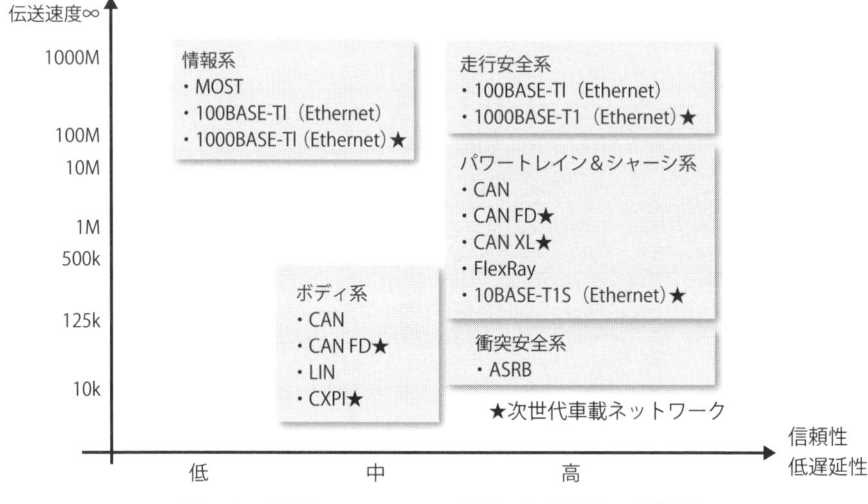

図1.8　車載ネットワークの規格と伝送速度、信頼性

③MOST（Media Oriented Systems Transport）-1998年

MOSTはリングアーキテクチャを採っており、ファイバーまたは銅線のインターコネクトを通じて最大150Mbps（MOST150）で動作します。各リングには最大64台のMOSTデバイスを接続できます。MOSTの利点は自動車用としては比較的帯域幅が広いことですが、同時にコストも高くなります。情報系のドメインで使われています。

④FlexRay - 2000年

FlexRayは、最大10Mbpsで動作します。開発したのは、半導体メーカー、自動車メーカー、インフラプロバイダーのグループであるFlexRayコンソーシアムです。CANと異なり、エラー回復が組み込まれておらず、エラー処理はアプリケーションレイヤに任されています。CANより帯域幅が広いことが利点ですが、コストの高さと共有メディアであることが欠点です。FlexRayは、シャーシ系のドメインで使われています。

⑤ASRB（Automotive Safety Restraints Bus）-2006年

ASRBは、最大160Kbpsで動作します。開発したのは、半導体メーカー、自動車メーカー、インフラプロバイダーのグループであるSafe-by-Wire Plusコンソーシアムです。電源重畳方式の伝送を行うため、通信用のケーブルが不要であるという利点があります。ASRBは、衝突安全系のドメインで使われています。

⑥100BASE-T1（車載Ethernet）-2015年

100BASE-T1は、最大100Mbpsで動作します。既存の100BASE-TXが、2対のツイストペア線を使用するのに対し、1対のツイストペア線で全二重通信を可能としています。また内部動作クロックを125MHzから66.7MHzにすることで、ノイズ量を大幅に減らすという工夫によって、自動車でも使える仕様となっています。100BASE-T1は、走行安全系のドメインで使われています。

また、100BASE-T1の10倍高速な1000BASE-T1や、速度は10分の1ですが中継器が不要な10BASE-T1Sといった車載Ethernetの提案がなされています。

⑦CXPI（Clock Extension Peripheral Interface）-2019年

CXPIは、最大20Kbpsで動作します。日本自動車技術会で規定を策定した、日本発の車載通信プロトコル規格です。JASO D015およびSAE J3076で規格化され、2020年にISO 20794として国際標準規格になりました。CXPIは、LINの機能を継承しながら、LINでは適用できない領域をネットワーク化したり、LINよりも応答性を必要とする通信やプラグアンドプレイなどを想定した通信実現のために開発されました。LINよりも、ECUの追加削除が容易に行えるという利点があります。

コラム　CAN XL

CAN XLはCANの利点を継承し、10Mbpsのデータレートと最大2,048byteの大きなデータフィールドを備えた次世代のCAN規格です。従来のシグナルベースの通信だけでなく、IP（インターネットプロトコル）を利用できるデータフィールド長を得ることで、100BASE-T1とCAN FDとの間を埋めるネットワークとして位置付けられています。

CAN XLはCAN、CAN FDと同じ物理層で通信できること、アービトレーション機能による非破壊優先度通信を備えることでEthernetへの置き換えのハードルを下げ、かつ従来の技術の延長として性能向上ができるメリットを兼ね備えています。これからも発展を続ける車載ネットワークの選択肢の1つとして注目されています。

1.3.4. 車載ネットワーク構成例

図1.9にドライバーによる監視を前提にした、自動運転レベル2クラスの自動車における車載ネットワークの構成例を以下に示します。自動運転レベル2クラスは、経済産業省が推進する安全運転サポート車（略称：サポカー）の機能をすべて満たしています。

自動運転レベル2クラスの自動車は、従来の車の機能に加えて、車外の状況を把握するためにミリ波レーダやカメラといったECUが得た膨大な量のデータを、AI機能を搭載した先進運転支援システム（ADAS）の頭脳となるECUが受信し、車両の制御を行う機能を持っています。通信時の伝送速度は、ミリ波レーダは100Kbps、カメラは40Mbpsといった速度での通信が必須になります。**表1.3**にネットワークと通信速度を示します。

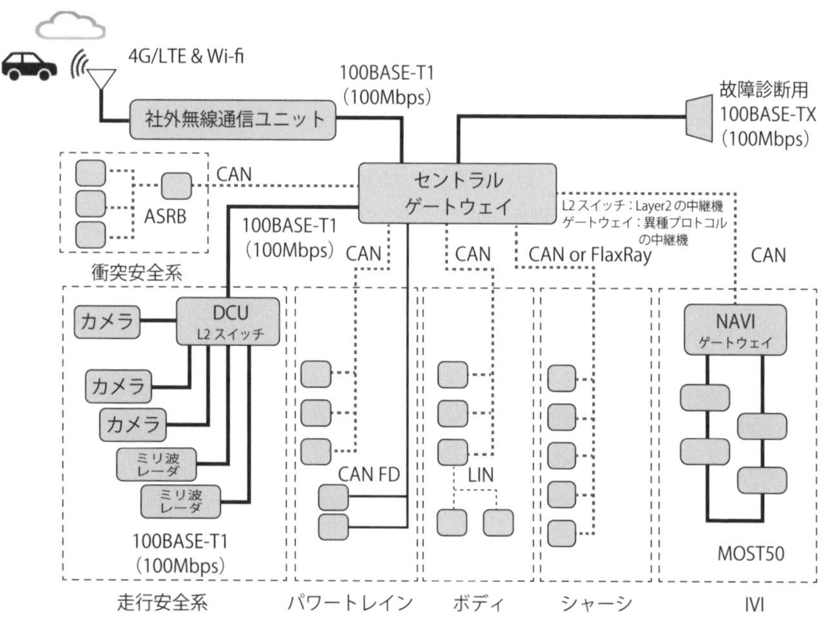

図1.9　車載ネットワークの構成例

表1.3 クラスと性能

クラス	通信速度	制御ドメイン	車載ネットワーク名
クラスA	10Kbps以下	ボディ系	LIN（Local Interconnect Network）
クラスB	10K～125Kbps	ボディ系 衝突安全系	CAN（Controller Area Network） ASRB（Automotive Safety Restraints Bus）
クラスC	125K～1Mbps	ボディ系	CAN（Controller Area Network）
		パワートレイン系	CAN（Controller Area Network）
		シャーシ系	CAN（Controller Area Network）
クラスD	5Mbps以上	情報系	MOST（Media Oriented Systems Transport）
		パワートレイン系	CAN FD（CANの機能拡張版）
		シャーシ系	FlexRay
		走行安全系	100BASE-TI（車載Ethernet）

既存の車載ネットワークでは伝送速度が低速であるため、伝送速度が高速で低遅延なEthernetを採用しています。ただし、従来のEthernetは、自動車に使用するにはノイズが多く、外部からの干渉に弱いという欠点がありましたので、これらの欠点を対策した車載用Ethernetを使用しています。

1.4 自動車のノイズ環境

車載機器ではノイズによる誤動作がユーザの命に関わる問題となる可能性があること、またAM、FM、TPM（Tire Pressure Monitoring）センサーなどの無線システムへの干渉を防ぐ必要があることから、これらの規格の規制値はテレビやパソコンなどの民生機器の規格に比べると大変厳しい値となっています。

電磁妨害波（ノイズ）の規格には、ノイズ耐量を規定したイミュニティ規格と放出ノイズの最大値を規定したエミッション規格の2つがあります。

1.4.1. イミュニティ規格と試験項目

イミュニティ（immunity）とは、電気機器が電気的ストレス（電界、磁界、電圧、電流）に曝された際に耐えうる能力を指します。また、この性能は電磁感受性（EMS：Electromagnetic Susceptibility）とも呼ばれます。電気機器はその使用環境によって様々な電気的ストレスに曝されます。電気的ストレスには、電気機器から発生するものに加え、無線通信や公共放送用の電波なども含まれます。また、雷や静電気などの自然現象による電気的ストレスも対象となります。

①アンテナ照射試験：(ISO 11452-2)

ラジオ／TV放送、トランシーバ、アマチュア無線、および携帯電話などの無線電波に対するイミュニティ試験です。アンテナ照射試験では、想定される電波をアンテナにて放射し、車載商品が影響を受けないかを確認します。

②TEMセル試験：(ISO 11452-3)

ラジオ／TV放送、トランシーバ、およびアマチュア無線などの無線電波に対するイミュニティ試験です。TEMセル試験では、想定される電波をTEMセル内にて放射し、車載商品が影響を受けないかを確認します。

③BCI試験：(ISO 11452-4)

ラジオ／TV放送、トランシーバ、アマチュア無線、および携帯電話などの無線電波に対するイミュニティ試験です。BCI試験では、想定されるノイズ電流をBCIプローブにて印加し、車載商品が影響を受けないかを確認します。

④サージ試験：(ISO 7637)

自動車に搭載された電子機器から発生するスイッチングノイズや、バッテリー端子の外れや断線で発生するロードダンプなどに対するイミュニティ試験です。ISO 7637サージ試験では、想定されるサージ電圧を印加し、車載商品が影響を受けないかを確認します。

1.4.2. エミッション規格と試験項目

エミッション（emission）とは、ECUから放出される不要な電気的ノイズ（主として電磁波）を指します。ECUから放出されたノイズは、空間を介して、あるいは電線路を伝搬して、他の電気機器や、無線設備などの動作に影響を与えることがあります。このことを電磁障害（EMI：Electromagnetic Interference）と呼びます。電磁障害の発生を未然に防ぐため、全ての電気機器はエミッションのレベルが定められた限度値内になることが求められます。日本国内では、電波法、電気用品安全法、VCCI協会の技術基準などで、エミッションの限度値が定められています。

①放射妨害波測定：(CISPR 25)

商品から発生する放射ノイズによって、ラジオなどの電子機器が影響を受ける恐れがあります。このようなトラブルを未然に防ぐために、商品から発生する放射ノイズを確認するための測定方法です。車載商品（ケーブルを含む）から発生する放射ノイズを電界アンテナで測定します。

②伝導妨害波測定：(CISPR 25)

商品から発生する伝導ノイズによって、ラジオなどの電子機器が影響を受ける恐れがあります。このようなトラブルを未然に防ぐために、商品のケーブルに重畳する伝導ノイズを確認するための測定方法です。車載商品のケーブルに重畳する伝導ノイズを擬似電源回路網で測定します。

1.5 OSI参照モデル

1970年代中頃、さまざまなメーカーによっていろいろなネットワークテクノロジが開発され、それを使ったネットワーク機器が製品化されました。しかし各メーカーのネットワークテクノロジは独自に開発したものだったため、異なるメーカーのネットワーク機器を相互に接続することが（容易には）できませんでした。

相互接続性を実現するためには、ネットワークの構成に必要なことがらをすべて標準化し、各メーカーがそれに従った製品を開発する必要がありました。

そこで、各種の工業製品やサービスなどに関する世界的な標準仕様を策定することを目的とした、国際的な機関であるISO（International Organization for Standardization：国際標準化機構）では、さまざまなネットワーク機器を相互に接続するためのOSI（Open Systems Interconnection：開放型システム間相互接続）標準の作成を1977年より開始しました。

OSI標準化活動の成果の一つとして、「OSI参照モデル（OSI reference model）」という、ネットワークプロトコルの階層モデルがあります。

このモデルは、ネットワークの機能を説明するときには必ずといってよいほど引き合いに出される重要な考え方であり、今後もしばしば登場します。そのため、OSI参照モデルの概略機能とOSI参照モデルの通信データの流れについて解説します。

1.5.1. OSI参照モデル（OSI reference model）の基本構成

OSI参照モデルとは、ISOとCCITTによって決められた、ネットワークの階層構造のモデルのことです。OSI階層モデルと呼ぶ場合もあります。通信プロトコル（ネットワーク上で通信を行う際の約束事のこと）を、その機能別に7つの階層に分け、それぞれの階層で実現する機能を定義しています（**図1.10**）。以下に、OSI参照モデルの各階層の名称と規定内容を示します。

①レイヤ1 ― 物理層

信号線の物理的な電気特性や符号の変調方法などを規定しています。

②レイヤ2 ― データリンク層

データのパケット化や物理的なノードアドレス、隣接ノード間での通信方法などを規定しています。

③レイヤ3 ― ネットワーク層

ネットワーク上の2つのノード間での通信方法を規定しています。

④レイヤ4 ― トランスポート層

ノード上で実行されている、2つのプロセス間での通信方法を規定しています。

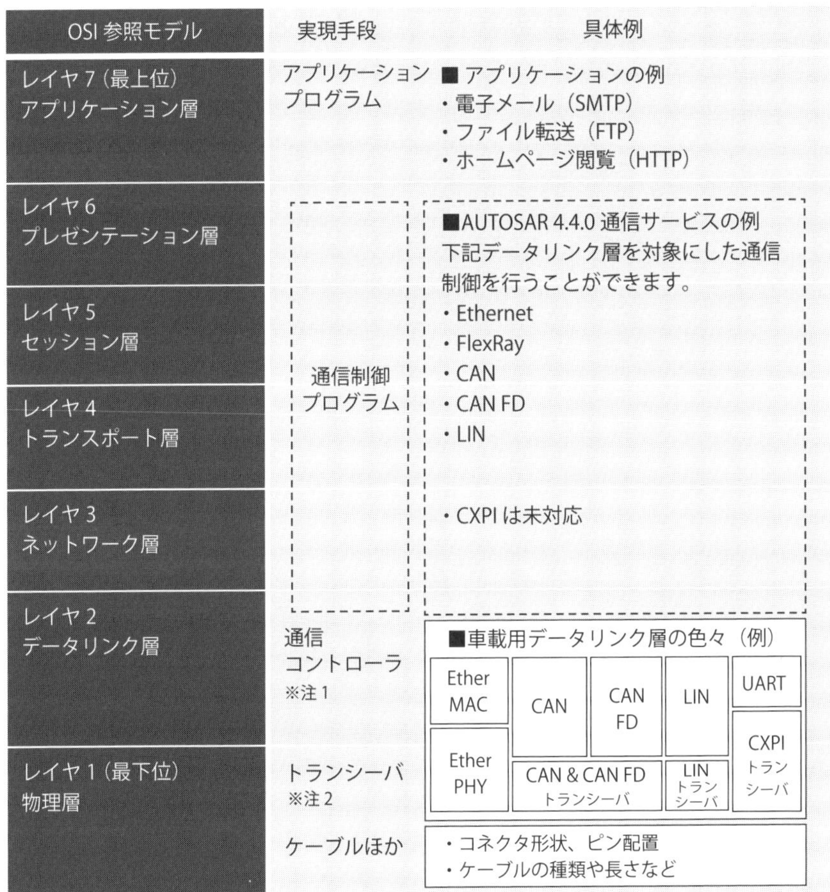

図1.10　OSI参照モデルの階層ごとの実現手段と車載ネットワークでの具体例

⑤レイヤ5 — セッション層

セッション（通信の開始から終了まで）の手順を規定しています。

⑥レイヤ6 — プレゼンテーション層

セッションでやり取りされるデータの表現方法を規定しています。

⑦レイヤ7 — アプリケーション層

アプリケーション間でのデータのやり取りを規定しています。

1.5.2. OSI参照モデルの通信データの流れ

各通信レイヤは、レイヤ固有のPDU（Protocol Data Unit：データの単位のこと）を使用し、通信機器のレイヤ間で1対1や1対多の通信を行います（**図1.11**）。

レイヤごとにPDUのデータ構成が異なる理由は、上位レイヤから下位レイヤに階層が下がるたび、「ヘッダ」と呼ぶ制御情報をPDUに付加するという仕組みになっているからです。このようにレイヤごとで制御情報を付加していく処理のことを「カプセル化」と呼んでいます。逆の場合の処理を「非カプセル化」と呼んでいます。

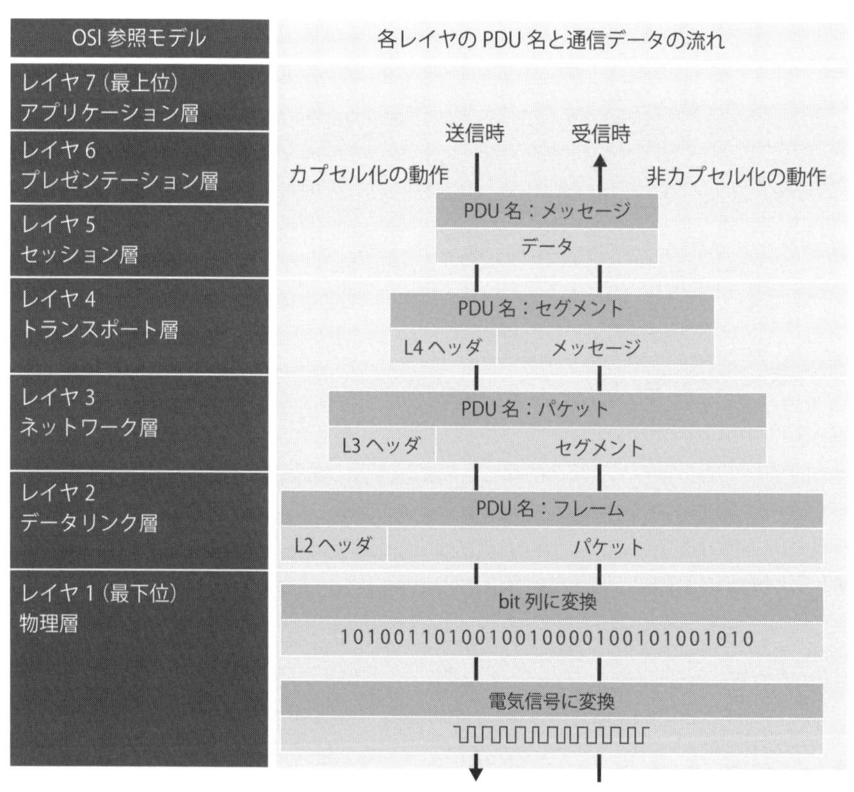

図1.11　レイヤ間通信

1.6 自動車用のソフトウェアプラットフォーム“AUTOSAR”

AUTOSARとは、2003年に国内外の自動車業界の主要な会社が参画し作成した、自動車用の組み込みソフトウェアの共通基盤となるプラットフォーム（土台）のことです。

このソフトウェアプラットフォーム（以下、SPFと呼ぶ）には、“走る・止まる・曲がる”といった従来型の制御系ECUに使うクラシックプラットフォーム（以下、CPと呼ぶ）と、運転支援や自動運転用に新規に追加されたECUに使うアダプティブプラットフォーム（以下、APと呼ぶ）の2種類が存在します。これらのSPFは、仕様の見直し改善が適宜行われており、2022年4月時点の最新仕様は、AUTOSAR CPは、Release R21-11、AUTOSAR APは、Release R21-11

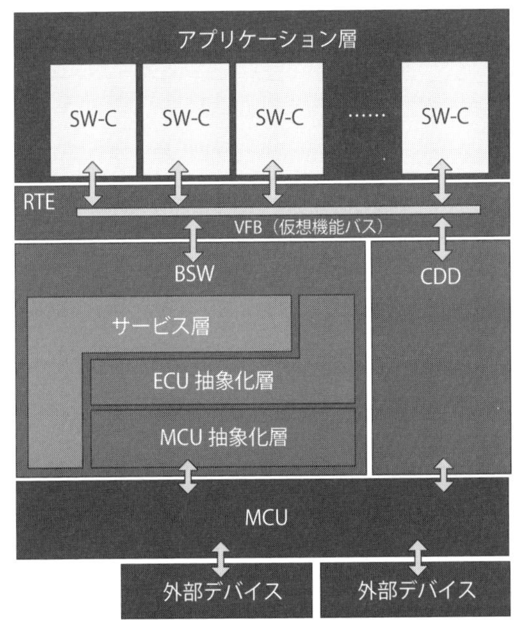

図1.12　SPFのソフトウェア構造

となっています。AUTOSAR CP Release R21-11を例に、SPFのソフトウェア構造について概要を紹介します（**図1.12**）。

1.6.1. アプリケーション層

アプリケーション層は、ECUごとのアプリケーション機能を実現するためのソフトウェア群を配置する階層のことです。ここに配置するモジュール化されたアプリケーションソフトウェア群のことをSW-C（SoftWare Component）と呼んでいます。SW-Cは、ハードウェアに依存する部分を排除しているので、異なるハードウェアのECUでも再利用することができます。

1.6.2. RTE（RunTime Environment）

RTEは、アプリケーションレイヤとBSW（Basic SoftWare）の中間層にあります。VFB（Virtual Functional Bus：仮想機能バス）と呼ばれる抽象的なインターフェース機能によりコミュニケーションサービスを提供するソフトウェアを配置することで、SW-C間やSW-CとBSW間、SW-CとCDD間の情報のやり取りを行っています。このRTEの機能のおかげでSW-Cのアプリケーション開発エンジニアは、車載LANの種類を意識することなく、外部のECUと情報のやり取りを行うプログラムを開発できます。

1.6.3. BSW（Basic SoftWare）

BSWは、マイクロコントローラ（以下、マイコンと呼ぶ）とRTE間にあり、OSや車両ネットワークの通信やメモリサービスなどのモジュール化された基盤ソフトウェア群を配置しています。BSWは、サービス層、ECU抽象化層、マイコン抽象化層（以下、MCALと呼ぶ）とCDDの4つの層で構成されています。

①サービス層

サービス層には、サービスのハードウェア非依存部のソフトウェアを配置しています。OS機能、車両ネットワークの通信と管理、メモリサービス、診断サービス、ECU状態管理などがあります。

②ECU抽象化層

ECU抽象化層には、MCAL部で抽象化できなかったハードウェア依存部を削除するためのソフトウェアを配置しています。この処理によって、完全にハードウェア非依存にしています。

③MCAL（Microcontroller Abstraction Layer）

MCALには、マイコン（マイコン経由で接続する外部デバイスも含む）のハードウェアを直接制御する処理と、AUTOSARで決められている上位層インターフェース処理のソフトウェアを配置しています。上位層からするとマイコンが変更されても上位層インターフェースは常に同じなので、マイコン依存部を隠蔽したソフトウェアということができます。

④CDD（Complex Device Driver）

CDDは、ユーザ独自仕様の入出力サービスや通信プロトコルスタックなどを組み込んだソフトウェア群のことです。CDDのメリットは、AUTOSAR規格がカバーしていない機能を実現するだけではなく、ハードウェアへの直接アクセスや割り込みの利用も許されているので、リアルタイム制約の厳しいソフトウェア処理にも適しています。

1.6.4. ネットワーク通信機能

AUTOSAR CPが定義している通信プロトコルスタックの概要を**図1.13**に示します。AUTOSARでは、CAN（CAN FDを含む）、LIN、FlexRay、Ethernetという4種類の車載LANの通信プロトコルスタックを組み込むことが可能です。

ECUごとに通信プロトコルスタックに対する要求や使用する通信データの構成は異なりますので、そのECUに適した車載LANを選択し、通信コントローラやトランシーバの初期設定、通信速度、通信経路設定、受信する通信データなどを登録する必要があります。AUTOSARの場合は、このような作業をコンフィグレーションテーブルの設定値を変更することにより行う仕組みにしています。

アプリケーション層のSW-Cを設計するエンジニアからすると、車載LANの

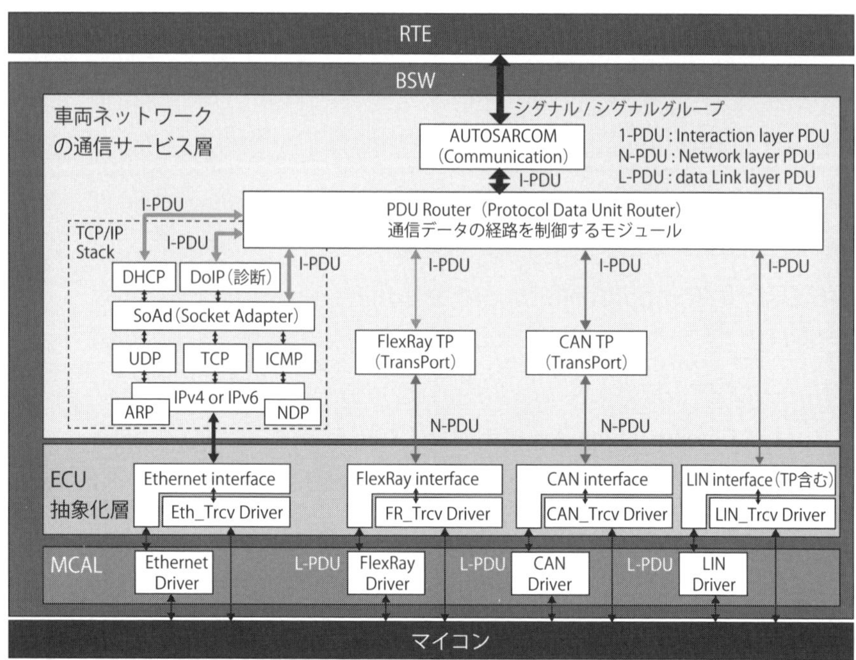

注：AUTOSAR AP も同じ構成をとっている

図1.13　通信プロトコルスタック

種類を意識することなく、情報の最小単位であるシグナルという単位の情報を使用し、外部ECUと通信できます。

上記規格に定義されていない車載LANに関しては、CDD層に使用したい車載LANの通信プロトコルスタックを作成するか購入し組み込む必要があります。

1.7 車載ネットワークのセキュリティ

自動車のコネクテッド化により新たな価値創出が進む一方で、リスクが高まっているのがサイバー攻撃への対応です。自動車が外部とのネットワーク接続を前提とした「IoT（モノのインターネット）デバイス」へと進化する中で、車載ネットワークに対してもセキュリティの確保は大前提となります。

車載ネットワークで行っているセキュリティ技術としては、レイヤ3以上の上位レイヤでメッセージの暗号化技術や、メッセージの改竄やなりすましを識別するためのメッセージ認証技術の導入などがあります。

1.7.1. メッセージの暗号化技術

車載ネットワークでは、暗号方式としてAES（Advanced Encryption Standard）を使用しています。AESは、米国の国立標準技術研究所（NIST：National Institute of Standards and Technology）によって制定された共通鍵（秘密鍵）暗号方式の一つです。

暗号化と復号に同じ暗号鍵を用いる共通鍵暗号（秘密鍵暗号）で、平文を一定の長さごとに暗号文に変換するブロック暗号です（**図1.14**）。暗号鍵は、工場出荷時に同じものが登録されているものとします。

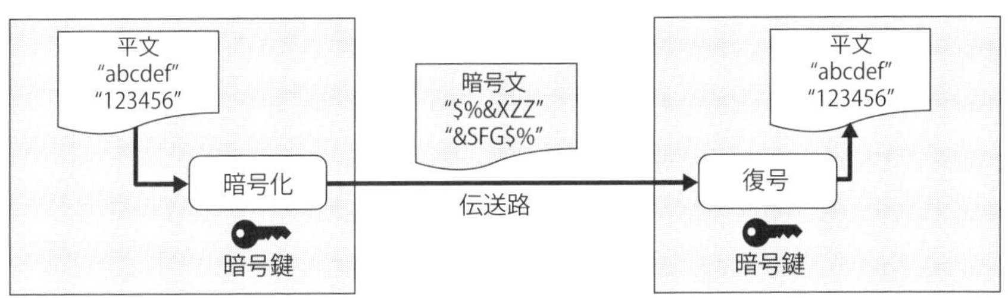

図1.14　暗号化と復号

AESの暗号文のブロック長は128bitで、鍵長は128/192/256bitの三種類から選択できます。複数の演算を連続して行う、「ラウンド」と呼ばれる処理単位を繰り返すことによって暗号化され、128bit鍵では10ラウンド、192bit鍵では12ラウンド、256bit鍵では14ラウンドを繰り返します（**表1.4**）。

各ラウンドは置換表によるデータの入れ替え、左巡回シフト、行列変換、ラウンド鍵とのXOR演算の4つの処理からなり、暗号鍵から導出されたラウンドご

表1.4　AES規格と特徴

AES規格	鍵長	ブロック長	ラウンド数
AES-128	128bit	128bit	10段
AES-192	192bit	128bit	12段
AES-256	256bit	128bit	14段

とに変化するラウンド鍵を用いてパラメータを決定します。鍵長が多いほど安全性が高いものの、それだけ処理速度などが低下するため、セキュリティが強固であるとされる「AES-128」が、もっともよく利用されています。

1.7.2. メッセージ認証技術

メッセージにメッセージ認証符号（Message Authentication Code：MAC）を付与することにより、メッセージの改竄やなりすましメッセージを棄却する技術があります（**図1.15**）。この技術は自動車のソフトウェアプラットフォームを策定しているAUTOSARでも、Secure Onboard Communication（SecOC）という仕様で定義されています。

メッセージ認証は共通鍵暗号を応用しているので、事前に送信者と受信者が同じ暗号鍵を持っていることが前提になります。

メッセージ認証の仕組みは以下の通りです。

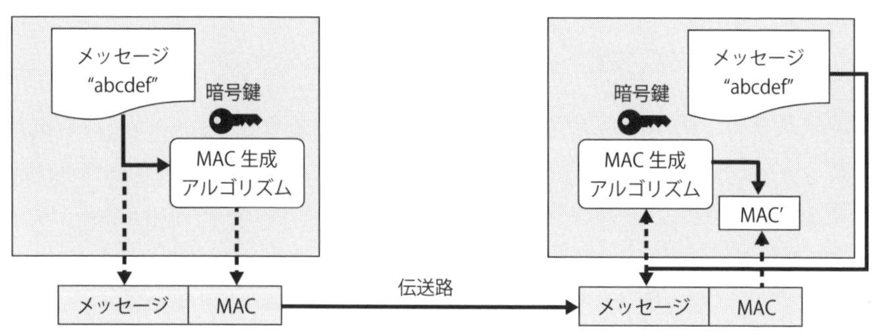

図1.15　メッセージ認証

①送信者がメッセージと暗号鍵をMAC生成アルゴリズムに入力し、MACを生成します。

②送信者はメッセージを平文（暗号化していないそのままの状態のこと）で、後ろにMACを付加して送信します。

③受信者は受け取ったメッセージと自分の持つMAC鍵をMAC生成アルゴリズムに入力し、MACを生成します。

④受信者が生成したMACと、送信者から受け取ったMACが完全一致した場合は、メッセージを受信します。そうでない場合はメッセージを破棄します。

1.7.3. その他セキュア技術

ネットワーク間のメッセージの中継を行うECUには、正常なアクセスだけを許可し、それ以外の通信はすべてシャットアウトするファイアウォール機能を持たせています。そのため外部からの攻撃はもちろん、許可されていない内部からの不正アクセスも防ぐことができます。

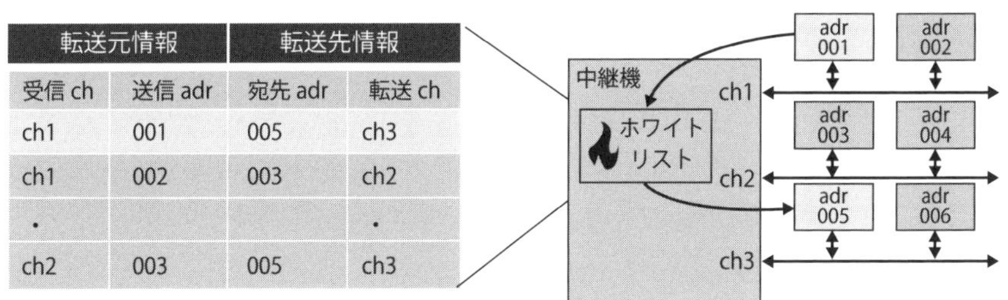

転送元情報		転送先情報	
受信 ch	送信 adr	宛先 adr	転送 ch
ch1	001	005	ch3
ch1	002	003	ch2
・			・
ch2	003	005	ch3

図1.16　ホワイトリスト

具体的には、事前に転送元情報（受信チャネル（ch）と送信元アドレス（adr））と転送先情報（宛先アドレス（ch）と転送チャネル（ch））をリストとして登録し、このリストにあるアクセスのみ振り分けるという制御を行います。この正常なアクセスのみを一覧にしたリストのことをホワイトリストと呼んでいます（**図1.16**）。また、民生分野のEthernetの中継機（スイッチ、ルータなど）では、AIを使用しメッセージの送信頻度や各メッセージの内容の相関解析を行い，ホワイトリストをくぐりぬけたなりすましメッセージを検知して、シャットアウトする機能を持たせています。

今後は、このような不正侵入検知（IDS）と防御（IPS）機能が車載制御システムの中継機にも導入されることが予想されています。

第 2 章

制御システムECU用高信頼性通信プロトコルCAN

2.1 CANの概要

今日の自動車ネットワークの主流となっているプロトコルとしてCANがあります。CANは、ISOにて国際的に標準化されたシリアル通信プロトコルです。CANの登場により、自動車におけるECU間のネットワーク接続は、能動的で安定的な情報共有ができるようになりました。さらに、ハーネス量が減ることで車両重量は軽くなり、燃費の向上にも役立っています。CANは自動車以外のあらゆる産業へも浸透しており、制御のためのネットワークのスタンダードとしての地位を築いています。

CAN登場以前の自動車産業では、安全性、快適性、低公害、低コストを求め、自動車の電子制御システムを様々に開発してきました。これらの制御システムは、システムごとに複数のバスラインに構成される場合が多く、ワイヤーハーネスの増加、それに伴う重量およびコストの増大が問題となっていました。そこで、「ワイヤーハーネスを削減する」「複数のLANを介して大容量のデータを高速に通信する」ことを目的に、ドイツの電装メーカーBOSCH社が自動車の電子制御システム向け通信プロトコルとしてCANを開発しました。

CANはISO 11898で規格化され、自動車LANの標準プロトコルに位置づけられています。また、現在ではCANの高い性能と信頼性が認められ、FA、産業機器など、多方面にわたり使われています。ISO 11898ではデータリンク層がISO 11898-1で規定され、2015年には従来のCAN（Classic CAN）に加えてCAN FDの仕様が追加されました。CANの物理層はISO 11898-2でHighSpeed CAN（高速CAN：HS-CAN）、ISO 11898-3でLowSpeed CAN（低速CAN：LS-CAN）をそれぞれ規定しています。

下記にCANの基本的な特徴を記します。

- CANはISO 11898によって規定されている
- 多重通信で共通のバスを使った1対多の通信を実現（省線化）

・マルチマスタ方式で衝突回避はCSMA/CR方式を採用
・通信速度は最大1Mbpsまで、データは最大8byteまで送信可能
・通信はCAN Hi、CAN Loの2線を使った2線式差動電圧方式を採用し、電位差がある時をドミナント、電位差がない時をレセシブと呼ぶ
・配線の両端には120Ωの終端抵抗を2つ設置する必要がある
・CAN通信の使い勝手の良さと信頼性の高さから、自動車分野以外にも活用されている

2.2 用途と適用領域

CANは自動車内部の制御通信を目的に規格化されました。CANが登場するまでの従来の自動車内部の通信系は、マイコンに搭載されたUARTなどの汎用通信などを利用した独自のノード間通信が採用されていました。1986年に欧州の自動車部品メーカーであるBOSCH社が、自動車用ネットワークとして基本となる規格を制定した後、1993年にISO化（ISO 11898）され、国際標準として今日に至っています（**図2.1**）。

CANは、「走る」「曲がる」「止まる」の基本的な自動車の制御に加え、今日では「安全」「快適性」「運転者支援」に至るあらゆる車内通信に利用されています。接続されるECU数も、大きなものでは100ノードを超える大掛かりな通信網となっています。

1回で送信可能なデータ量は最大でも8byteであるため大量の情報を伝送する通信には向きませんが、モーターをON/OFFする、温度情報を2byteで量子化して通知するなど、コンパクトなサイズの情報をレスポンスよく送るためには最適な規格です。また通信速度は最大でも1Mbpsと今日のEthernetやWi-fiに比べて大変遅いのですが、自動車の制御用途としては十分な速度であり、かつ安全性やリアルタイム性を確保するための電子制御（物理層）を実現するため構造もシ

ンプルにすることが可能になっています。今後はEthernetなどの高速大容量伝送が可能なネットワークが自動車に搭載されようとしていますが、CANを必要とするネットワーク領域はまだまだ必要であり、今後も制御通信の要として継続利用されると考えられます。

その他、CANは車両に搭載される電気信号を伝える電線であるワイヤーハーネスの量を低減するという役割も担っています。車両に占めるハーネスの量は自動車の電子化と高度化のために年々増加傾向にありますが、自動車コンピュータ間の情報通信をネットワーク化することで車両を軽量化し、それまで1対1ずつで結線するしかなかった制御システムは多対多での結線が可能になりました（**図2.2**）。

多くのコンピュータで情報を共有することが可能となったため、自動車におけ

・制御系（パワートレイン系＆シャーシ系制御）
　エンジン制御、トランスミッション制御、ブレーキ制御、ステアリング、EPS 制御 など
・ボディ系制御
　パワーシート制御、キーレスエントリー、ヘッドライト、
　シート調整、ドアミラー、エアコンなど
・故障診断系
　ダイアグ情報の読み出し

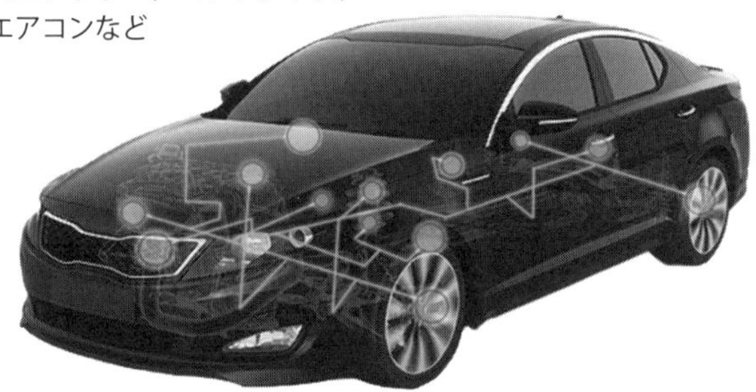

図2.1　自動車におけるCANの利用例

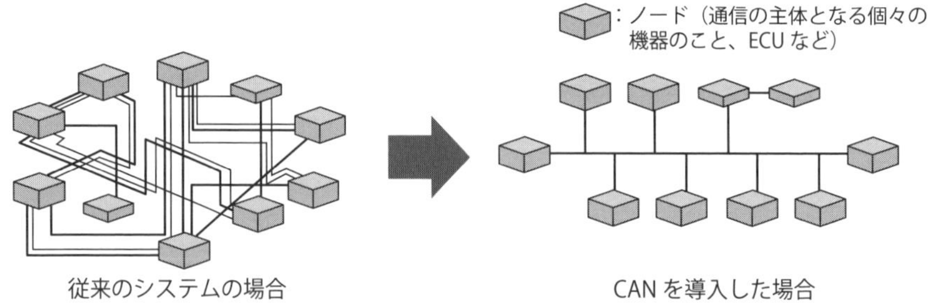

図2.2　ワイヤーハーネスの削減を可能にしたCAN通信

るデータの効果的な活用や、今日の自動運転・ADAS・コネクティッド・MaaSへの移行へも貢献しています。

2.3 CANネットワークのトポロジと通信ノードの基本構成

CANネットワークの代表的なトポロジは、2線式のライン型バス構造です（**図2.3**）。具体的には、1本のCANバスに対して複数のノード（ECU）が支線（スタブ）を通じてぶら下がるような構造になります。

各ノードには、信号の変換を行うCANトランシーバと、プロトコルを実現するためのCANコントローラにより構成され、それぞれツイストペアケーブルを介して接続されます。さらに、CANバスの終端には、リンギングを抑制するための終端抵抗を設置する必要があります。配線長は50Kbpsで最大1000m、1Mbpsで40m、接続可能なノード数は利用されるトランシーバの電気仕様や配線長にもよりますが、最大30ノード近くにもなります。この例はHigh Speed CAN（HS-CAN）と言われるもので、ISO 11898-2として標準規格が定義され、最大1Mbpsの通信速度で利用されています。

ノードの配線トポロジとしては**図2.4**の3種類の形態が利用できます。

CANには他にもLow Speed CAN（LS-CAN、ISO 11898-3）というものがあ

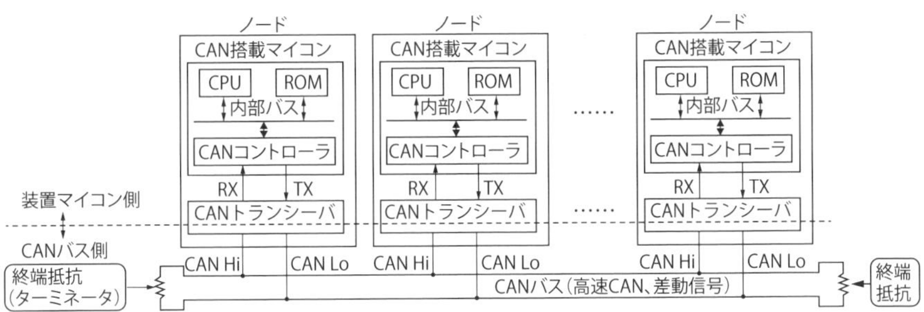

図2.3 バス構造接続

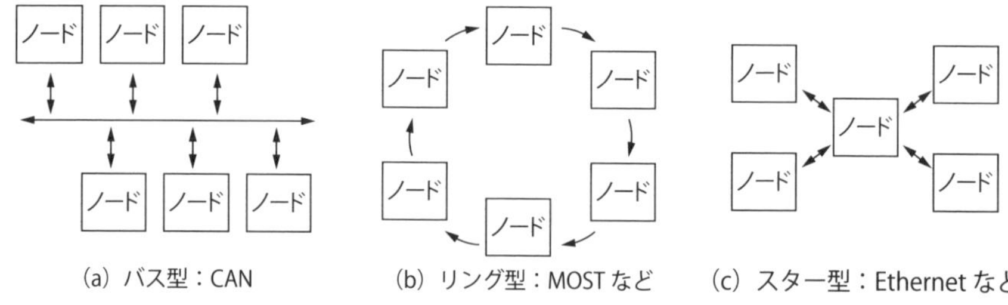

図2.4　配線トポロジ

ります。こちらは別名フォールトトレラントCANと呼ばれ、バストポロジは図2.4（a）のような形態をとります。

2.4 CANの通信速度と物理層

CAN通信は、HS-CANとLS-CANに分けられ、物理層（トランシーバ）の違いやバスの形状、配線長、接続可能ノード数、フォールトトレラント機能の有無などが異なっています。この違いによる比較を**表2.1**に示します。

HS-CAN（High Speed CAN（ISO 11898-2））、LS-CAN（Low Speed CAN（ISO 11898-3））の2つの物理層がISOで規定されています（**図2.5**、**図2.6**）。

表2.1　HS-CANとLS-CANの比較表

	高速CAN（High Speed CAN）ISO 11898-2	低速CAN（Low Speed CAN）ISO 11898-3
バスの形状	ループバス	オープンバス
通信速度	最大1Mbps	最大125Kbps
最大バス長	40m/1Mbps	1km/40kbps
バスへの最大接続数	30	20
フォールトトレラント	なし	あり

LS-CANは、40kbps～125Kbps、HS-CANは、1Mbpsまでの速度で使用されます。実際の車両では、制御系が500Kbps、ボディ系（走る・曲がる・止まるの制御に直接関係しない通信系）においては125Kbpsで使われることもあります。

LS-CANは近年利用されるケースはほとんどなく、CANの物理層といえばHS-CANが主流になっています。本書でも特別に特徴的な解説でLS-CANとHS-CANを区別しない限り、HS-CANをCANの物理層として解説を進めます。また本書では新しいCAN FDについても触れるため、従来CANをHS-CAN、新しいCAN FDをCAN FDと表記して説明します。

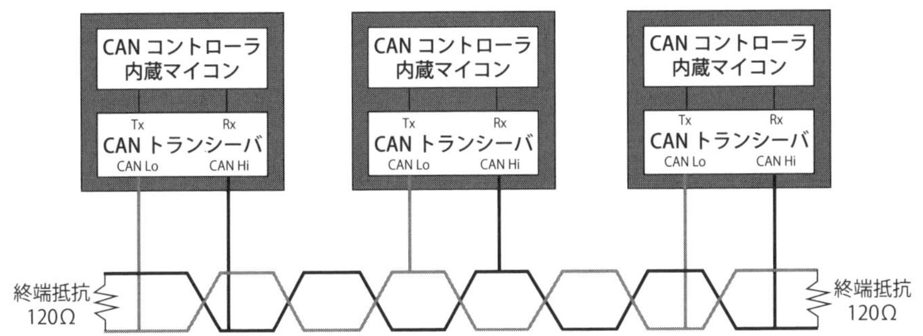

図2.5　HS-CAN ISO 11898-2（High Speed CAN）の接続イメージ

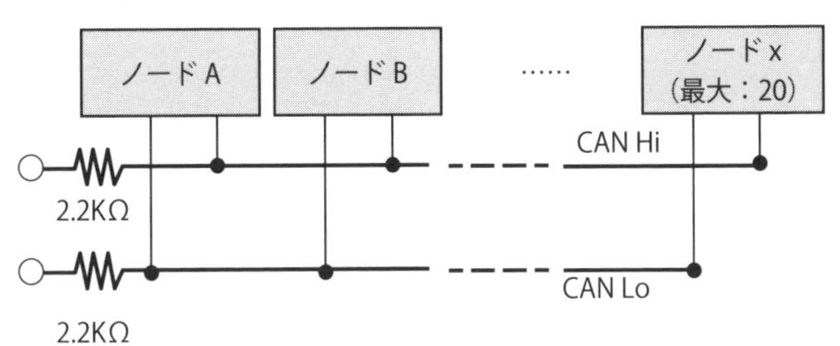

図2.6　LS-CAN伝送路のイメージ（ISO 11898-3）

コラム LS-CANのフォールトトレラント機能

あるノードで断線が発生した場合でも通信が継続可能な機能を持っています。HS-CANはどこかで断線が発生すると影響があるノード間の通信はできなくなりますが、LS-CANでは継続して通信が可能です。しかし、通信速度が遅く、接続可能なノード数がHS-CANに比べて少なく、かつ、ネットワークの構成変更が容易でないことから、今日ではLS-CANはほとんど見られなくなりました。

2.4.1. HS-CANのノード配置とバスに流れるデータ

CANはCAN Hi、CAN Loとよばれる2本の通信線を使って、送信と受信の両方を行っています。ここで理解しておくことは、2本の通信線のうち、どちらかが送信用、受信用となってデータが流れるのではなく、2本の通信線を両方使用してデータの送信、受信を行う仕組みだということです。

さらに、送信受信の両方を行っているということは、送信時でも送信と同時に自身がバスに対して出力している信号レベルのモニタもしていることを意味します。バスに流れるレベルを常に監視して、自身が出力している信号と一致しなければ異常と見なすだけでなく、後述するIDの優先度の判断にも利用されます。

信頼性の高い通信を実現し、かつリアルタイム性を確保するHS-CAN通信ですが、接続はいたってシンプルです。HS-CANの規格であるISO 11898-2では、2線のケーブル（ツイストペア）に各ノードを接続し、配線の両端に120Ωの終端抵抗を2つ設置することで実現します。

CANの信号の伝送にあたっては、2本の通信線の電圧差によって送信される2線式差動電圧方式が取られています（**図2.7**）。それぞれの信号レベルは次のように定義されています。

■電位差がある時：ドミナントと呼び、論理値0を指す
■電位差がない時：レセシブと呼び、論理値1を指す

(V) レセシブ ドミナント レセシブ
5 4 3 2 1
3.5V
2.5V
2.5V
1.5V
CAN Hi
CAN Lo
レセシブ(1)
ドミナント(0)
1 0 1
(ISO 11898-2（High Speed CAN))

ISO 11898-2（High Speed CAN）の場合

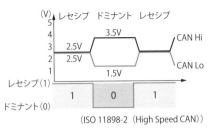

バスの状態	レセシブ			ドミナント		
	Min	Ave	Max	Min	Ave	Max
CAN Hi	2.00	2.50	3.00	2.75	3.50	4.50
CAN Lo	2.00	2.50	3.00	0.50	1.50	2.25
電位差(Hi-Lo)	-0.50	0	0.05	1.50	2.00	3.00

図2.7 ドミナントはレセシブより優先

2.4.2. CAN通信で使用されるツイストペアケーブル

CANでは基本的にCAN Hi、CAN Loの2線の電線（ハーネス）をよじって作られたツイストペアケーブルが使用されます。単純な平行線ではなくツイストペアケーブルを採用する理由はノイズへの耐性です。

ノイズが発生した場合、CAN Hi、CAN Loの両方に同じタイミングでノイズが乗るため、電位差は一定を保たれて信号レベルは正しく判定されます（**図2.8**）。ツイストしていない2本線は同時にノイズが乗らないため電位差に異常が発生し、信号レベルも乱れてデータ化けが発生します。このため、エミッションやイミュニティに優れており、ノイズが発生しにくく、誤動作が起きにくいようになっているのがツイストペアケーブルの特徴です。ツイストペアケーブルは、隣りあう節で発生する電流や磁束が逆方向になるため、それぞれを打ち消しあう動作になります。

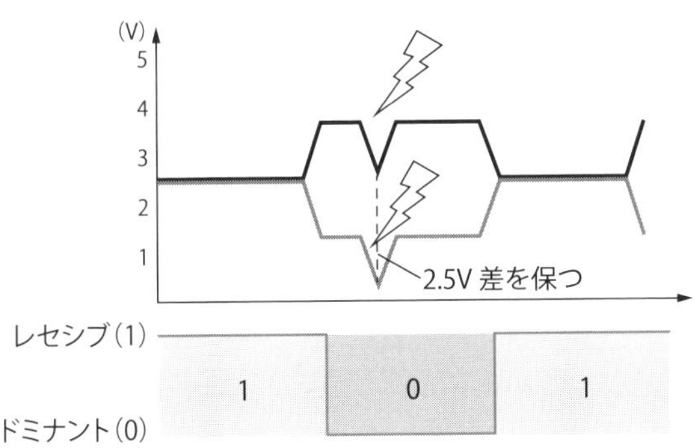

図2.8 ツイストペアケーブルにノイズが乗った時のデータの値

2.5 CAN通信のフレーム構成

CANプロトコルを説明する前に、CANがメッセージとして取り扱う、フレームと呼ばれる送受信や通信制御のためのデータ解説から始めます。

CANプロトコルを左右する特徴はこのCANの独特なフレーム構成からきています。CAN通信の基本通信単位であるフレームは、以下の2種類が規定されています。

・データフレーム
・リモートフレーム

これらに加え、直接データを扱うためではなく、エラーを通知したり、制御をコントロールするための補助的なフレームがあります。

・エラーフレーム
・オーバーロードフレーム
・インターフレームスペース

ここでは、これらのフレーム構成に関する解説をします。

2.5.1. CANの最小信号単位と検出ルール

CANのフレームを構成する最小の信号単位はbitですが、実はCANフレームを構成するbitをコントローラがどのように扱っていくかという問題があります。例えば、1bitは時間で判断するのか、それともある時間内のどこかの位置を見て1か0かを判断するのか、また、1bitに満たない場合や、逆に長い場合はどのように扱っていくか、などを判断するためにCANでは基準が定められています。ビットタイミングと呼ばれるもので、Sync_Seg、Tq（Time Quantaize）やSJWにより、1bitを4つのセグメントで構成します。このビットタイミングを**図2.9**に示します。

①Tq（Time quantum）

各セグメントを構成する最小単位です。次の式で表されます。

1Tqの時間 = 1 / (1bit内のTq数 × ビットレート（bps））

②サンプルポイント

bitの値を判断するポイントです。この位置でのバスレベルがそのbitの値となります。

③Sync_Seg（シンクロナイゼーションセグメント）

バスにつながるノードが送受信のタイミングを合わせるための区間です。各bitの始まりを表します。1Tqで構成されています。

④Prop_Seg（プロパゲーションタイムセグメント）

ネットワーク上の物理的な遅延を吸収するための区間です。

⑤Phase_Seg1（フェーズバッファセグメント1）/Phase_Seg2（フェーズバッファセグメント2）

Sync_Segで同期合わせができなかった場合にそのずれを調整します。区間ずれの調整はSJWの幅を加減して行います。Phase_Seg1の直後がサンプルポイン

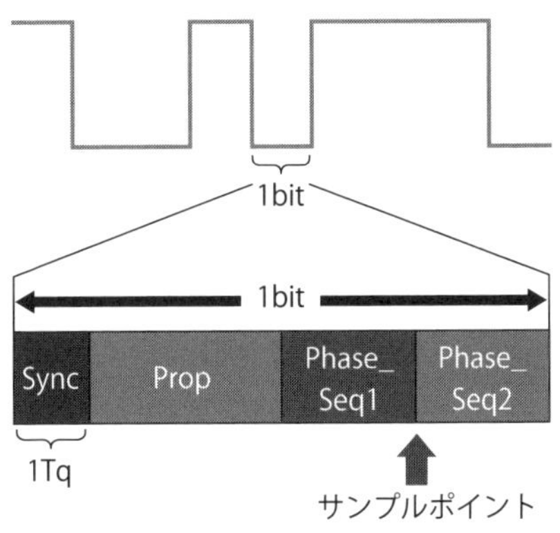

図2.9　ビットタイミング

トとなります。

⑥SJW（リシンクロナイゼーションジャンプ幅）

再同期によるずれを調整する幅のことを指し、CANコントローラで設定します。SJWによる再同期のメカニズムは2.6.5「CAN通信ノード間のクロック誤差補正」で解説します。

コラム ビットタイミング

一般的に1bitは8Tq～25Tqの間で設定されます。1Tqの時間はMCUのクロック周波数やサンプルポイントの調整範囲などの条件が選定の基準になります。8Tqの場合はボーレートの周波数の8倍のクロックが必要になりますが、16Tqになると16倍のクロックが必要となり、より高いクロック周波数が必要になりますが、反面、細かいサンプルポイントやSJWの調整が可能になります。

2.5.2. データフレーム

データを送るフレームです。データフレームは、標準フォーマットと拡張フォーマットの2種類があります。それぞれのフレーム構成を**図2.10**に示します。

SOF	アービトレーションフィールド		コントロールフィールド			データフィールド	CRCフィールド		ACKフィールド		EOF
1bit	Base ID	RTR	IDE	FDF	DLC	Data	CRC	デリミタ	ACK Slot	デリミタ	7bit
	11bit	1bit	1bit	1bit	4bit	0bit～64bit (0byte～8byte)	15bit	1bit	1bit	1bit	

拡張フォーマットで影響のあるフィールド

SOF	アービトレーションフィールド					コントロールフィールド			データフィールド	
1bit	Base ID	SRR	IDE	ID Extention	RTR	FDF	r0	DLC	Data	……
	11bit	1bit	1bit	18bit	1bit	1bit	1bit	4bit	0bit～64bit (0byte～8byte)	

図2.10　データフレームの標準フォーマットと拡張フォーマット

①SOF

フレームの開始を表す1bitのドミナントです。

②ID

フレームを特定するための識別子です。フレームを受信したノードは、IDを解析することで、自分宛のフレームかどうかを判定したり、送信ノードやデータの内容を判別したりすることができます。標準フォーマットの場合は11bit（SIDと呼ばれます）、拡張フォーマットの場合、29bit（EIDと呼ばれます）で表します。

③RTR

リモートフレームかどうかを表します。データフレームの場合は、1bitのドミナントです。

④SRR

1bitのレセシブです。拡張フォーマットにのみ存在します。

⑤IDE

フォーマットを表します。標準フォーマットの場合、1bitのドミナントです。拡張フォーマットの場合、1bitのレセシブです。

⑥FDF

CAN FDのフレームかどうかを表します。CANのフレームは、1bitのレセシブです。CAN FDのフレームは、1bitのドミナントです。

⑦r0

予約ビットです。1bitのドミナントです。

⑧DLC

データの長さを表します。4bitで0〜8まで設定できます。

⑨Data

別名ペイロードと呼ばれるデータを格納する領域です。DLCで設定した長さのデータを送信できます。

⑩CRC

15bitのCRC演算結果と1bitのCRCデリミタで構成されています。CRCの演算範囲は、SOFからDataの最後までです。CRCデリミタはレセシブの値をとります。

⑪ACK

ACK（アクノレッジ）は、1bitのACKスロットと1bitのACKデリミタで構成されます。ACKは、受信したフレームのCRC演算結果と受信したCRCが一致した場合に、受信ノードがドミナントを送信します。ACKデリミタは、1bitのレセシブの値をとります。

⑫EOF

フレームの最後を表す7bitのレセシブです。

データフレームのオシロスコープ画像を**図2.11**に示します。

2.5.3. リモートフレーム

ネットワークに接続されたノードに対して、指定するIDのデータフレーム送出をリクエストをするためのフレームです。動作としては、データを要求したいノードがリモートフレームとして指定したIDとDLCをセットしてネットワークに送出すると、指定されたIDに呼応するよう設定されたノードがリクエストを受信することにより、応答指定のIDとDLCのデータフレームを返します。

リモートフレームもデータフレームと同様、標準フォーマットと拡張フォーマットの2種類があります。それぞれのフレーム構成を、**図2.12**に示します。

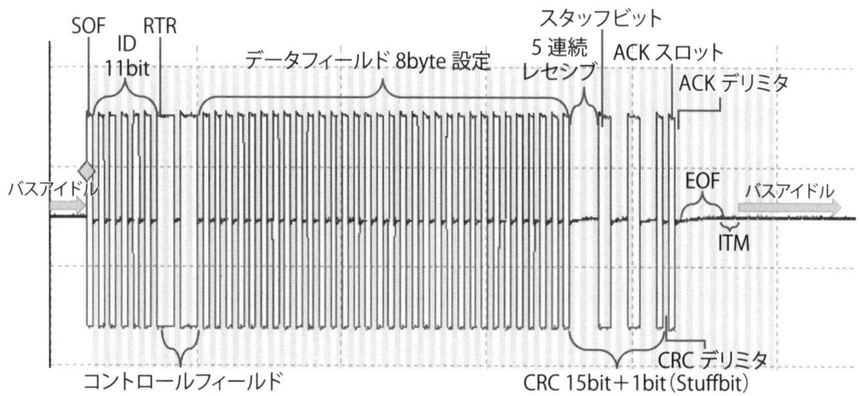

図2.11　データフレームの通信の様子（オシロスコープ画像）

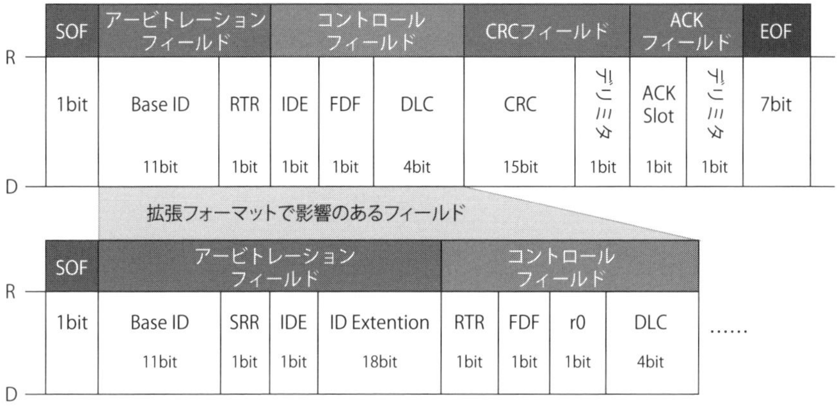

図2.12　リモートフレームの標準フォーマットと拡張フォーマット

表2.2　データフレームとリモートフレームの違い

	データフレーム	リモートフレーム
RTR	ドミナント	レセッシブ
データフィールド	あり※	なし

※ただし、DLC＝0の時は、なし。

データフレームとリモートフレームのフレーム構成を比較すると、RTRとデータフィールドしか違いがないことがわかります（**表2.2**）。

実際の車両では、バス負荷を軽減する目的で、必要なデータはデータを持っているノードが定期的に送信するため、リモートフレームが使用されることは少ないようです。

2.5.4. エラーフレーム

ネットワーク上でエラーが検出された場合、エラーを検出したノードは、エラーフレームを送信します。エラーフレームは、エラーフラグとエラーデリミタを持ちます。エラーフラグは、アクティブエラーフラグとパッシブエラーフラグを持ちます。

アクティブエラーフラグは、エラーを検出したノードが送信する6bitのドミナントです。6bitのドミナントがバスに送信されることにより、その他のノードでもスタッフエラーまたはフォームエラーを検出し、パッシブエラーフラグを送信します。パッシブエラーフラグは、0〜6bitのドミナントです。配線長などの違いにより、アクティブエラーフラグが送信されてからエラーを検出するタイミングがノードごとに異なるため、エラーフラグ全体の長さは、最小で6bit、最大で12bitとなります。エラーについては2.6.3「CANにおけるエラーの検出」、エラーフレームの実例については、2.6.4「エラーフレームの発生条件」にて説明します。エラーデリミタは、8bitのレセシブです（**図2.13**）。

2.5.5. オーバーロードフレーム

オーバーロードフレームは、7bitのドミナントと8bitのレセシブです。受信ノードは、CANコントローラ内部の処理が間に合わない場合やEOFの最後の

Error Flag		Error Delimiter
エラーフラグ 6bit	エラーフラグの重なり 0 〜 6bit	エラーデリミタ 8bit

R / D

図2.13　エラーフレームの構成

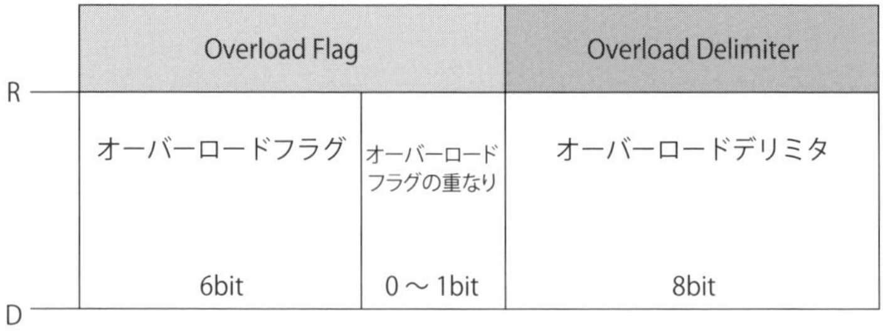

Overload Flag		Overload Delimiter
オーバーロードフラグ 6bit	オーバーロードフラグの重なり 0 〜 1bit	オーバーロードデリミタ 8bit

R / D

図2.14　オーバーロードフレームの構成

bit、インターミッションでドミナントを検出した場合に、次のデータフレームやリモートフレームの送信を遅らせるよう要求するために、オーバーロードフレームを送信します（**図2.14**）。

2.5.6. CANフレームの送出順とフレームとフレーム間の規定

フレームを扱ううえで重要な規定としてフレームの送出の順番、そしてフレームとフレームの間に時間的な空間をあけるための規定があります。

CAN通信のフレームは、MSBから順にネットワーク上に送信されます。また、フレーム−フレーム間（インターミッション）は、3bitのレセシブを空ける必要があります（**図2.15**）。これをインターフレームスペースと呼びます。

CANの情報を取り扱うMCUによっては、エンディアンの変換を余儀なくされるケースがあります。つまりリトルエンディアン、ビッグエンディアンのどちらを取り扱うかにより、送受信ノードはそれぞれの処理系で順番を合わせ込む必要が発生します。

ネットワークに接続されるノードは様々な種類のコンピュータが混在する可能性があります。コンピュータはそれぞれ自身のエンディアンで処理されることがあるため、送受信時にどの順番で送るかを設計時に規定し、エンディアンの異なる並びの場合は送受信のどちらで変換をして合わせ込むかを規定しておく必要があります。

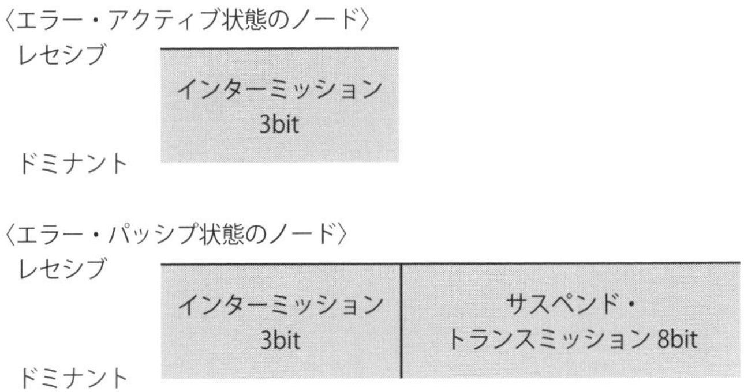

〈エラー・アクティブ状態のノード〉
レセシブ
インターミッション
3bit
ドミナント

〈エラー・パッシブ状態のノード〉
レセシブ
インターミッション
3bit
サスペンド・
トランスミッション 8bit
ドミナント

図2.15 インターフレームスペースの構成

2.6 CANのプロトコル解説

CANの情報を扱うフレームについて2.5で解説しましたが、ここではCANフレームを使ったネットワーク通信の実現について解説します。

2.6.1. マルチマスタ方式の通信

CANはバスが空いている時は、バスに接続される全てのノードがメッセージを送信できるマルチマスタ方式です。バスに対して最初に送信を開始したノードが送信権を獲得し、同時に複数のノードが送信を始めた場合は優先順位の高いIDのメッセージを送信しているノードが送信権を獲得する、CSMA/CR方式を採用しています。

1つの共有するバスに複数のノードが接続されるネットワークでは、同時にデータが送信されることによる信号衝突を防ぐために、シングルマスタという方式がとられることがあります。CANはマルチマスタ方式、LINはシングルマスタ方式、CXPIはどちらのケースでも選択可能です。

Ethernetの場合は信号衝突前提で規格がなされていますが、基本的にはどのノードも任意のタイミングで送信ができるマルチマスタ方式での運用がなされています。

> シングルマスタ方式：バス上にマスタとなるノードが固定で1つのみ存在します（**図2.16**）。
> マルチマスタ方式　：バス上に存在する全ノードがマスタになることができます（**図2.17**）。

シングルマスタ方式では、マスタノードが次に送信するノードを指定します。スレーブノードは、マスタノードから指定されるまで送信することができませ

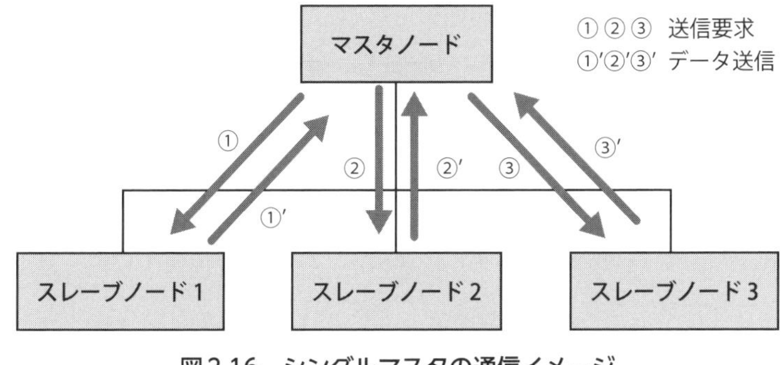

図 2.16　シングルマスタの通信イメージ

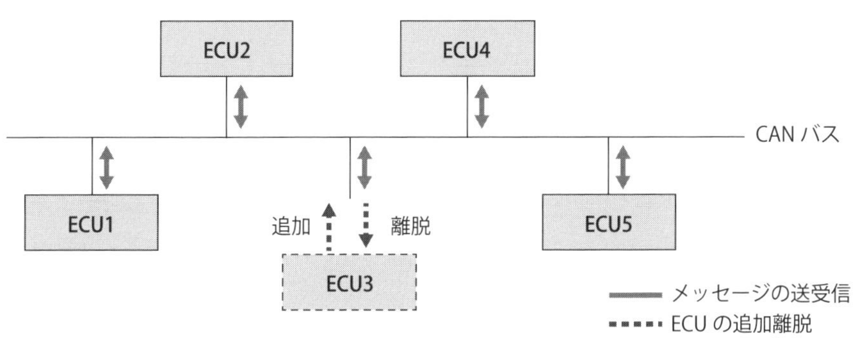

図 2.17　マルチマスタの通信イメージ

ん。このように、シングルマスタ方式では、事前にマスタノードに送信のタイミングをプログラミングしておく必要があります。そのため、バス上のノードが故障したり、断線した場合でも、送信のタイミングを変更することができません。対してCANが採用しているマルチマスタ方式では、バスがアイドルになった時点で、バス上のすべてのノードが送信を開始することができます。そのため、特に他のノードの送信タイミングを気にする必要がありません。

2.6.2.　アービトレーション（マルチマスタ方式のデータ衝突回避方法）

前項で記載したとおり、CANは、マルチマスタ方式です。マルチマスタ方式では、バスアイドル検出時、ネットワークにつながる全てのノードが送信を開始できます。もし、全てのノードが送信し続けた場合に何が起きるかを**図2.18**に示します。それぞれのメッセージが衝突し、最終的にどのノードが送ったメッセージにも一致しなくなってしまいました。これでは、正常に通信を行えません。

このメッセージの衝突を回避するために、どのノードが最後まで送信を続けるのか調停を行う必要があります。この調停を、「アービトレーション」といいます。メッセージは、ドミナント（0）とレセシブ（1）で表されます。ドミナントとレセシブが同時に送信された場合、ドミナントが優先されるということを覚えておいてください。では、実際にアービトレーションのメカニズムを見ていきます（**図2.19**）。

図2.19は、3つのノードが同時に送信を開始した場合のアービトレーションを表しています。ノード1は、SID 311H（01100010001B）を、ノード2は、SID 122H（00100100010B）を、ノード3は、SID 133H（00100110011H）を送っています。各送信ノードは、自ノードが送信したデータを1bitずつ受信しています。自ノードが送ったデータと受信したデータが一致している場合、そのノードは、送信を継続します。自ノードが送ったデータと受信したデータが一致しなかった

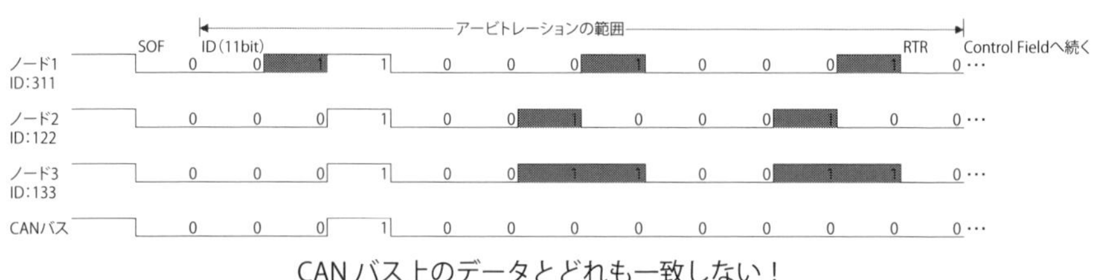

図2.18　すべてのノードが送信し続けた場合のCANバスの波形

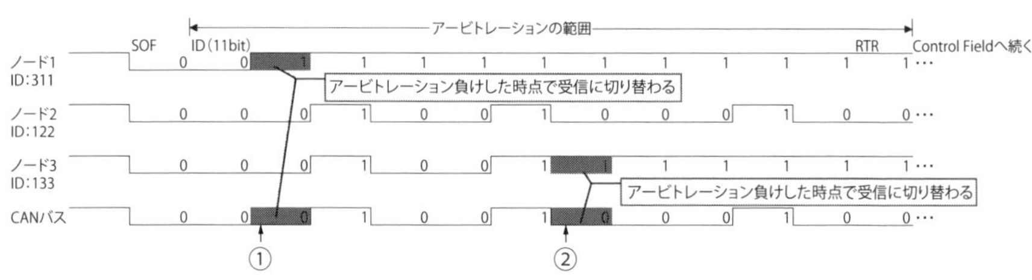

図2.19　アービトレーションのメカニズム

場合、そのノードは、自ノードよりも優先順位の高いデータが送られていると判断し、送信を中断し、受信を行います（これをアービトレーション負けといいます）。

図2.19では、①より前は全ノードが同じ値を送信しており、各ノードが受信したデータと一致するため、送信を継続しています。①で、ノード1はレセシブを送信していますが、ノード2とノード3がドミナントを送信しているため、バス上にはドミナントが送信されます。そのため、①は送信したデータと受信したデータが一致しないため、アービトレーション負けと判断し、受信を行います。同様に②までは、ノード2とノード3は同じデータを送信しているため、どちらも送信を継続しています。②で、ノード3がレセシブを送信しているのに対し、ノード2がドミナントを送信しているため、ノード3がアービトレーション負けと判断し、送信を中断し、受信を行います。このようにして、優先順位の高いフレームが優先的に送信できるようなメカニズムになっています。

2.6.3. CANにおけるエラーの検出

各ノードはエラー状態というステータスを持っています。エラー状態とはエラーアクティブ、エラーパッシブ、バスオフの3つの状態を指し、各ノードの持つ送信エラーカウンタ、受信エラーカウンタの値に応じて、いずれかのステータスに分類されます（**図2.20**）。

CANは多重通信のため、1つのバスを複数のノードが使用しています。そこに故障したノードがずっといるとエラーフレームを大量に送信することになり、他の正常なノードの通信を妨げることになります。エラーを多発するノードは通信から隔離することで、他のノードの通信を妨げない（故障を封じ込める）仕組みになっています。

①エラーアクティブ

エラーが起きていない正常な状態です。エラーアクティブ状態のノードがエラーを検出したときは、アクティブエラーフラグ（6つの連続したドミナントビット）を出力します。

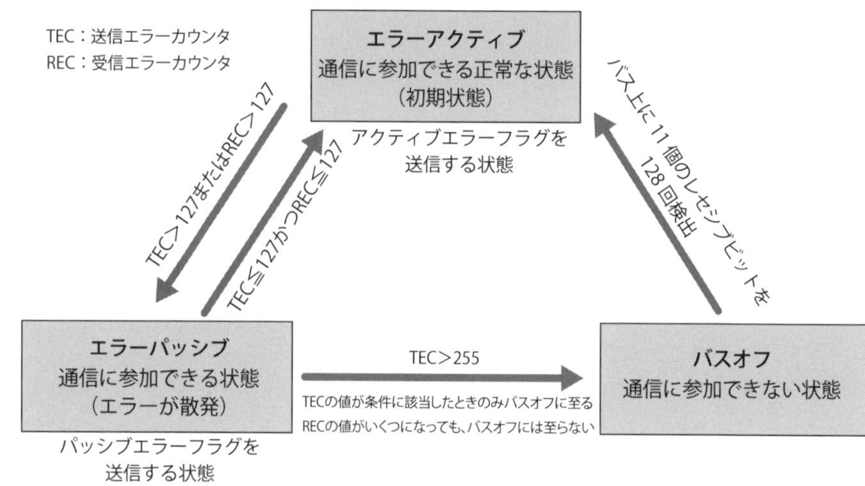

図2.20　エラーの検出

②エラーパッシブ

エラーカウンタが一定の値を超えるとエラーアクティブからエラーパッシブに遷移します。エラーパッシブ状態のノードがエラーを検出していても、他のエラーアクティブ状態のノードがエラーを検出していなければ、バス全体としてはエラーがなかったと判断されます。エラーパッシブ状態のノードがエラーを検出したときはパッシブエラーフラグ（6つの連続したレセシブビット）を出力します。エラーパッシブ状態のノードはデータの送信に一定の制限がかかる状態になります。エラーが少なくなれば、エラーアクティブに復帰できます。

③バスオフ

エラーパッシブからさらにエラーカウンタが増えていくとバスオフ状態になります。通信に参加できない状態を指します。

2.6.4.　エラーフレームの発生条件

エラー条件を検出したノードは、エラーフラグを出力することでエラーを他のノードへ通知します（**図2.21**）。エラーフラグはノードのエラー状態によりアクティブエラーフラグ、またはパッシブエラーフラグを出力します。送信ノード

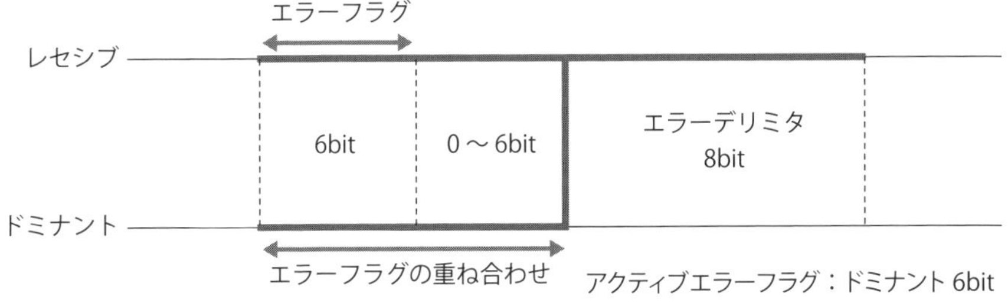

図2.21　エラーフラグの出力

表2.3　エラーフレームの出力タイミング

エラーの種類	出力タイミング
ビットエラー スタッフエラー フォームエラー ACKエラー	エラーを検出した直後のビットからエラーフラグを出力
CRCエラー	ACKデリミタの次のビットからエラーフラグを出力

は、エラーフレーム出力後にデータフレームまたはリモートフレームの再送を行います。エラーフレームの出力のタイミングを**表2.3**に示します。

①ビットエラー（検出ノード：送信/受信）

出力レベルとバス上のレベルを比較し、両者のレベルが不一致の場合に検出します。ドミナント出力のスタッフビットが対象で、送信時のアービトレーションフィールドおよびACKは対象外となります。

②スタッフエラー（検出ノード：送信/受信）

スタッフビット（詳細は2.6.6「スタッフビット」）が行われているはずのフィールドの中で、同一レベルが6bit連続した時に検出するエラーです。

③CRCエラー（検出ノード：受信）

受信したメッセージから算出したCRCの結果と、受信したCRCシーケンスの値が異なる場合に検出するエラーです。

④**フォームエラー**（検出ノード：送信/受信）

固定フォーマットのビットフィールドに違反した場合に検出するエラーです。

⑤**ACKエラー**（検出ノード：送信）

送信ノードのACKスロットがレセシブレベルの場合に検出するエラー（ACKが返ってこなかった場合に検出するエラー）です。

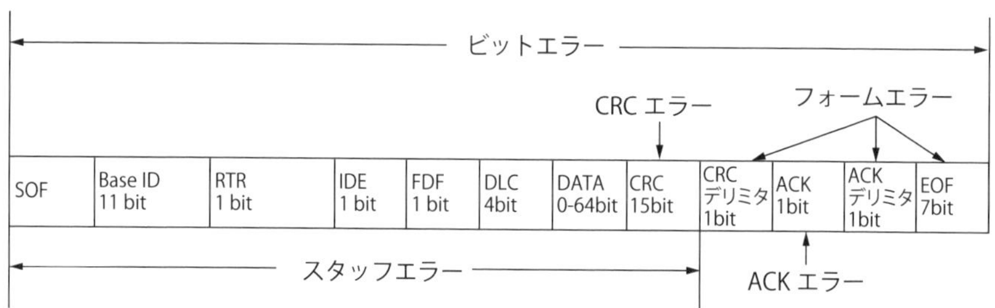

図2.22　エラーを検出するフレーム上の範囲

フレーム上でエラーを検出する範囲は**図2.22**になります。

コラム　フレーム異常があれば“エラーフレーム”で送信を強制停止

CAN通信では、エラーを検出した場合、エラーが発生したことをCANバス上に通知するエラーフレームを送信して、バス上の他のノードに異常を検出したことを伝えます。エラーを検出したノードは、エラーフラグを送信します。

エラーフラグは、自ノードの状態がエラーアクティブの場合、連続した6bitのドミナント、エラーパッシブの場合、連続した6bitのレセシブになります。他のノードは、ドミナントまたはレセシブを連続で6bit受信することで、スタッフエラーまたはフォームエラーを検出し、エラーフラグを送ります。その後、全ノードがエラーデリミタとして8bitのレセシブを検出し、インターミッション、バスアイドルへと続きます。このようなメカニズムで、バス上の全ノードがエラーを検出できます。送信時、受信時のエラー検出時の振る舞いを**図2.23～2.25**に示します。

○送信ノードが、ビットエラーを検出した場合

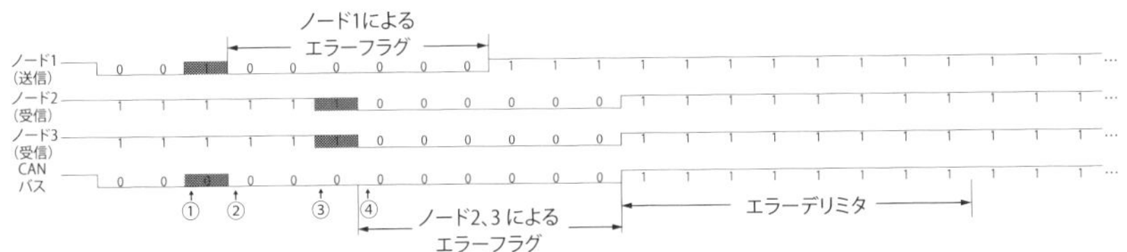
ノード1によるエラーフラグ
ノード1(送信)
ノード2(受信)
ノード3(受信)
CANバス
①
②
③
④
ノード2、3によるエラーフラグ
エラーデリミタ
①送信ノードがビットエラー検出 ②送信ノードがエラーフラグを送信 ③受信ノードがスタッフエラー検出 ④受信ノードがエラーフラグを送信

図2.23 ビットエラーを検出した場合

図2.23は、送信ノードがビットエラーを検出した場合の振る舞いです。

1. 送信ノードが1を送ったにも関わらずバス上では0が出力されているため、送信ノードがビットエラーを検出します。
2. ビットエラーを検出したため、送信ノードがエラーフラグを送信します。
3. 6bit連続でドミナントを受信したため、受信ノードがスタッフエラーを検出します。
4. スタッフエラーを検出したため、受信ノードがエラーフラグを送信します。
5. 受信ノードがエラーフラグを送信後、各ノードが8bitのレセシブ（エラーデリミタ）を検出し、エラーフレームが終了します。

○送信ノードが、ACKエラーを検出した場合

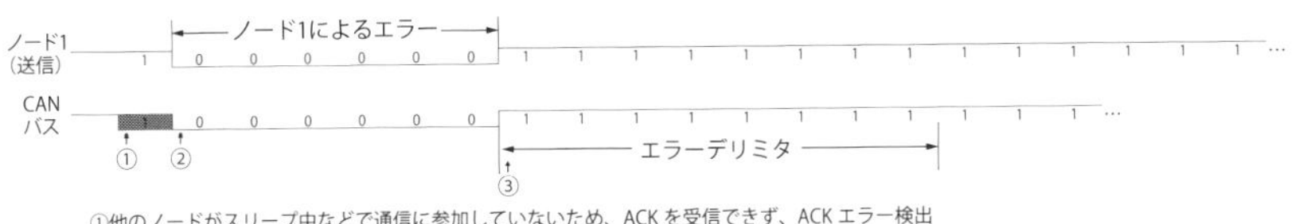
ノード1によるエラー
ノード1(送信)
CANバス
①
②
③
エラーデリミタ
①他のノードがスリープ中などで通信に参加していないため、ACKを受信できず、ACKエラー検出
②ノード1は、エラーフラグを送信
③他のノードからエラーフラグが送信されないため、エラーデリミタ開始

図2.24 ACKエラー発生時

図2.24は、他のノードがスリープ中などでACKを送信することができず、送信ノードがACKエラーを検出した場合の振る舞いです。

1. 他のノードがスリープ中などでACKスロットを送信することができず、送信ノードがACKを受信できないため、ACKエラーを検出します。

2. 送信ノードが、エラーフラグを送信します。
3. 他のノードが、通信に参加していないため、エラーフラグが送信されません。送信ノードがエラーフラグを送信後、すぐにエラーデリミタが開始されます。

○受信ノードが、CRCエラーを検出した場合

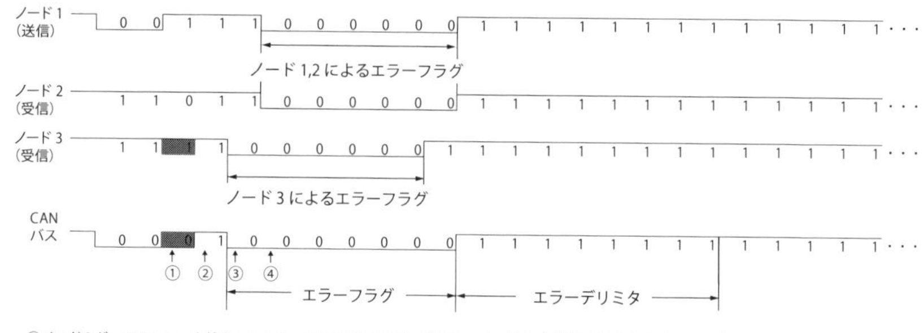

①ノード3が、CRCエラーを検出したため、ACKを送信しない。ただし、ノード2が正常に受信したため、CANバス上は、ACKが送信される。
②ACKデリミタでは、エラーフラグは送信しない。
③ノード3が、エラーフラグを送信。ノード1、ノード2は、EOFでドミナントを受信したため、フォームエラーを検出。
④ノード1、ノード2が、エラーフラグを送信。

図2.25　CRCエラーを検出した場合

図2.25は、データの破壊などにより、受信ノードがCRCエラーを検出した場合の振る舞いです。

1. ノード3がCRCエラーを検出したため、ACKを送信しません。ただし、ノード2は正常に受信できたため、ACKを送信します。そのため結果として、CANバス上はACKが送信されます。
2. 受信ノードがCRCエラーを検出した場合は、ACKデリミタではエラーフラグを送信しません。
3. ACKデリミタ送信後、CRCエラーを検出したノード3がエラーフラグを送信します。EOFでドミナントを受信したため、ノード1および2がフォームエラーを検出します。
4. フォームエラーを検出したため、ノード1および2がエラーフラグを送信します。
5. ノード1および2がエラーフラグの送信を完了すると、エラーデリミタが開始します。

2.6.5. CAN通信ノード間のクロック誤差補正

CANバス上には、様々なノードが接続されます。各ノードは、CPUクロックの誤差、配線長、温度など異なる動作環境で、非同期に動いています。そのため個々のノードの時間的な誤差を吸収するためのメカニズムを持っています。

2.5.1「CANの最小信号単位と検出ルール」で解説したビットタイミングは1bitを検出するためのサンプルポイントを規定しているだけでなく、時間合わせのための機構を実現するためのパラメータとしてSJWというパラメータが規定されており、Phase_Seg2を動的に調整することで時間同期を実現しています。CANの信号のドミナント/レセシブの判定（サンプリングポイント）はPhase_Seg1の最後、Phase_Seg1とPhase_Seg2の境界では信号のレベルを見て実施します。

しかし、現実的には各ノードが精度よくbit長やドミナント/レセシブを検出できるわけでなく、CPUのクロック誤差やバス上の波形のなまりなどによって、ノードごとに微妙にサンプリングポイントのズレが生じます。この補正をしない場合、各ノードはサンプリングポイントのズレが大きくなり、最終的に正しくバス上の値を読むことができなくなります。

そのため、CANではドミナントからレセシブに変化したタイミングを起点に、接続された全ノードが時間の補正を頻繁に行っています。あるノードの送信したbitがドミナントからレセシブになったときに、それまでTq単位でbit幅を測定してきたカウンタをリセットすることになります。例えば、1bitを10Tqで計測しているときに、信号がドミナントからレセシブに変化した時点で、ノードによっては計測値が9Tqであったり、10Tqであったり、11Tqであったりと誤差が生じるとします。その誤差が変化した時点で全ノードがbitの計測開始位置を0リセットするという動きになります（**図2.26**、**図2.27**）。

2.6.6. スタッフビット

SJWによるクロック誤差補正の仕組みによって各ノードの計測誤差を吸収していくことになります。しかし、ドミナントからレセシブに長い期間変化しない場合（例えばドミナントの10bit連続や、レセシブの20bit連続など）、時刻誤差

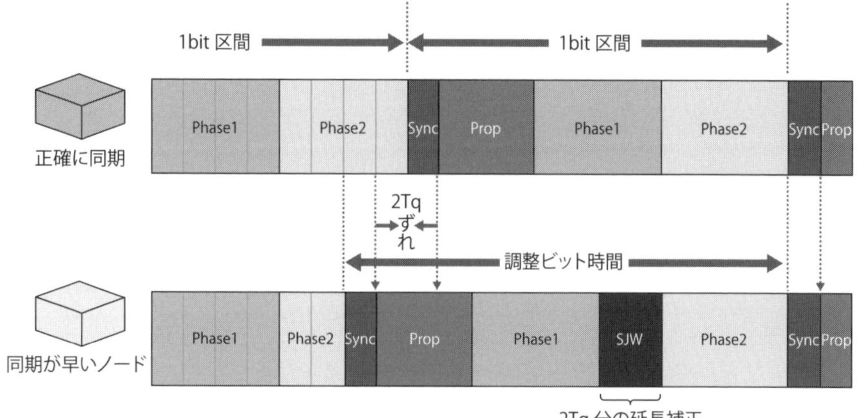

図2.26　早いタイミングでSync Segを検出する場合

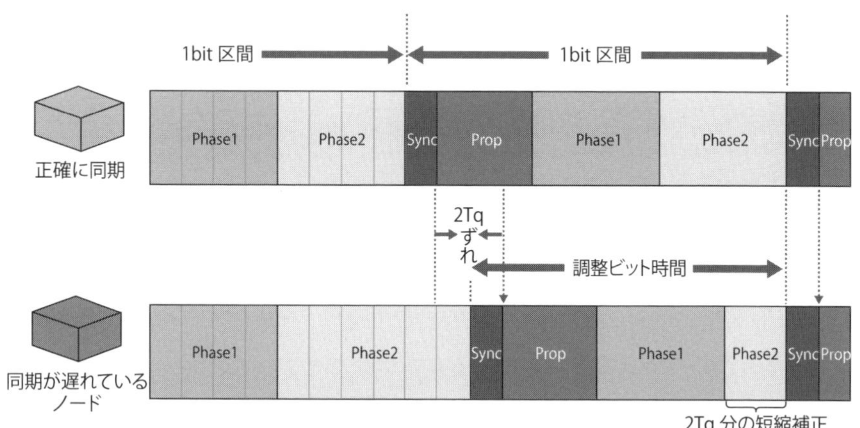

図2.27　遅いタイミングでSync Segを検出する場合

を吸収する機会を長期にわたり逃してしまうため、CANでは送信側が強制的にbitを変化させて同期のためのタイミングを挿入する動作を行います。これがスタッフビットと呼ばれるものです。

CANでは5bit連続でドミナントまたはレセシブが続くと、反転した1bit（連続している信号がレセシブだったらドミナントを、ドミナントだったらレセシブを）を挿入することで強制的に立下りエッジを作り出します（**図2.28**～**図2.30**）。

スタッフビットが挿入されるのは、SOFからCRCデリミタの手前までです。

Phase_Seg1で立下りエッジを検出した場合、自ノードのカウントが進んでいると判断し、Phase_Seg1を長くすることで補正します。Phase_Seg2で立下りエッジを検出した場合、自ノードのカウントが遅れていると判断し、Phase_Seg2を短くすることで補正します。再同期ジャンプ幅（SJW）を設定することで、補正するための最大bit幅（1～4Tq）を指定することができます（もし6bitずれていても、すぐに6bitを補正するわけではありません）。

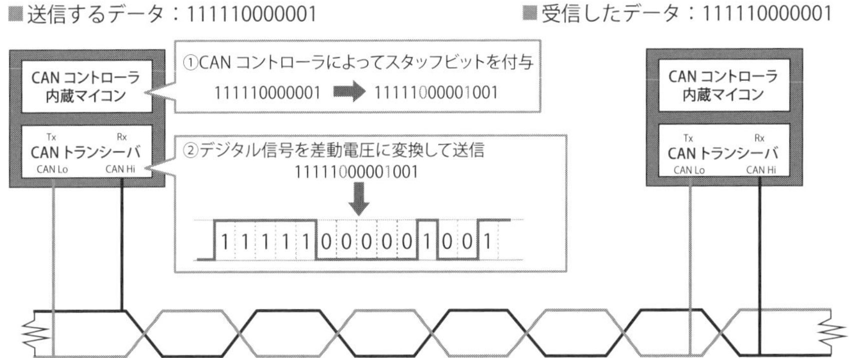

図2.28　スタッフビットの動き1

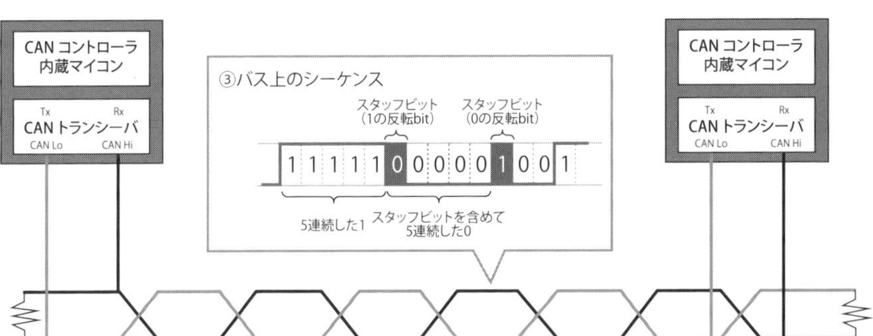

図2.29　スタッフビットの動き2

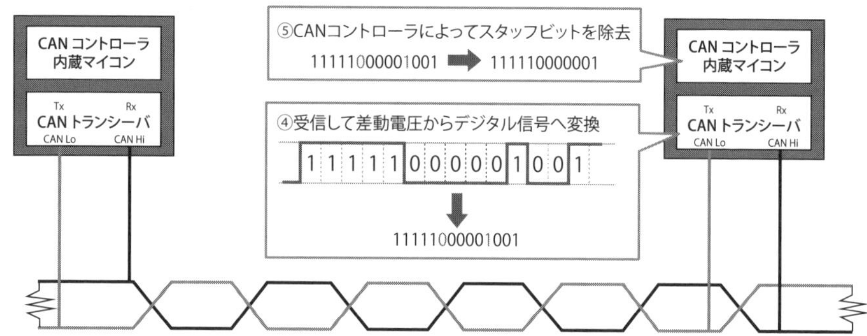

・スタッフビットはシーケンスレベルで CAN コントローラによって自動で付与、除去が行われる。
・直接 CAN の波形をオシロスコープなどで確認する場合にはスタッフビットが入っているので注意が必要。

図2.30 スタッフビットの動き3

2.6.7. CANの再送機能

CANでは、調停負けしたフレーム、ACKを受信できなかったフレーム、送信中にエラーが発生したフレームは、送信が正常に完了するまで、もしくは送信がキャンセルされるまで自動的に再送されます。CANは、自動車向けに考えられた通信プロトコルです。自動車では、多い場合では1台の車両の中に100個ものECUが搭載されており、それぞれのECUが通信することで、データを共有し、協調して動作しています。もし、ブレーキON状態というデータが入ったフレームを正常に受信できたECUとできなかったECUがあった場合、どうなるでしょうか。一方のECUは正常にフレームを受信できたため、ブレーキがONになったことを想定して動作しますが、もう一方のECUは、正常にフレームを受信できなかったため、ブレーキがOFFになったことを想定して動作します。同じ自動車の中で、ブレーキON/OFFが同時に起こるという矛盾した状態が発生します。このように同じ自動車の中でデータの矛盾した状態が起こらないようにするため、CANでは1つのノードでもエラーを検出した場合、全てのノードが正しく受信できるまで再送を続けます。

2.7 CANを構成する電子回路と配線

ここではHS-CANに絞り、ネットワークを構成するための電子回路と配線などハードウェアに関する解説を行います。

2.7.1. CANの物理層の電気的な仕様

CANはCAN Hi・CAN Loと呼ばれる通信線を使って送信、受信の両方を行っています。CANの信号は、2本の通信線の電圧の差動によって送信されます（**図2.31**、**表2.4**）。電位差のない信号はレセシブといい、論理値は1を指します。電位差のある信号はドミナントといい、論理値は0を指します。ドミナントとレセシブが通信バス上で衝突した場合には、ドミナントが優先されます。

また、双方の線にいくらかの電圧が加わったとしてもCAN Hi・CAN Loの両方に同じノイズが乗ります。そのため電圧の差には大きな変化がみられないことから、外部からのノイズに強いという性質があります。

2.7.2. CANのマイコン回路

CANはCANコントローラ（CANコントローラ搭載マイコン）とCANトランシーバにより回路が構成されます（**図2.32**）。CANコントローラにはCANプロトコル制御をする回路が搭載されています。CAN通信を制御するためのパーツについてそれぞれ解説します。

①水晶発振子

CAN通信では各ノードクロックの周波数精度は0.5%以内です。

②マイコン（MCU）

マイコンが内蔵されるCANコントローラ、もしくは外部に外付け可能なCAN

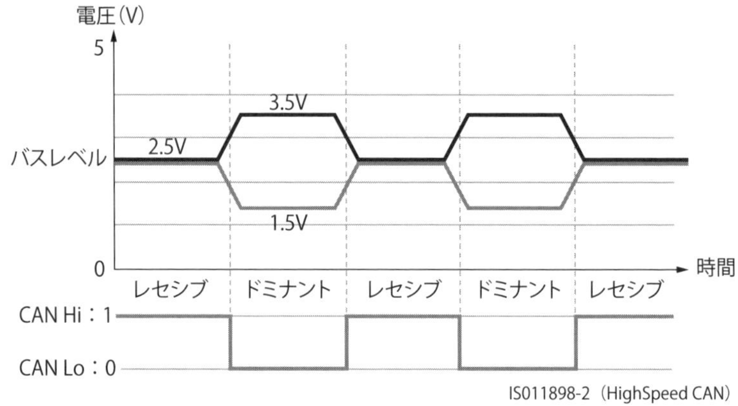

図2.31　CANの信号

表2.4　CANの信号レベル

バスの状態	レセシブ			ドミナント		
	min	nom	max	min	nom	max
CAN Hi	2.00	2.50	3.00	2.75	3.50	4.50
CAN Lo	2.00	2.50	3.00	0.50	1.50	2.25
電位差(Hi-Lo)	-0.50	0	0.05	1.50	2.00	3.00

IS011898-2（HighSpeed CAN）

コントローラが必要になります。CANコントローラはTXD（マイコンからCANコントローラへの送信信号)、RXD（トランシーバからCANコントローラへの受信信号）となります。この例ではノードがスリープする際に、マイコンからトランシーバをスタンバイ状態に制御するためのSTB端子との接続も考慮したものとなっています。

③CANトランシーバ

HS-CAN対応のCANトランシーバが必要です。図2.32の接続例はロームのBD41041FJ-Cを参考に記載しており、CANコントローラからの信号はTXD・RXD、CANバスへはCANバスの電気信号であるCAN Hi・CAN Lo信号が出力されます。CAN Hi・CAN Loは双方向（送信・受信両方の役割を持っている）の信号になります。TXD・RXDはそれぞれ送信・受信のCANコントローラか

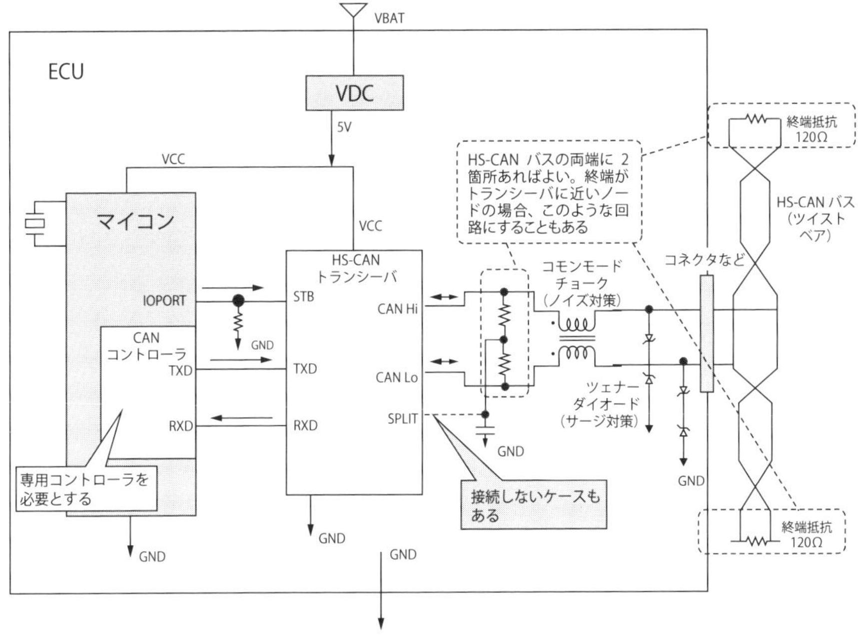

図2.32　CAN通信回路構成例

らの信号を担います。

スリープの必要がないノードについては、STB端子をアクティブな状態にするためにLOWレベルを常に与えておく必要があります。

④終端抵抗

配線の両端それぞれに120Ωの終端抵抗が必要です。この回路例ではハーネスの両端で接続されるケース、もしくは終端のノードに接続されるケースの2つのパターンで記しています。マイコン側の回路では60Ωの抵抗を直列に接続し、その中間からコンデンサを介してGNDへ落としていますが、この回路は電圧の安定を図るための接続例となっています。

⑤コモンモードチョーク

ノイズをキャンセルすることを目的に、コモンモードチョークをECU側に設置する場合があります。

⑥ツェナーダイオード

過電圧対策、サージ対策でツェナーダイオードを配置する場合があります。

2.7.3. CANコントローラ

CAN通信は専用のCANコントローラを必要とします。自動車用マイコンの多くにCANコントローラが搭載されていますが、最近は産業用のマイコンにもCANトランシーバが搭載されることも一般的になってきました。CANコントローラを搭載しないマイコンのために、Microchip社などが外付けのCANコントローラを用意していますが、マイコンに搭載されるCANコントローラを使用するケースがほとんどです。

マイコンに搭載されるCANコントローラはマイコンメーカーごとに様々な仕様のものが用意されていますが、基本的にはISO 11898に準拠したモジュールです。しかし、同じISO 11898に準拠した仕様になっているといっても、あくまでもCANのプロトコル仕様を実現するための規格であるため、実際には搭載されるCANコントローラの個数やCANコントローラとアプリケーションソフトウェアとの間のデータの交換方法、割り込み、通信速度、ビットタイミング、フレームの定義方法などがメーカーやマイコンの種類ごとに異なっています。

CANのコントローラはCANプロトコルを制御するブロック、CANのフレームをフィルタリングすることで目的のIDのフレームだけを取得するフィルターブロック、そして送受信するフレームを格納するためのメモリから構成されています。

CANコントローラの初期に登場したBasic CANコントローラは、フレーム送受信のための基本的な機能を備えるだけのものでした。その後、拡張フォーマットへの対応やFull CANコントローラになると、受信するフレームをIDごとに自動分類してメモリから読みだせるなど、ソフトウェアの負荷を低減するための仕様になったことが大きな特徴です。近年ではCANコントローラを搭載するマイコンメーカーやコントローラメーカーが独自の機能を加えることで、ゲートウェイを支援する機能、FIFO搭載、フィルター機能の改善など、通信のための制御パフォーマンスを向上させるための様々な仕組みが加えられています。

図2.33にルネサスエレクトロニクス RL78/F13マイコンに搭載されたCANコントローラのブロック図を示します。

ルネサスエレクトロニクスのRL78コントローラではCANのプロトコル制御

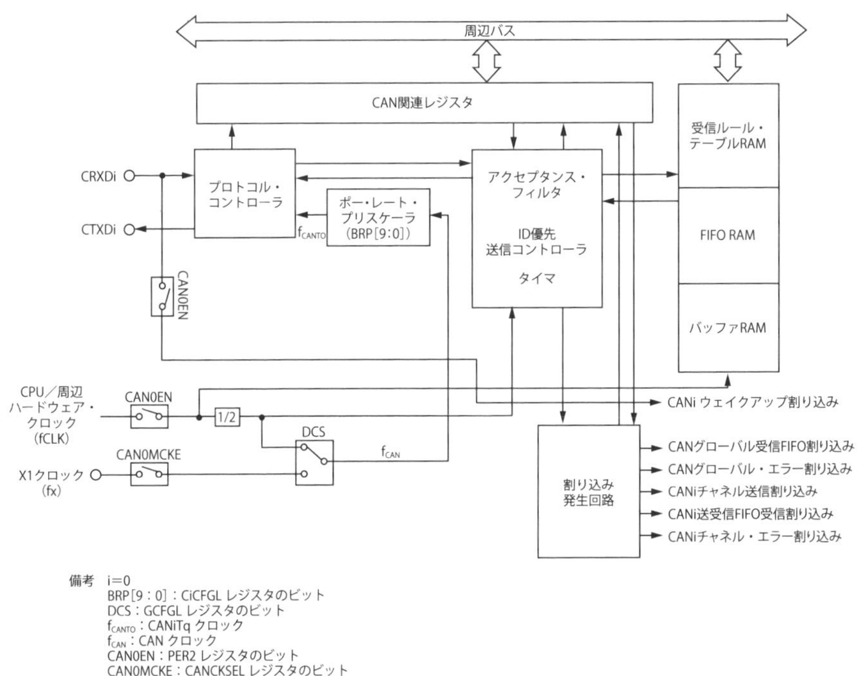

図2.33 RL78/F13 CANモジュールのブロック図

コントローラの他に、受信データを分類するためのアクセプタンスフィルター、FIFO、送受信フレームを分類して格納するためのバッファRAM、さらに受信時におけるルールを定義することでソフトウェア負荷を低減させるための受信ルールテーブルRAM、CANの通信速度を決めるためのボーレート・プリスケーラ、受送信状態・エラーを割り込みで通知する機能、ソフトウェアとCANコントローラをインターフェースするCAN関連レジスタ群で構成されています。

2.7.4. CANのトランシーバ（ノイズに強い差動信号方式のトランシーバ）

CANトランシーバは、CANコントローラから送られてきたCMOS/TTLレベルのNRZ信号を差動信号に変換し、バス上へ流します。差動信号に変換することで、もしバス（CAN Hiの線とCAN Loの線）に同位相のノイズ（コモン・

モード・ノイズ）が乗っても受信時に相殺されるため、ノイズによる誤動作を防ぐことができます。さらに、CANトランシーバは常時バス上の差動信号をNRZ信号（bitの1と0を2つの状態で表し、それ以外の状態にはならない）に変換し、CANコントローラへ送っています。

CANトランシーバの仕様は、LS-CANはISO 11898-3：2006、本項で説明するHS-CANはISO 11898-2：2016で規定されています。CANの場合、パッケージ形状は8ピンのSOICのものが標準的で、主要なピンアサインは固定化されています。動作電源電圧は5Vのものが多いですが、IO電源を別にするなど3.3Vに対応しているものもあり、3.3V系のマイコンからでもCANバスへ接続が可能となっています。**図2.34**、**図2.35**は一般的なCANトランシーバとしてロームのBD41041FJ-Cの信号と端子について記載したものです。

端子番号	端子名	機能
1	TXD	Pull-up抵抗付き送信データ入力端子
2	GND	グラウンド端子
3	VCC	電源端子
4	RXD	受信データ出力端子
5	SPLIT	CAN Hi/CAN Loコモン電圧安定化出力端子
6	CANL	CAN Loバス入出力端子
7	CANH	CAN Hiバス入出力端子
8	STB	Pull-up抵抗付きモード切り替え入力端子 HIGH：Standbyモード LOW：Normalモード

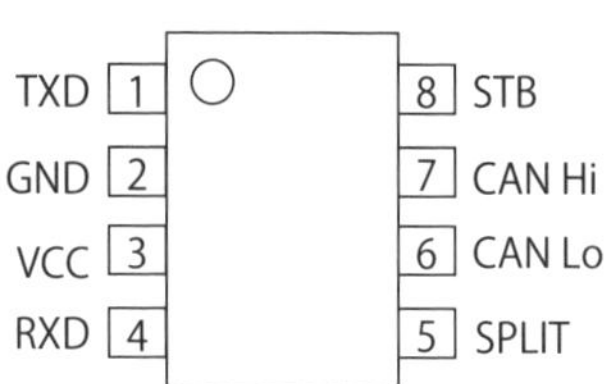

図2.34　BD41041FJ-Cのピンアサインと説明

（提供：ローム株式会社）

図2.35　BD41041FJ-C（SOP8ピン）

2.7.5. パーシャルネットワークとトランシーバ（省電力を支えるパーシャルネットワーク）

自動車に搭載されるECUの数が増加し続けている今日、電費向上のため、車両制御に必要のないECUは動作させないことで消費電力を低減させる仕組みをCANの通信に盛り込みました。それがパーシャルネットワークと呼ばれる規格で、過去にISO 11898-5：2007として規定されていました。

従来のISO 11898-5では、スリープ状態のノードが任意のバス信号（厳密には、0.5〜5us以上のドミナント）を受信するとウェイクアップしてしまうため、同じバスに接続されている通信の必要がないノードも同時にウェイクアップしてしまい、無駄な電力が消費されてしまう課題がありました。そこで、通信の必要があるノードのみを選択的にウェイクアップする機能がISO 11898-6：2013（別名：パーシャルネットワーク）にて規定されました。

パーシャルネットワークに対応させるためには、専用のトランシーバと、専用のソフトウェアが必要となります。パーシャルネットワークでは、従来のドミナント信号だけのウェイクアップだと接続された全ノードが起床してしまいます。それを避けるために、パーシャルネットワーク対応のトランシーバは、トランシーバ自身がCANフレームを検出する機能を有しています。CPUからトランシーバにあらかじめ起床するためのCANのIDを登録しておき、ウェイクアップ時にノードを起こすためのフレーム識別ができるようにしています。必要なノードだけを起こし不要なノードを動かさないことで、消費電力を抑えられるようになっています。

現在ではCAN FDの標準化に伴い、ISO 11898-5：2007とISO 11898-6：2013は、ISO 11898-2：2016へ統合され、バージョンアップした低消費電力の機能として再規定されています。

パーシャルネットワークのトランシーバは従来の8ピンのものでは設定のための信号が足りないため、14ピンのものが一般的にリリースされています。**図2.36**はパーシャルネットワークトランシーバの一つであるNXP社のTJA1145Aです。

TJA1145Aは16ピンのパッケージになっています。SOPタイプのピンアサインは**図2.37**の通りです。

（提供：NXP）

図2.36　TJA1145Aパーシャルネットワーク対応CANトランシーバ

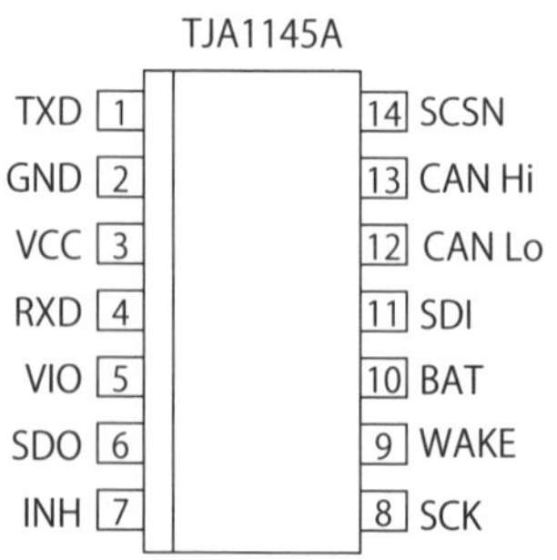

（TJA 1145 Product data sheet, NXP）

図2.37　TJA1145Aパーシャルネットワーク対応CANトランシーバ ピンアサイン

・トランシーバの動作

パーシャルネットワークの場合、あらかじめトランシーバに起床するためのCANのIDを登録しておく必要があります。TJA1145Aはマイコン（CANコントローラ）とのCAN送受信端子以外にSPI通信ができる端子を備えています。事前に登録したCAN IDに応じて、SPI端子を通じてマイコンを起床させる仕組みです。つまりパーシャルネットワークトランシーバ自身がインテリジェントにCAN IDを検出して、自身に接続されたマイコンを起こすかどうか判定するという動作になります（**図2.38**）。

判定に必要な情報としてはCAN ID（Standard or Extendedフォーマット）、CAN IDマスク情報、DLC、通信速度（80,100,125,250,500,1000 bps）となってい

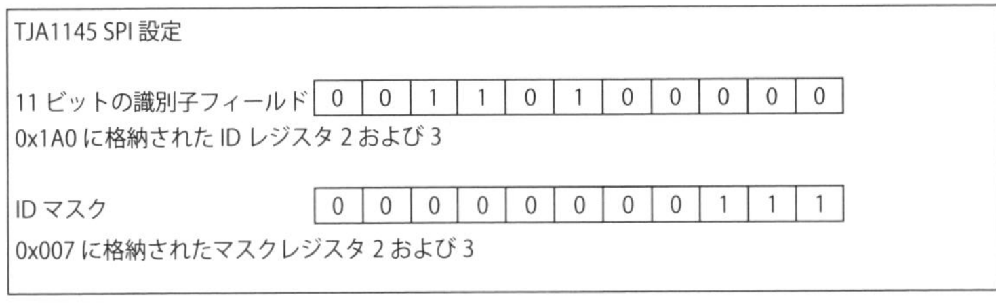

TJA1145 SPI 設定
11 ビットの識別子フィールド 0 0 1 1 0 1 0 0 0 0 0
0x1A0 に格納された ID レジスタ 2 および 3
ID マスク 0 0 0 0 0 0 0 0 1 1 1
0x007 に格納されたマスクレジスタ 2 および 3

有効なウェイクアップ識別子：0x1A0～0x1A7

0	0	1	1	0	1	0	0	x	x	x

（TJA1145 Product data sheet, NXP）

図2.38　Standardフォーマット時のIDセットとマスクと検出判定の例

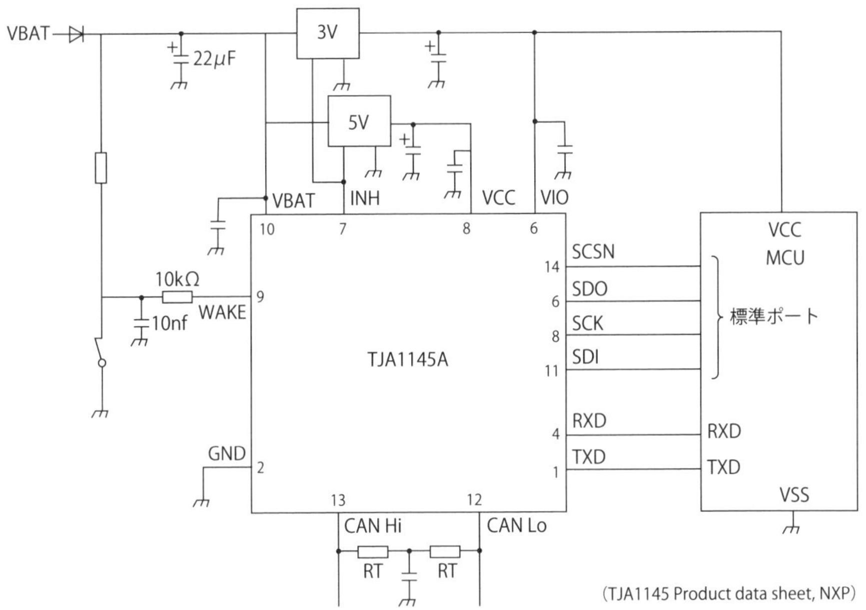

（TJA1145 Product data sheet, NXP）

図2.39　TJA1145AとMCU（HS-CANコントローラ）との接続例

ます。CAN IDマスク情報は評価でケアしないbitを指定することが可能になっています。

TJA1145Aでは起床時のパラメータは通電時だけ保持されており、電源が切れると消えてしまうため、次の電源投入時に再度設定しなおす必要があります。マイコンとのTJA1145Aとの接続例を**図2.39**に記します。

第 3 章

CANの高速化とセキュア対応を目的にした拡張通信プロトコルCAN FD

3.1 CAN FDの概要

CAN FD（CAN with Flexible Data Rate）とは、HS-CANのプロトコル仕様を拡張し、従来のHS-CANよりも通信速度の高速化と送受信データの大容量化に対応できるようになった通信プロトコルです。近年、自動車のますますの電装化に伴い、車載制御系通信バスでは接続ECUの増加によるデータ通信量の増大で、高トラフィックによる帯域不足、複数バス化によるコスト増加などが課題になっています。これらの課題解決に、CAN FD通信が期待されています。HS-CANの1フレームのデータ長は最大8byteですが、CAN FDでは最大64byteに拡張しています。また、通信ボーレートもHS-CANでは最大1Mbpsですが、CAN FDではペイロードの1Mbps以上の送信対応が可能になっています。

その他、通信セキュリティの用途でもCAN FDは期待されています。HS-CANと比較して多くのデータを1フレームで送信することが可能となるため、AUTOSARで規定されているSecOC（Secure Onboard Communication）ベースのメッセージ認証を合わせて使うことが考えられています。メッセージ認証では、データフレーム内に暗号鍵を用いて作成したMAC値、データカウンタのFVを載せて送信します。受信側はMAC値とFVを参照して、通信の確からしさを検証できることにより、データの改ざんや成りすましを防止します。そのため、既存のCAN通信バスの置き換えだけでなく、より高度な安全運転支援システム領域のネットワークでのCAN FD通信の利用も検討されています。

ISO 11898-1：2015、ISO 11898-2：2016により、従来のCANプロトコル仕様へ加える形でCAN FD仕様が規定されており、データフレームはHS-CANとほぼ同等のフィールド構成となっています。そのため、CAN通信に馴染みがあれば、CAN FD通信の仕様理解もしやすくなっています。

本章はHS-CANとの違いを中心に解説します。HS-CANとCAN FDと同じ内容については2章「CAN」を参照ください。

3.2 CAN FDネットワークのトポロジと通信ノードの基本構成

CAN FDネットワークのトポロジは、HS-CAN同様、2線式のライン型バス構造です（**図3.1**）。

CAN FDの基本的な接続の仕方は従来のHS-CANと同じで、従来のネットワークラインとの入れ替えが容易であるという特徴があります。

基本構成もHS-CANとほとんど同じですが、信号の高速化に伴いワイヤー長やノード数の制限がHS-CANに比べ厳しくなっています。また、放射ノイズの増加やリンギングの影響など、HS-CANのときには気にならなかった問題が露見しています。実はCAN FDにおいても従来のHS-CANのトランシーバを利用することは可能ですが、あくまでもHS-CANの規格内での利用となります。CAN FDの特徴である1Mbps以上の高速な通信を行うとした場合は、CAN FD対応のトランシーバとの組み合わせが必要です。

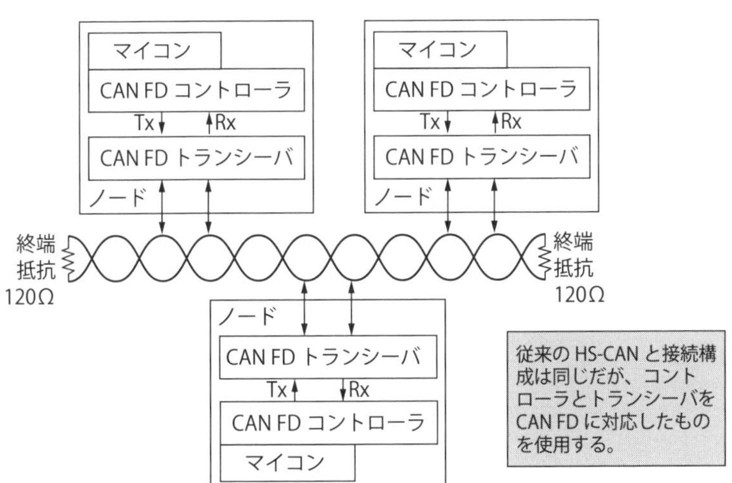

図3.1　CAN FDのネットワークトポロジ

コラム 従来のHS-CANとCAN FDを混在させた場合

CAN FDは従来のHS-CANと物理的な配線や接続は互換性があるので一見ノードの混在が可能に思えます。しかし、信号の形式が異なるため従来のHS-CANコントローラとCAN FDコントローラを混在させると、従来のCANコントローラがCAN FDの信号を正しく解釈できずエラーが発生します。この問題に関しては、パーシャルネットワークを応用したFDパッシブという機能を持つトランシーバを使用することで解決できます。

FDパッシブ機能は、CAN FDメッセージを通信する必要のない通常のCANコントローラをCAN FD通信中にスリープ/スタンバイモードを保持させることで、従来のHS-CANと接続されてもバスエラーを発生させない仕組みを持っています。

FDパッシブ機能を持ったパーシャルネットワークトランシーバを、従来のHS-CAN通信を行うノードが使用することで、1つのバスを共有することが可能になります。

3.3 CAN FD通信と高速化の仕組み

HS-CANでは1Mbpsが最大速度として保証されていましたが、CAN FDの通信速度は大幅に高速化され、ISO 11898-2：2016では5Mbpsまでのタイミング要件を規定しています。しかしCAN FDの場合、信号の全領域で5Mbpsまでの通信ができるわけではありません。CAN FDはHS-CANのアービトレーション機能を受け継ぎながら、アービトレーション機能の影響しない信号部分だけを高速通信にすることで実現しています。FDという名称の由来は、CAN通信速度が1フレーム中に変化するという意味の“CAN with Flexible Data Rate”から来ています。

具体的にはアービトレーションフィールド（Arbitration field）・コントロールフィールド（Control field）・ACKフィールド・EOFは従来のHS-CANの通信速度となる一方、コントロールフィールドの一部・データフィールド（Data field）・CRCフィールドを高速化して伝送可能な仕組みになっています（**図3.2**）。前者はアービトレーションフェーズ、後者はデータフェーズと呼ばれています。

図3.3はペイロードサイズ（8byte）で送信したときのCAN FDの通信波形です。このデータフェーズでは従来のHS-CANの1Mbps以上の速度で通信が可能です。診断・リプログラミングなど、サイズの大きなデータを取り扱う場合は5Mbps、制御系では500Kbps～2Mbpsが採用されることが多いようですが、近年はノード間の通信で発生するリンギングを抑えるためのトランシーバが登場し、制御系においても5Mbpsでの通信も可能になっています。

SOF	アービトレーションフィールド		コントロールフィールド						データフィールド	CRC フィールド			ACKフィールド		EOF
1bit	Base ID 11bit	RRS 1bit	IDE 1bit	FDF 1bit	res 1bit	BRS 1bit	ESI 1bit	DLC 4bit	Data 0～512bit (0～64byte)	Stuff Count 4bit	CRC 17/21bit	CRCデリミタ 1bit	ACKスロット 1bit	ACKデリミタ 1bit	7bit
アービトレーションフェーズ（CANと同様の転送速度）							データフェーズ（転送速度の高速化可能領域）					アービトレーションフェーズ（CANと同様の転送速度）			

R

D

R:レセシブ　D:ドミナント

図3.2　CAN FD 標準フォーマット

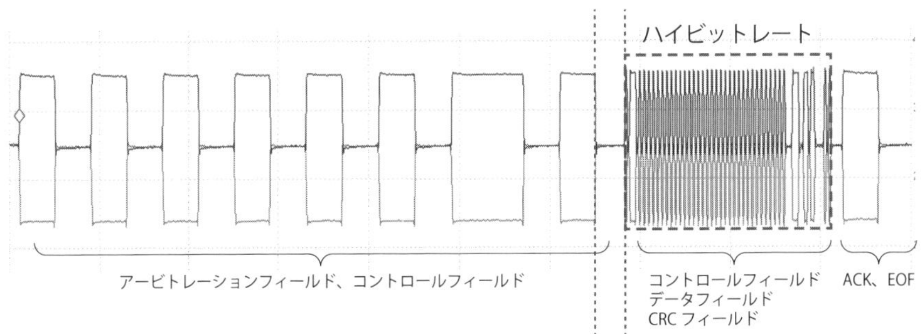

図3.3　ペイロードサイズで送信時の波形

CAN FD通信のフレーム構成

CAN FDは従来のHS-CANを拡張した構成となっているため、CAN FDが通信できるコントローラにおいては、従来のHS-CANのフレームとCAN FDのフレームを識別して通信できる機構が実現できる構成となっています（**図3.4**、**図3.5**）。逆に従来のHS-CANコントローラでCAN FDフレームを受け取ると、異常なフレームとみなされてエラーフレームが発生します。

CAN FDは、データフレームのみ定義されています。データフィールドが存在しないリモートフレームは転送速度の切替が必要ないため、CAN FDでは定義されていません。エラーフレーム、オーバーロードフレーム、インターフレームスペースはHS-CANと同じものが使用されます。

SOF	アービトレーションフィールド		コントロールフィールド						データフィールド	CRC フィールド			ACKフィールド		EOF
1bit	Base ID 11bit	RRS 1bit	IDE 1bit	FDF 1bit	res 1bit	BRS 1bit	ESI 1bit	DLC 4bit	Data 0～512bit (0～64byte)	Stuff Count 4bit	CRC 17/21bit	CRCデリミタ 1bit	ACKスロット 1bit	ACKデリミタ 1bit	7bit
アービトレーションフェーズ（CANと同様の転送速度）							データフェーズ（転送速度の高速化可能領域）						アービトレーションフェーズ（CANと同様の転送速度）		

R:レセシブ　D:ドミナント

図3.4　標準フォーマット

SOF	アービトレーションフィールド					コントロールフィールド					データフィールド	CRC フィールド			ACKフィールド		EOF
1bit	Base ID 11bit	SRR 1bit	IDE 1bit	ID Extention 18bit	RRS 1bit	FDF 1bit	res 1bit	BRS 1bit	ESI 1bit	DLC 4bit	Data 0～512bit (0～64byte)	Stuff Count 4bit	CRC 17/21bit	CRCデリミタ 1bit	ACKスロット 1bit	ACKデリミタ 1bit	7bit
アービトレーションフェーズ（CANと同様の転送速度）									データフェーズ（転送速度の高速化可能領域）						アービトレーションフェーズ（CANと同様の転送速度）		

R:レセシブ　D:ドミナント

図3.5　拡張フォーマット

CAN FDのデータフレームは標準フォーマット、拡張フォーマット共に、HS-CANと同様にSOF（Start Of Frame）、アービトレーションフィールド、コントロールフィールド、データフィールド、CRCフィールド、ACKフィールド、EOF（End Of Frame）の7つの領域で構成されています。従来のHS-CANと同様の転送速度部分をアービトレーションフェーズ、転送速度の高速化が可能な領域をデータフェーズと呼びます。

標準フォーマットを例に各フィールドの詳細を説明します。

①SOF（Start Of Frame）

データフレームの開始を通知する領域で、1bitのドミナントです（**図3.6**）。

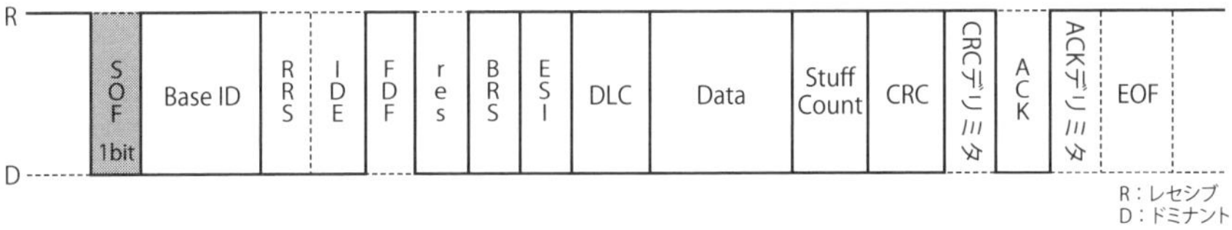

図3.6　SOF（Start Of Frame）

②アービトレーションフィールド（調停フィールド）

フレームの優先順位を判断する領域で、Base ID（Identifier）とRRSビットで構成されます（**図3.7**）。

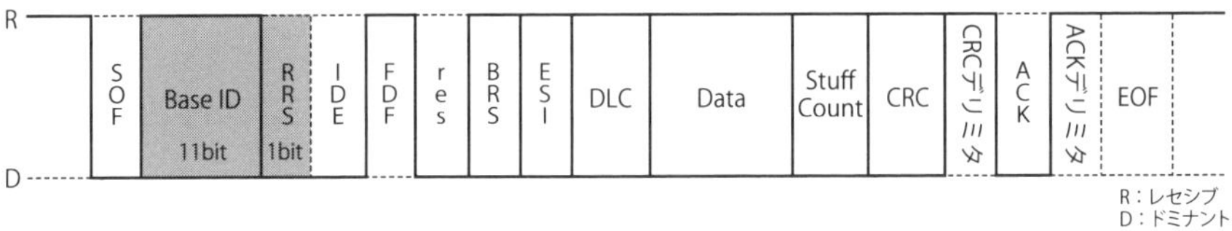

図3.7　アービトレーションフィールド

Base ID（Identifier）：HS-CANと同じ11bitのID値を設定します。

RRS：CAN FDにはリモートフレームがないため、HS-CANで使用されていたRTRビットからRRSビットに置き換えられドミナントに固定されます。

(拡張フォーマット時)

SRR：Base IDまでは同じですが、RRSの部位がSRRと呼ばれるレセシブに固定されます。

IDE：拡張フォーマットを表すbitとしてレセシブ値として固定されます。

ID Extention：拡張フォーマット時は残りの28bitのIDが設定されることになります。拡張フォーマット時はRRSがID Extentionの後にRRS値のドミナントを固定することになります。

③コントロールフィールド

IDE、FDF、res、BRS、ESI、DLCで構成されます（**図3.8**）。

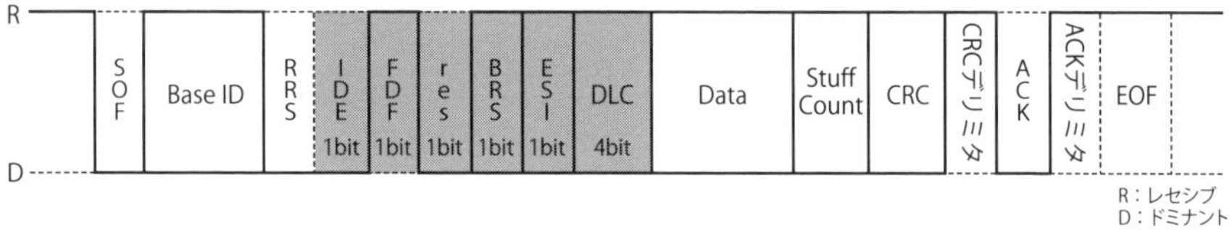

図3.8　コントロールフィールド

IDE：HS-CANと同様に標準フォーマット時はドミナント、拡張フォーマット時はレセシブで表します。

FDF：HS-CANとCAN FDを区別するbitです。HS-CANはドミナント、CAN FDはレセシブで表します。

res：予約ビットです。

BRS：CAN FDで追加されたbitで、データフェーズの高速化の切り替えを行います。

ESI：CAN FDで追加されたbitで、送信ノードのエラー状態を表します。エラーアクティブの時はドミナント、エラーパッシブの時はレセシブで表します。

DLC：データ長を表します。表せるデータ長は0～8、12、16、20、24、32、48、64byteになります（**表3.1**）。

④データフィールド

データフィールドはデータを格納する領域です（**図3.9**）。データ長はHS-CANでは0～8byte、CAN FDでは0～8、12、16、20、24、32、48、64byteとなります。

表3.1　DLCとデータ長

DLC	HS-CAN (Byte)	CAN FD (Byte)	DLC	HS-CAN (Byte)	CAN FD (Byte)
0（0000b）	0	0	8（1000b）	8	8
1（0001b）	1	1	9（1001b）	8	12
2（0010b）	2	2	10（1010b）	8	16
3（0011b）	3	3	11（1011b）	8	20
4（0100b）	4	4	12（1100b）	8	24
5（0101b）	5	5	13（1101b）	8	32
6（0110b）	6	6	14（1110b）	8	48
7（0111b）	7	7	15（1111b）	8	64

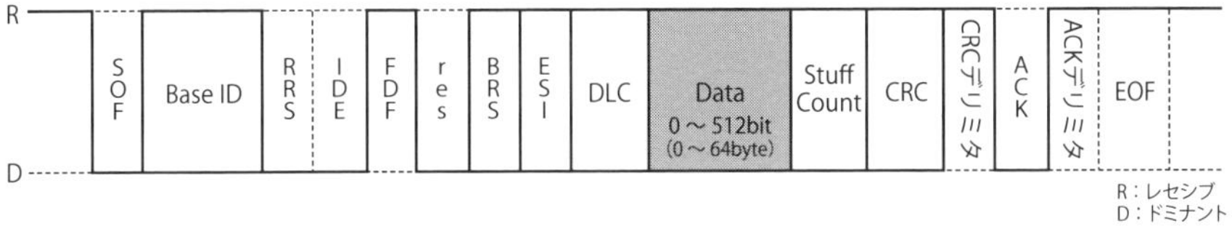

図3.9　データフィールド

⑤CRCフィールド

フレームの伝送誤りを判断する領域で、Stuff Count、CRC、CRCデリミタで構成されています（**図3.10**）。HS-CANと同様にSOFからデータフィールドまでの値を演算し、その結果を比較することで伝送誤りを判断します。

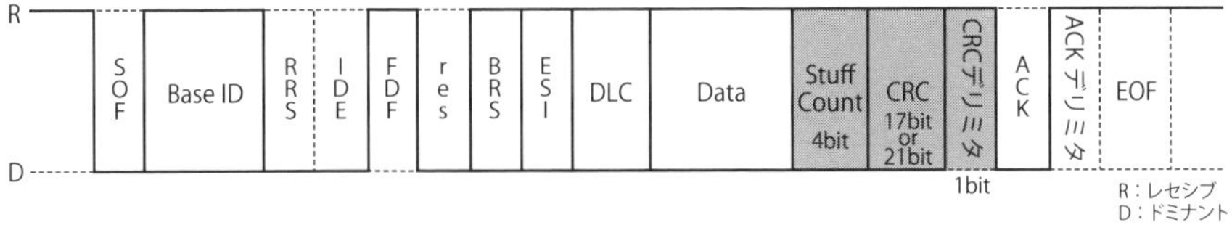

図3.10　CRCフィールド

⑥ACKフィールド

正常受信した確認の合図を表す領域で、ACKとACKデリミタで構成されます（**図3.11**）。

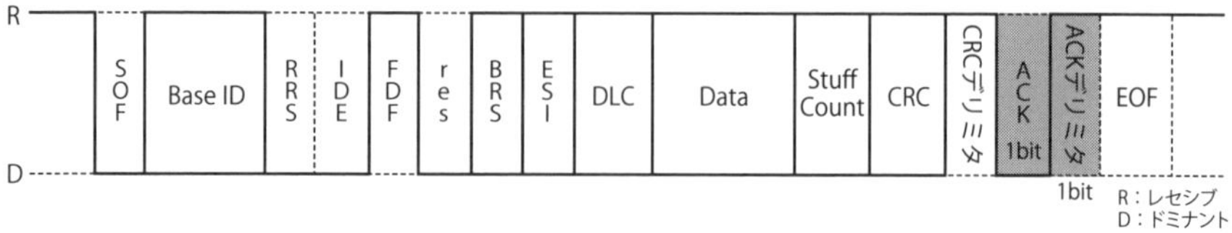

R
D
SOF
Base ID
RRS
IDE
FDF
res
BRS
ESI
DLC
Data
Stuff Count
CRC
CRCデリミタ
ACK 1bit
ACKデリミタ 1bit
EOF
R：レセシブ
D：ドミナント

図3.11　ACKフィールド

ACK：CANではACKは1bit時間でしたが、CAN FDの受信ノードでは、最大2bit時間までを有効なACKと認識できます。追加の1bit時間は、高速なデータフェーズからアービトレーションフェーズへのクロック切り替えに発生するトランシーバの位相のずれ、およびバスへの伝達遅延の補完に使用されます。

ACKデリミタ：ACKの終了を表す1bitのレセシブです。

⑦EOF（End Of Frame）

データフレームの終了を通知する領域で7bitのレセシブです（**図3.12**）。

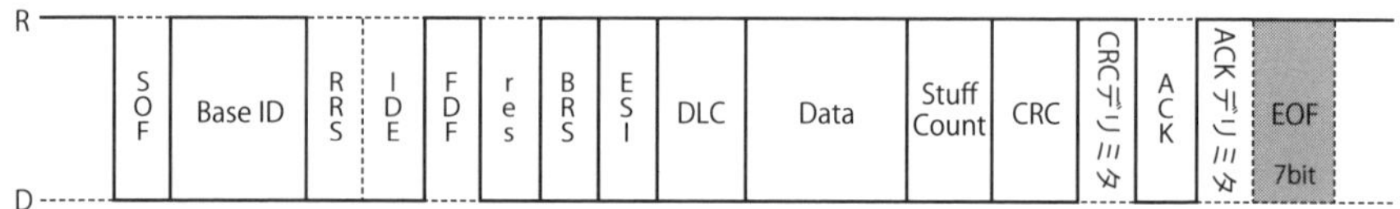

図3.12　EOF（End Of Frame）

3.5 HS-CANとCAN FDの変化点

3.5.1. リモートフレームの廃止

CAN FDではリモートフレームが廃止されました。HS-CANではRTRというbitがリモートフレームを表すフィールドとして使用されてきましたが、CAN FDではRRSという名称に変更され、かつドミナント固定になります。CAN FDコントローラがこのbitをレセシブで受信した場合は、従来のHS-CANのリモートフレームとして動作します。

3.5.2. Control Fieldの機能変更

①FDF

CAN FDとHS-CANとを区別するための重要な変更点として、コントロールフィールドの使い方の変更があります。フレームをCAN FDとみなすかHS-CANとみなすかは、コントロールフィールドのFDFという1bitのフィールドが担うことになります。HS-CANではFDFフィールドがドミナント固定でしたが、CAN FDではここの値がレセシブとなります。

②ESI

送信ノードのエラー状態を表します。HS-CANでは送信ノードのエラー状態を知らせる手段がなかったのですが、CAN FDではESIフィールドを設けることで可能になりました。エラーアクティブの時はドミナント、エラーパッシブの時はレセシブで表します。

③DLC

HS-CANでもDLCはペイロードのサイズを示すフィールドとして利用されてきましたが、CAN FDで64byteまでペイロードサイズの拡張が可能になったため、仕様が変更になりました。ただし、リニアにサイズを変更できるのは従来の

HS-CANと同じく0～8byteまでで、それ以上のサイズは12、16、20、24、32、48、64byteのいずれかを選択することになります。

このフィールドは4bitのサイズしかないため、HS-CANでは0～8byteを4bitの値でセットをしていました。しかし4bitでは9～15までの値をセットできますが、それらはすべて8byteのペイロードサイズとして扱われてきました。CAN FDではこの9～15の値をそれぞれ12、16、20、24、32、48、64byteに割り付けて定義する仕様となりました。

④BRS

CAN FDで追加されたbitで、データフェーズの高速化の切り替えを行います。このbitがレセシブの時に、BRSビットのサンプリングポイントから転送速度を高速化させ、CRCデリミタのサンプリングポイントで全ノードがアービトレーションフェーズに戻ります。

このbitがドミナントの場合はデータフェーズの高速化はなされません。

コラム FDFの取り扱いの違い

従来のHS-CANではCAN FDが規定される以前から存在しており、当時このFDFと呼ばれる領域は標準フォーマットのときはr0（リザーブビット）という名称でドミナント固定でした。標準フォーマットにおけるr0の扱いについて、ドミナントが受信されれば正しいフィールドと判定できますが、レセシブだとフォーマットエラーとなります。拡張フォーマット時はFDFの位置はr1（リザーブビット）という名称で、ここもドミナント固定扱いですが、同様にレセシブだとエラーとして扱われます。このr0、r1部分の意味をFDFとすることでCAN FDとして認識する変更がなされたのですが、その反面従来のHS-CANだとエラーと見なされてしまうことになります。従来のHS-CANコントローラでCAN FDフレームを受け取ると異常なフレームとみなされてエラーフレームが発生することを本章の冒頭で説明しましたが、このFDFの取り扱いの仕方が原因です。

CAN FD通信をするために設計されたコントローラであればFDFを正しく認識できるため、従来のHS-CANフレーム、CAN FDフレームを区別して扱うことができます。

3.5.3. CRCフィールド

CAN FDではデータフェーズで送信されるため、HS-CANでは存在しなかったStuffCount、CRCフィールドのスタッフビット、CRCデリミタ、CRCの演算方式とサイズが変更になっています。

①StuffCount

CAN FDで追加された4bitの領域、SOF〜データフィールドに含まれるスタッフビットの総数を8で割った余りを3bit長でグレイコード化した値で格納し、4bit目に偶数パリティを格納します。

②CRC

SOFからデータフィールドまでの領域のCRC演算結果を格納します。CRCフィールドは、データフィールドのサイズに合わせて、17bitあるいは21bitの領域となります。またCRCフィールドでは、固定されたbit位置に固定スタッフビット（Fixed Stuff Bit）が配置されます。スタッフビットの値は、その直前のbitの値と逆の値になります。スタッフビットは、CRC領域の先頭と、先頭から4bit間隔で配置されます（**図3.13**）。

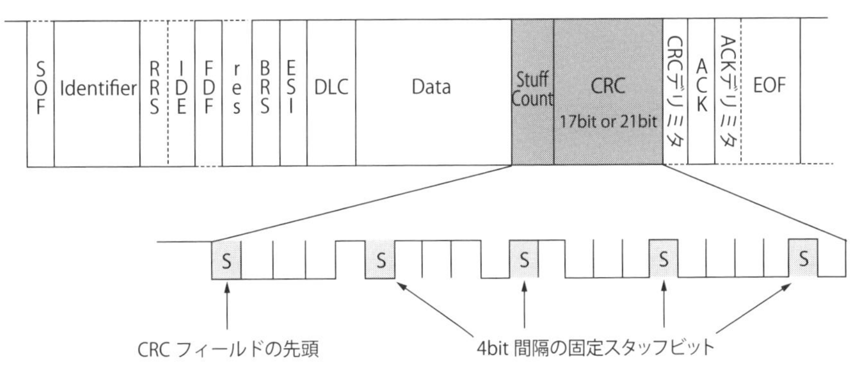

図3.13　CRCフィールドのスタッフビット

フレームの伝送誤りをチェックするためのCRCの演算方式においても、HS-CANからの変更が行われています。CANではスタッフビットが計算に含まれていませんでしたが、CAN FDではスタッフカウントとスタッフビットは、固定スタッフビットを除いて、CRC計算に関連するビットストリームに含まれます。

HS-CANでは15bit長のCRCを使用していましたが、CAN FDではペイロードサイズ増加にともない、CRCbit長の拡張が行われました。データフィールドのサイズによって2種類のbit長が採用されています。

0～16バイト	：	17bit（CRC-17）
17～64バイト	：	21bit（CRC-21）

CRCの生成多項式の公式は下記のようになります。

CRC-17 $x^{17}+x^{16}+x^{14}+x^{13}+x^{11}+x^{6}+x^{4}+x^{3}+x+1$

CRC-21 $x^{21}+x^{20}+x^{13}+x^{11}+x^{6}+x^{4}+x^{3}+1$

③CRCデリミタ

CRCフィールドの終了を表す1bitのレセシブです。CAN FDでは、ノード間の位相のずれを考慮し、受信側では最大2bit時間を許容します。また、データフェーズはCRCデリミタの最初の1bitのサンプリングポイントまで有効で、それ以降は全ノードがアービトレーションフェーズに戻ります。

3.5.4. ACK領域

HS-CANではACKは1bit時間でしたが、CAN FDの受信ノードでは、最大2bit時間までを有効なACKと認識可能です。追加の1bit時間は、高速なデータフェーズからアービトレーションフェーズへのクロック切り替えに発生するトランシーバの位相のずれ、およびバスへの伝達遅延の補完に使用されます。

3.5.5. アービトレーションフェーズとデータフェーズの通信速度の設定

従来のHS-CANでは通信フレームの部位により通信速度を変化させることがなかったため、この設定はなかったのですが、CAN FDからは2つの通信速度の定義が必要になりました。

CAN FD通信の速度は、アービトレーションフェーズとデータフェーズでそれぞれの転送速度を指定します。アービトレーションフェーズは、従来のHS-CANと同等の通信速度となりますが、データフェーズ以降を高速な転送速度に設定可能となっています。

①アービトレーションフェーズ

従来HS-CANと同等の転送速度です。125Kbps〜1Mbpsの範囲となります。

②データフェーズ

ISO 11898-2：2016では5Mbpsまでのタイミング要件を規定できます。一般的には500Kbps、1Mbps、2Mbps、4Mbps、5Mbps、8Mbpsとなります。

3.6 CAN FDの特徴を活かすアプリケーション

CAN FDの最大の特徴として、ペイロード部の通信速度がHS-CANより高速化したことや、ペイロードサイズがHS-CANの8byteから最大64byteへ拡大したことが挙げられます。この拡張により通信の周期を短くしたり、データを複数のフレームに分割して送信したりするなどの対策が不要になり、送受信するコンピュータの負荷を低減することが可能になりました。

近年、HS-CAN通信量の増加が著しく、かつ従来より多くのノードと通信しないといけない状況になっています。そのため、HS-CAN通信をするコンピュータの送信間隔を早めたり、それでも十分なトラフィックが確保できないときは複数のCANコントローラを搭載したりすることで解決してきました。また、複数のフレームを使って1つの固まった情報を伝えないといけないときは、送信フレームが途絶した場合のフェールセーフを実装するなどの対策も必要になるため、通信を制御するコンピュータの性能を引き上げるなどの対策が必要となりました。

CAN FDの採用はこの問題を一度に解決する画期的な通信として受け入れら

れています。CAN FDの高速化とペイロードの拡大により、より多くの情報を少ない負荷で取り扱えるだけでなく、複数に分割していた情報を一度に送ることが可能になるため、効率のよい安全な通信が可能になりました。その一番の利用領域が、後述する診断通信、リプログラミング（コンピュータのプログラム書き換え）やセキュリティ対策です。

3.6.1. 診断通信への利用

車載制御系通信バスでは、接続ECUの増加によるデータ通信量の増大で、高トラフィックによる帯域不足、複数バス化によるコスト増などが課題になっています。CAN FDでは通信速度の向上、1フレームあたりのデータサイズの拡大が可能となったことにより、ECUの統合やビッグデータの採用が進むと考えられます。

また、診断通信においても、ISO 15765-2：2016でCAN FDへの対応が行われました。これまでHS-CANを用いた診断通信では、Transport layer protocolを定義し、8byte超の情報に対して、Multiple-frameとして複数のCANフレームを組み合わせることで、最大で4,095byteの情報を通信可能としていました。CAN FD対応を機に、1フレームあたり、64byteに拡張されただけでなく、Multiple-frameとして最大で4,294,967,295byteまで通信可能となります。

以上のように、CAN FDの採用によるメリットは大きいものですが、CAN FDを実装するためには、高機能のマイコンが必要となってきます。従来のHS-CANを採用したECUがすべてCAN FDに置き換わることは難しいことが予測されるため、それぞれの用途に合わせたプロトコルが採用されていくでしょう。

3.6.2. セキュリティ通信への利用

1章でも触れたように、車載ネットワークではセキュリティ対策が重要となってきています。CAN通信を行う場合にも、データ部にメッセージ認証コード（MAC）を付与することが求められるようになってきました。

MACアルゴリズムには、ハッシュ関数を使う方式（HMAC）と、ブロック暗

表3.2　AUTOSAR SecOC Profile

	SecOC Profile1	SecOC Profile2	SecOC Profile3
アルゴリズム	CMAC/AES-128	CMAC/AES-128	CMAC/AES-128
FV長	定義なし	0（定義なし）	64bits
メッセージ上のFV長	8bits	0bit（定義なし）	4bits
MAC長	24bits	24bits	28bits

号アルゴリズムを使用する方式（CMAC、CBC-MACなど）がありますが、車載ネットワークでは、AUTOSARの採用によってSecOCでサポートするCMACを使用した3つのプロファイルが採用されることが多くなっています（**表3.2**）。

これらのセキュリティプロファイルでは、MAC付与だけでなく、送信ノード・受信ノード間で通信データの確からしさを確認するため、カウンタなどから生成されるFreshness Value（FV）も付与されます。このように、メッセージ認証を実現するには、セキュリティ関連の情報が、データ部のサイズに対して大きな割合を占めることになります。

従来のCANバスでは、バス効率を向上させるために、CANフレームのデータ部にできる限りの制御データを詰め込んできました。さらにMACやFVを付与する余裕はすでにない場合が多く、複数のフレームに制御データを分割していく必要が出てきます。CAN FDを使用することで、データ部のサイズが拡張でき、これまで使用してきた制御データにMACやFVを付与することが可能となります。さらに、データフィールドの速度を向上させることで、従来通りのバス負荷を実現することも可能となっています。

3.6.3. リプログラミング通信への利用

リプログラミングは車載ECUに搭載されたマイコンの実行コードを更新（書き換え）をするための通信です。リプログラミングではマイコンに搭載された実行コードを書き換えるために、数Kbyteのプログラム転送から、大きいものでは数Mbyteの転送が必要となります。従来のHS-CANでは一度に送ることができるサイズが最大8byteであるため、プログラム規模が大きくなるとCANフレームを送信する回数が増加します。また、通信速度も最大1Mbpsまでなので、プログラム更新にかかる時間が膨大になります。

近年、車載マイコンのソフトウェアコードサイズが肥大化してきており、従来のHS-CANであれば数十秒ほどで完了していたリプログラミングが5分、10分と長くなってしまいます。この時間が長くなる理由は、リプログラミングにかかる時間はマイコンのフラッシュ書き込み時間よりも通信時間に律速されるためです。また、リプログラミングの場合、送信時のデータの損失、データ改変などの対策をするためにリプログラミング制御を行うツール（この場合マイコンプログラマ）との間で確実に情報が伝達できたかを確認するためのベリファイを頻繁に行うことも理由としてあげられます。誤った情報でプログラムが書き込まれると正しく動作しなくなるため、安全性確保が重要な通信となっています。

リプログラミングの標準規定としては、国際標準規格のUDS（Unified Diagnosis Services、ISO 14229）およびDiagnostics on CAN（ISO 15765）など診断規格に準拠したものがあります。こうした規格では、一度に送信できないデータを複数のブロックに分けて送ったり、正しく送られたことを検証したりするためのフロー制御と呼ばれる仕組みが備わっています。

従来のHS-CANで行われていたリプログラミングをCAN FDで実施することによって、通信速度が向上します。さらに、一度に送るデータサイズをHS-CANの8倍（64byte）にすることで、分割して送る回数を減らし、かつ確認する回数を減らすことで通信時間の短縮が可能となります。

リプログラミングにおいては安全なプログラムの伝送が必須です。今後はサイバーセキュリティへの対策なども必要となるため、ますますCAN FDでの利用が重要になってくると考えられます。

3.7 CAN FDを構成する電子回路

CAN FDと従来のHS-CANとでは基本的なコントローラとトランシーバの接続方法、トランシーバとバスとの接続方法は同じです。バスに設置しないといけない終端抵抗も同じ値です（**図3.14**）。しかし、HS-CANより高速な通信速度を選択する場合、配線長、バスに接続できるノード数などはHS-CANよりも制約を受けることがあります。

従来のHS-CANと異なるのは、コントローラがCAN FD対応のコントローラになること、そしてトランシーバがCAN FD対応のトランシーバになることです。

3.7.1. CAN FDのコントローラの解説

HS-CANと同様にCAN FDは独立したコントローラとして存在することは少なく、一般的な車載システムはマイコンに内蔵するタイプがほとんどです。従来のHS-CANからCAN FDへの置き換えを容易にするために、従来のCANコントローラに近い構成でマイコン内に搭載されるケースが多く、マイコンによってはCAN FD、HS-CAN両方を同じ端子から使用できるような構成のものも存在します。**図3.15**では、ルネサスエレクトロニクスの車載マイコンであるRH850/F1KMの例を挙げて説明します。

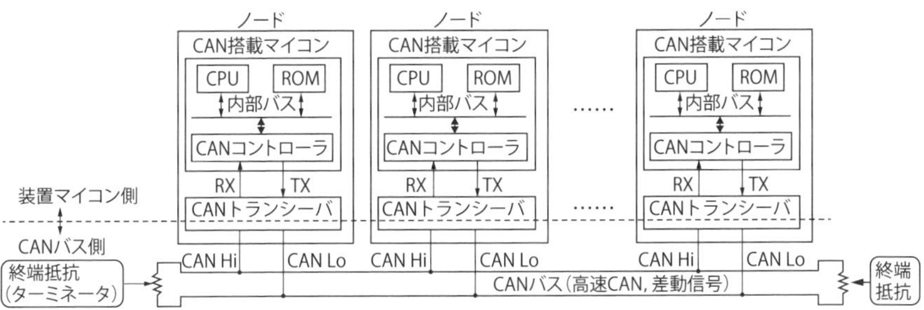

図3.14　CAN通信の基本回路構成

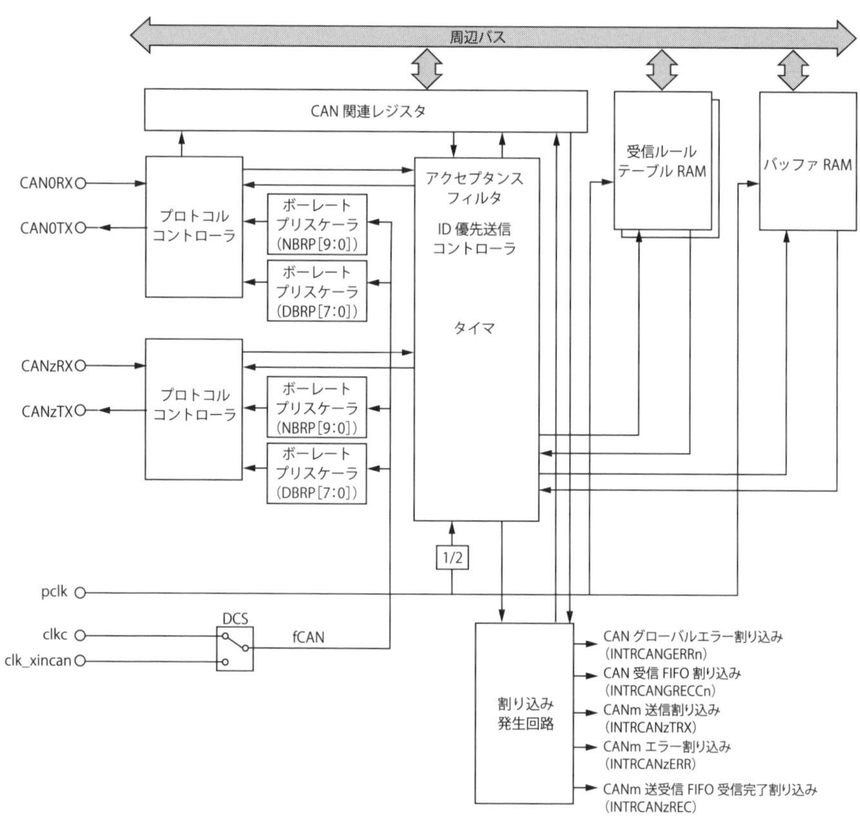

(ルネサスエレクトロニクス RH850/F1KM MCU ハードウェアマニュアル)

図3.15　ルネサスエレクトロニクス社 RS-CANFDユニットのブロック図

●RH850/F1KMに搭載されているRS-CANFDユニット

RH850/F1KMにはRS-CANFDユニットと呼ばれる、CAN FDおよび従来HS-CAN通信を行うためのモジュールが搭載されています。RS-CANFDユニットで8チャンネル分のCAN FDバス、およびHS-CANバスへのどちらか一方の制御が可能になっています。

近年、自動車においてもCAN FDやCANのバスを複数搭載することも多く、複数のバスとノード間の通信だけでなくゲートウェイとしての機能を搭載するケースもあるため、RH850/F1KMは今日の車載マイコンへの柔軟な対応が可能になっています。図3.16にRH850/F1KMの内部ブロック図を示します。

基本的にはHS-CANのコントローラと同じ構成になっていますが、HS-CANと比べて送受信スロットが最大64byteを保持できるようになっています。より効率よく多量のCAN通信データを扱えるように受信ルールを定義することが可能になっており、セントラルゲートウェイなど多くの通信情報を取り扱う場合のCPU処理負荷を低減させる機能などを持っています。

他にもアービトレーションフェーズ、データフェーズの2つの通信速度を定義する機能や、HS-CAN、CAN FDの選択機能など、従来のHS-CANのコントローラに比べて機能が強化されています。

3.7.2. CAN FDトランシーバの解説

CAN FDに対応したトランシーバは従来のHS-CANのトランシーバと比較し、フレキシブルエリアの高速通信に対応した機能と性能に対応したものとなっています。多くのCAN FDトランシーバが従来のHS-CANのトランシーバとピン互換となっているため、大がかりな回路設計をすることなく利用できる状況です。

●CAN放射ノイズを抑制した高速差動信号方式のトランシーバ

CAN FDトランシーバは、HS-CAN同様、信号の変換（NRZ信号⇔差動信号）を行います。しかし、信号の高速化に伴い、CAN HiとCAN Loの対称性の差異が顕著になり、それが放射ノイズとして現れるようになりました。この問題に対し、従来のHS-CANではコモン・モード・チョークコイル（CMC）による対策を行っていましたが、CAN FDでは、最適なスロープの調整や、トランシーバ内の回路レベルによる対策がされています。

また、1bit長が短いことはサンプルポイントまでの時間が減ることを意味しており、従来のHS-CANであれば問題にならなかったリンギング収束時間が問題になります。この問題に対しては、リンギング抑制回路を搭載したトランシーバが提案され、各自動車メーカーによって採用が検討されています（**図3.16**）。

その他にも、CAN FDトランシーバには、従来のHS-CANよりも堅牢性の高くなった低消費電力機能が備わっています。現在のCAN FDトランシーバの仕様は、ISO 11898-2：2016で規定されています。

図3.16　リンギング抑制回路を搭載したCAN FDトランシーバTJA1462

3.7.3. RH850/F1KMを例にしたCAN FDトランシーバとの接続回路

CAN FDとなっても基本的にはHS-CANと同じであるため、従来のマイコンと同様の考えで設計と実装が可能になっています（**図3.17**）。

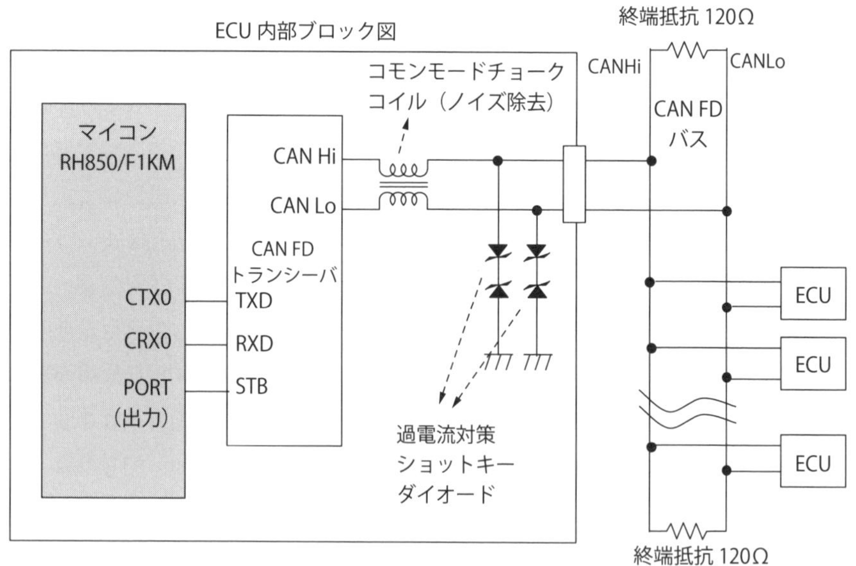

図3.17　RH850/F1KMを例にしたCAN FDトランシーバとの接続図

第 4 章

マンマシンインターフェース
ECU用 低消費電力
プロトコル LIN

4.1 LINの概要

LINとはLocal Interconnect Networkの略称で、車載ネットワークのコストダウンを目的として欧州の自動車メーカー、半導体メーカーが中心となって策定された通信プロトコルです。

車載ネットワークにおいて先行して利用されていたCANはマイコン自体も高い性能が必要となるため、パワーウィンドウやミラー制御、ドアロックなど、CANほどの応答性や信頼性が不要で、かつ低コスト化を求められるような場所では導入が困難な状況でした。そこで登場したのがLINです。LINはCANに比べて通信速度、信頼性は劣るものの、UARTが搭載されたローエンドのマイコンで実現可能です。そしてCANが高度な制御を必要とするメインの車載ネットワークへ適用されるのに対し、LINはCANの補助として利用することを目的としたサブネットワーク用の通信プロトコルとして利用されています。

4.2 LINの特徴

LINはマイコンのUART（調歩同期式通信）ベースのシンプルなシングルマスタ/マルチスレーブ方式のネットワークです（**図4.1**）。

これは、すべてのメッセージタイミングを1つのマスタノードが管理しており、他のノード（スレーブ）はイベントが発生しても、マスタから「送ってよい」と言われるまでメッセージを送ることはできません。CANのように任意のタイミングで送信ができるネットワークだと応答性を高めることができますが、LINはマスタがそのタイミングを握ることになります。またCANと比べ通信速度も10倍以上低速であるため、比較的応答性に厳しくないHMI（ヒューマン・マシ

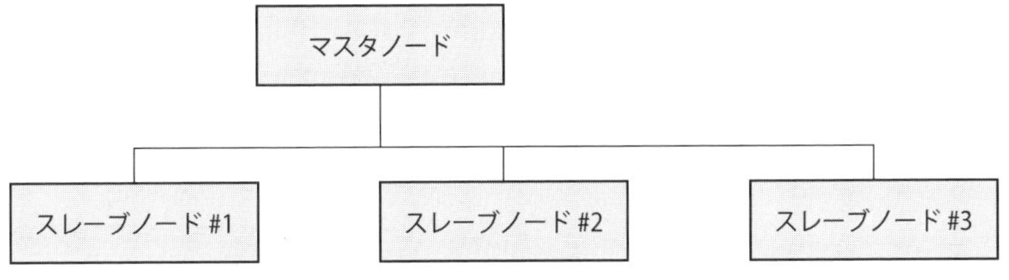

図4.1　LINのネットワーク構成図

ン・インターフェース）などを対象に利用されます。ここがLINの大きな特徴だと言えます。特徴として下記のことがあげられます。

- ●マイコンが基本的に備えるUART、TIMER、INTなどを制御することで実現が可能。
- ●LINマスタノードはクロック精度±0.5%を満たすこと、スレーブノードはクロックの誤差を伴うマイコンでも利用可能。
- ●LINのスレーブノードは、マスタノードが送信するメッセージフレームに組み込まれた時間補正用基準波形を計測し、伝送ボーレートをその都度、補正することで実施が可能。
- ●CANプロトコルと比較して、大幅なコスト削減が可能。
  - ①部品コストの削減（部品点数の削減、廉価部品への変更）
    - ・ワイヤーが2本から1本へ
    - ・マイコン用発振子は水晶/セラミック発振子からRC発振またはマイコン内蔵発振回路へ
    - ・トランシーバは差動式アンプからコンパレータ方式で実現
  - ②部品点数削減によるアセンブルコストの削減
  - ③通信ソフト開発負荷の削減
    - ・ネットワークマネジメントが容易であり、開発負荷が小さい
    - ・インプリ用コンフィグレータ、適合試験仕様が規定されている
- ●CANのサブネットワークとして多くの車で利用されている。

LINとCANとの仕様の違いを**表4.1**に示します。

表4.1　LINとCANの比較

	LIN	CAN
ネットワーク構成	シングルマスタ（調停禁止）	マルチマスタ
通信速度	Max 20Kbps	Max 1Mbps
伝送路	1線式	2線式（一部1線式）
トランシーバ	コンパレータ方式	差動式
通信方式	半二重方式（NRZ方式） UART＋ソフトまたは専用ハード	半二重方式（NRZ方式） 専用ハード
発振子	・クロック周波数精度 マスタ　：0.5% スレーブ：同期補正あり 15%（Revision1.3） 14%（Revision2.0以降） 同期補正なし　1.5% ・水晶/セラミック発振子、RC発振、マイコン内蔵発振回路	・クロック周波数精度　0.5% ・水晶/セラミック発振子
同期方式	・データフィールドごとにスタートビット立下りエッジに対し、受信ノードが同期 ・スレーブノードがマスタノードから送信されるフレームに必ず存在するビットレート補正用のフィールドを受信することによって常に通信速度を補正	レセシブ→ドミナントの立下りエッジに対し、全てのノードが同期を合わせる
適応箇所	主にボディ系のスイッチやランプなどのオン・オフユニット用のサブネットワークとして使用	自動車の中の基幹ユニットのメインネットワークとして使用

4.3 LINの活用事例

パワートレイン制御やシャーシ制御ほど大量の情報や高速な通信速度、信頼性を必要としないセンサーやアクチュエータなどの制御に採用され、車載向けサブネットワークシステムを構築します（**図4.2**、**図4.3**）。

図4.2　自動車におけるLINの利用例

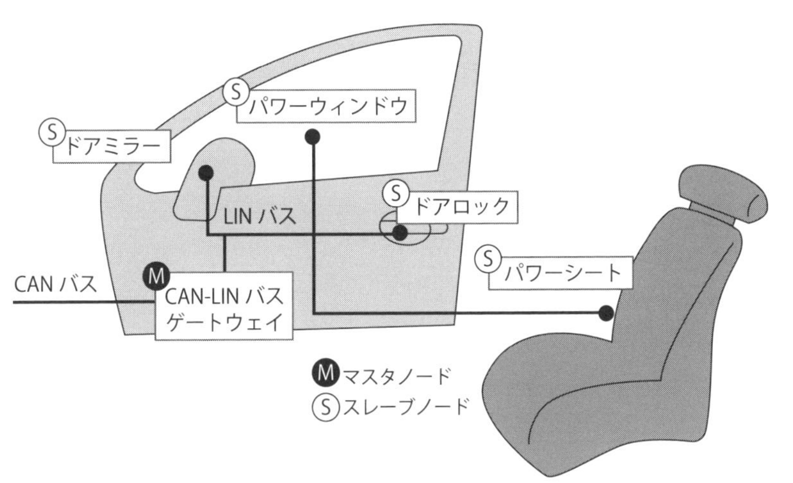

図4.3　LINのネットワーク構築例

4.4 他プロトコルとの位置付け

図4.4にLINと他のプロトコルの性能とコストの関係を示します。LINはCANやFlexRayに比べ、通信速度が遅く、1ノードあたりの開発コストが安価です。CANやFlexRayほどの通信速度や情報量を必要としないネットワークで使用され、ボディ系システムにおけるデファクトスタンダードとして、堅調に普及しています。

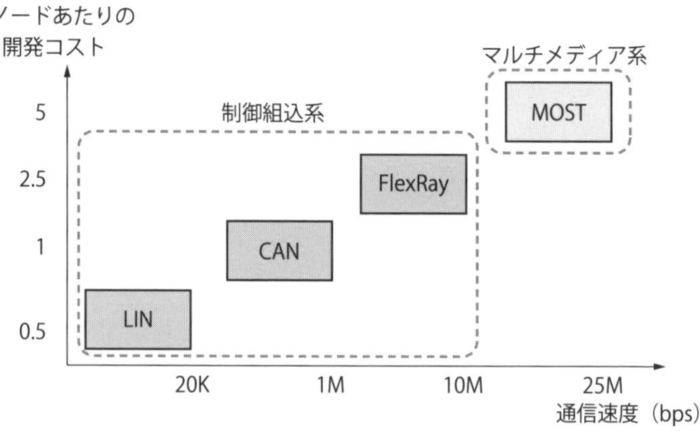

図4.4　開発コストと通信速度の位置付け

4.5 LINプロトコル

4.5.1.　LINのRevision

LINは仕様の改訂が繰り返され、現在では、Rev.1.3、2.0、2.1の3種類のRevisionが主に採用されています（**図4.5**）。これまで主に、日本ではRevision

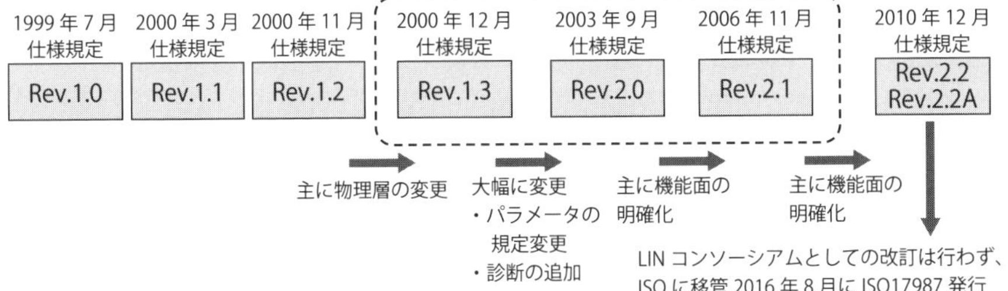

図4.5　LINの仕様改訂の変遷

表4.2　LINの概略仕様

項目	仕様
ネットワーク構成	1マスタ、多スレーブ（最大16ノード）
ネットワークマネジメント	シングルマスタ方式（アービトレーション動作は禁止）
伝送路	廉価なシングルワイヤー方式（ISO 9141準拠） 最長40m
通信方式	UART（半二重方式、転送データ長8bit、1ストップビット）
クロック周波数精度	・マスタノード　最大許容誤差　0.5%以内 ・スレーブノード　最大許容誤差 　同期補正あり　15%以内（Revision 1.3） 　　14%以内（Revision 2.0、2.1、2.2） 　同期補正なし　15%以内
伝送ボーレート	～20Kbpsまで
同期方式	フレームごとに補正
その他特徴	スリープ/ウェイクアップ機能サポート

1.3、海外ではRevision 2.0、2.1が採用されていましたが、日本でもRevision 2.xの採用が進んでいます。現在ではISO 17987としてLIN仕様は規格化されています。LINの概略仕様を**表4.2**に示します。

4.5.2.　LINのバス仕様

LINのバスは、バッテリー電源をそのまま使用し、オープンコレクタのトランシーバとプルアップ抵抗を使用したシングルワイヤーで構成されます（**図4.6**）。

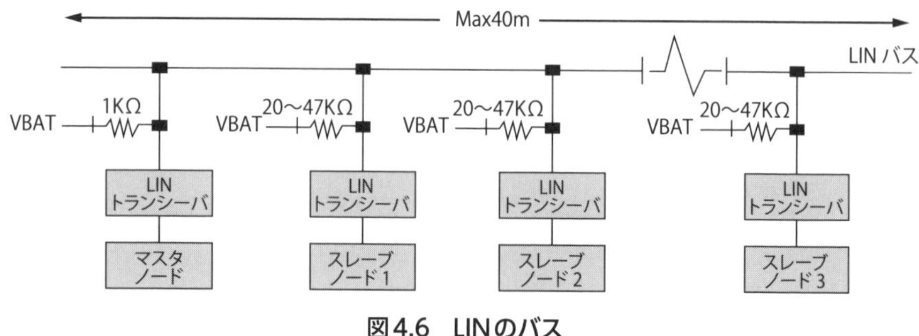

図4.6　LINのバス

4.5.3.　バスのレベル

バスのレベルには、「ドミナント」と「レセシブ」があります（**表4.3**、**図4.7**）。LINトランシーバは、ISO 9141に準拠したもので、電気特性としては通常9～18Vの範囲で動作しますが、LINトランシーバは40Vの過電圧に耐えられる仕様でなければいけません。

表4.3　論理レベル

論理レベル	論理値	電圧レベル
ドミナント	0	GND（グランド）
レセシブ	1	バッテリー（8V～18V）

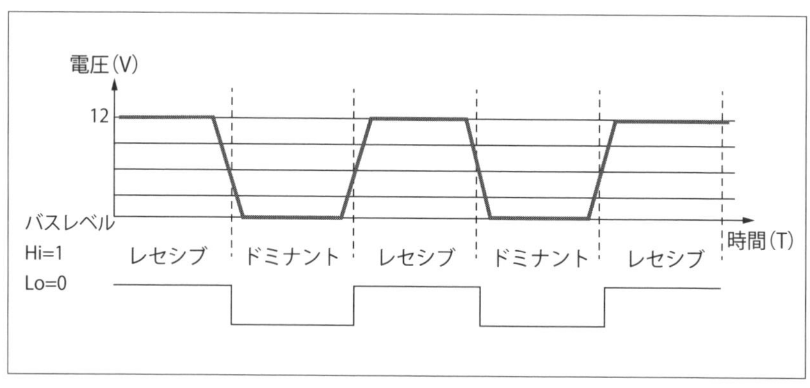

図4.7　ドミナントとレセシブ

4.6 LINフレーム構成

LINのメッセージフレームにはヘッダとレスポンスがあります。以下の表記はISO 17987版LINフレーム構成になります。LINのフレーム構成を**図4.8**に示します。

LINのフレームはヘッダ（Header）とレスポンス（Response）に分けられます。

ヘッダはマスタノードだけが送信できるもので、フレーム開始の合図であるとともに誰がレスポンスを返すのか明らかにすることを目的にしています。レスポンスはノード間で受け渡したいデータそのものが含まれています。ヘッダと違いすべてのノード（マスタ・スレーブとも）が送信できます。各フレームの部位について説明します。

4.6.1. ヘッダ

①ブレークフィールド（break field）

フレームの開始を示すフィールドです。13Tbit以上のドミナント領域「ブレー

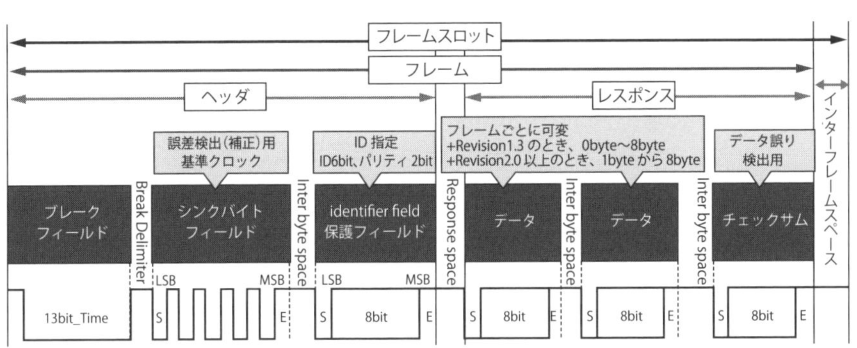

図4.8　LINフレーム構成全体

ク（break）」と1Tbit以上のレセシブ領域「ブレークデリミタ（break delimiter）」から構成されています（**図4.9**）。フレームの中でこのフィールドだけが10bitを超えており、他のフィールドとの差別化が図られています。各スレーブノードはこのフィールドを検出すると、フレームが開始されたと判断します。

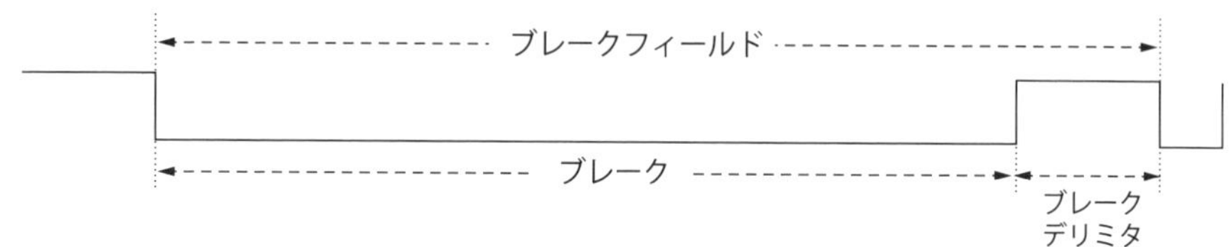

図4.9　ブレークフィールド

②シンクバイトフィールド（sync byte field）

各スレーブノードが通信ボーレートをマスタノードに合わせ込むため（同期するため）の領域です。1バイトデータ（＝0x55）にスタートビット、ストップビットを加えた10bitで構成されます（**図4.10**）。ドミナントとレセシブを交互に送信（0x55のデータ）することで1Tbit幅を明確にします。

スレーブノードは、このフィールドを受信した際に、自分が想定している通信ボーレートと合致しているかを確認します。通信ボーレートが合致していない場合、許容誤差範囲内であれば自分の通信ボーレート設定をマスタノードのものに合わせ込みます（クロック補正）。

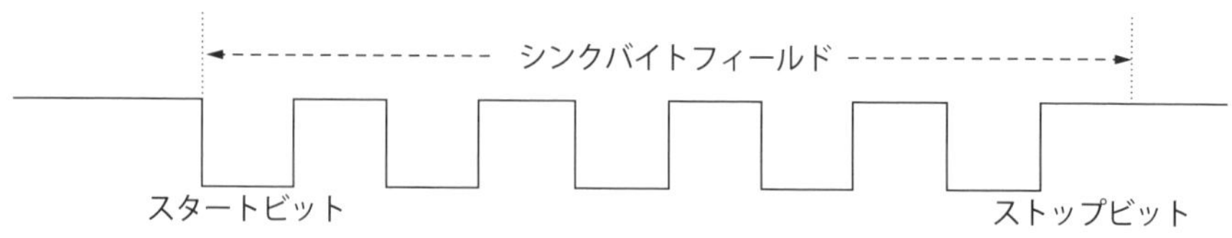

図4.10　シンクバイトフィールド

③保護フィールド（protected identifier field（＝PID））

このフレームのレスポンスを誰が返すのかを決定するフィールドです。6bitのフレームIDと2bitのパリティで構成されています（**図4.11**）。各ノードはこのフィールドの情報から自分が送受信対象とするフレームかどうかを判断します。

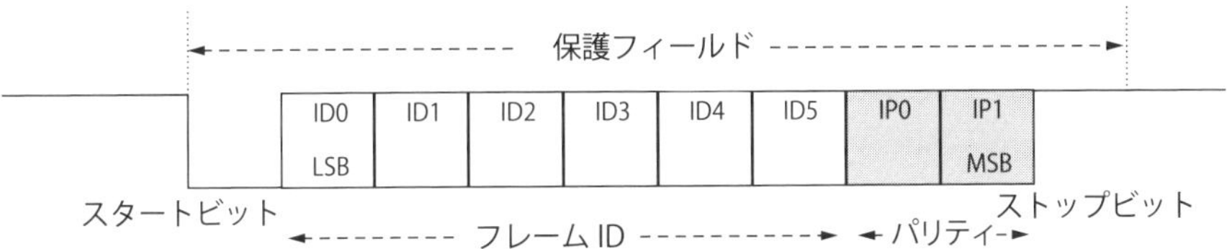

図4.11　保護フィールド

また、フレームIDによって3つのカテゴリに分類されます。

ID＝0x00～0x3B：通常制御用データ

ID＝0x3C、0x3D：ダイアグ / ノードコンフィグレーションデータ

ID＝0x3E、0x3F：将来拡張用

パリティは以下の計算式によって算出された値を設定します。これによって受信ノードはフレームIDが正しいものかどうか（ノイズなどで値が書き換わっていないか）を確認することが可能です。

$P0 = ID0 \oplus ID1 \oplus ID2 \oplus ID4$

$P1 = \neg (ID1 \oplus ID3 \oplus ID4 \oplus ID5)$

4.6.2.　レスポンス

①データフィールド（data field）

送受信したいデータ（信号）そのものです。データサイズはフレームごとに1byte～8byteで設定することが可能です。データフィールドは8bitのデータに、スタートビット、ストップビットを加えた10bit×データ数で構成されます（**図4.12**）。

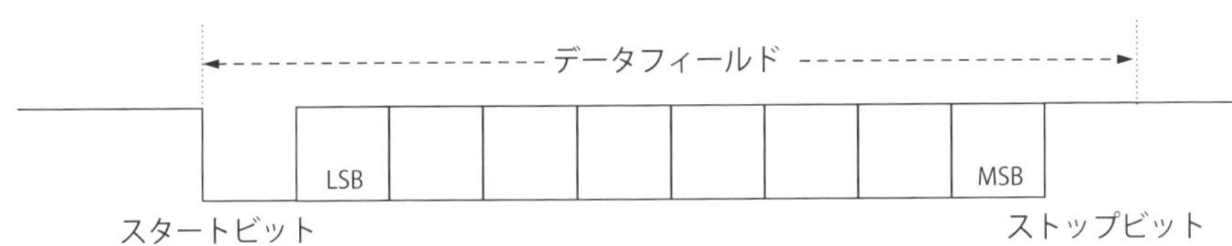

図4.12　データフィールド

②チェックサムフィールド

受信したデータ内容に誤りがないかを確認するためのフィールドです。1byteデータにスタートビット、ストップビットを加えた10bitで構成されます（**図4.13**）。

チェックサムにはclassic checksumとenhanced checksumがあります。classic checksumは演算対象がデータフィールドのみ（LINコンソーシアム仕様Rev.1.3以前はこちら）、enhanced checksumはデータフィールドに加え、PIDフィールドも演算対象にしたものです。

ID：0x3C、0x3Dについては、常にclassic checksumを使用します。

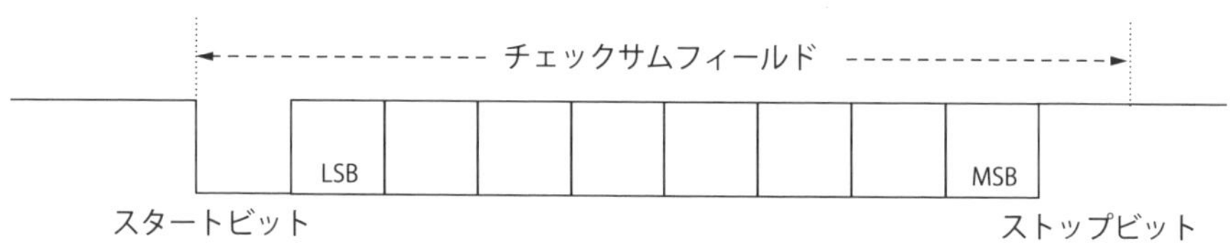

図4.13　チェックサムフィールド

4.6.3.　フレームタイプ

LINには以下のようなフレームタイプがあります。

①アンコンディショナルフレーム（Unconditional Frame）

通常の信号送受信用フレームタイプです。ID：0x00～0x3Bで使用可能です。

②イベントトリガフレーム（Event-triggered frame）

発生頻度の少ないイベントを伴う複数のスレーブノードで、フレームIDを共有することを目的にしたフレームタイプです。フレームは複数のノードで共有するフレームIDに加え、各ノードの固有IDを持ちます。各ノードはイベントトリガフレームのヘッダを受信した場合、イベントが発生した（送信データの値が変化した）時にのみ応答します。

複数のノードでイベントが発生した場合は、同時応答するため衝突がおこります。イベントトリガフレームのレスポンスで衝突が発生した場合、マスタノードはスレーブノードごとの固有ID順にあらためてヘッダを送信します。各ノードはそれに対してレスポンスを返していく、という流れになります(**図4.14**)。

イベントが無ければレスポンスを返さないため、ヘッダに対して誰も応答しないこともありますが、イベントトリガフレームの場合はこれを正常とみなします。

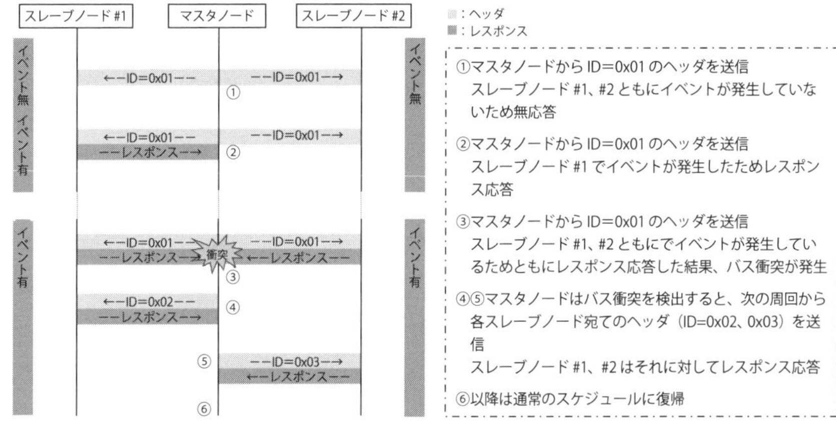

図4.14　イベントトリガフレーム

③スポラディックフレーム(Sporadic frame)

マスタノードのみが送信可能なフレームです。ひとつのフレームスロットに対して複数のフレームが紐づけられており、イベントが発生した(信号の値が変化した)時にのみフレームを送信します(**図4.15**)。(別々のフレームに割り当てられた)複数の信号値に変化があった場合、優先度の高いフレームのみが送信され、送信されなかったフレームはそのまま次の送信候補として残り続けます。イベントが無ければフレーム自体送信しません。

④診断フレーム(Diagnostic frame)

診断用途で使用される特別なフレームです。診断用コマンド、データのやり取りに使用されます。ID=0x3Cをマスタ要求フレーム、ID=0x3Dをスレーブ応答フレームと規定しています。すべてのスレーブノードに対して同じIDを用いるため、誰宛てのメッセージなのかを別途データ内部に設定し、判別するようになっています(**図4.16**)。

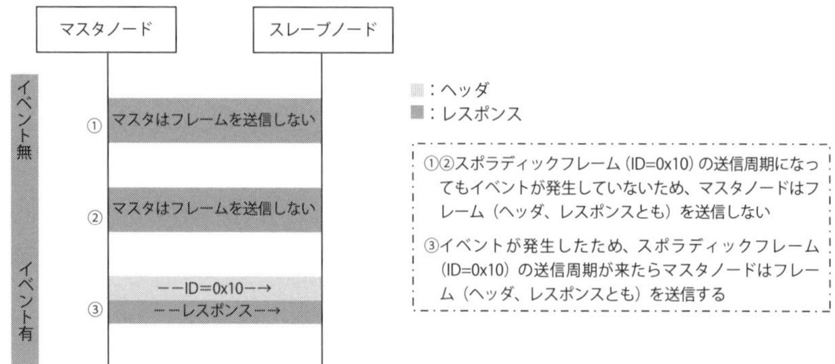

図4.15　スポラディックフレーム

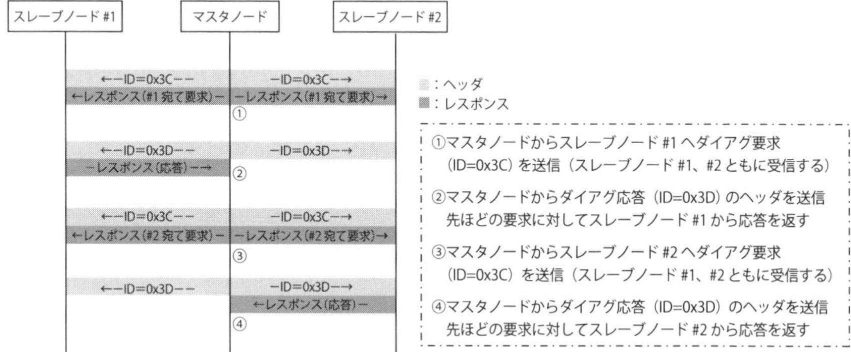

図4.16　診断フレーム

⑤予約フレーム（Reserved frame）

ID＝0x3E、0x3Fはreserved frameとして定義されていますので使用しません。

4.7 LINによるデータ通信の実際

4.7.1. スケジューリング

LINは、スケジュールに基づいた通信を行います。そのため通信の衝突が起きませんが、何かデータを送信したい場合でも、あらかじめ決まった送信タイミングまで待つ必要があります。

通信スケジュールはマスタノードが管理し、必ずマスタノードの送信から通信が始まります。また、マスタノードは複数のスケジュールを持ち、切り替えて使うことも可能です（**図4.17**、**図4.18**）。

①送信

LIN通信プロトコルはシングルマスタ方式で、マスタノードの指示がないかぎりスレーブノードはデータを送信できません。転送データ長8bit、1ストップビットのUART形式でLSBファーストで送信します。

②受信

受信動作に関して規定はありません。他のスレーブノードが出力しているデータも受信します。

4.7.2. 基準クロックの調整

マスタノードはシンクバイトフィールドで“0x55”を送信します。スレーブノードは受信したシンクバイトフィールドのスタートビットのエッジから4回分のエッジ間を時間計測し、その結果を8で割ることにより、1bitの正確な時間（1ビットタイム）を算出します。そして、この計測時間からUARTの伝送ボーレートの調整を行います。また、算出された1ビットタイムからブレークフィールド（ドミナント13bit）が規定範囲にあるか否かを確認します（**図4.19**）。

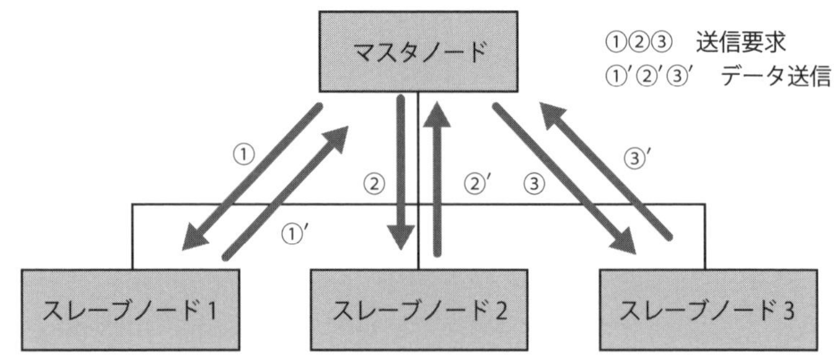

図4.17　LINスケジュール送信

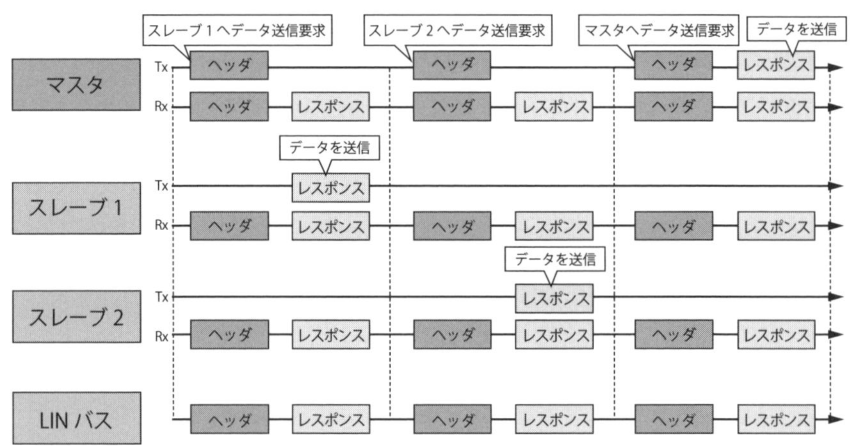

図4.18　LINデータ送信要求

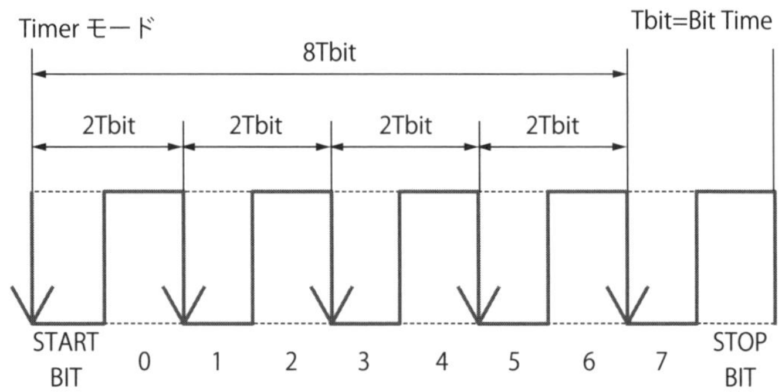

図4.19　基準クロックの調整

4.7.3. スリープ/ウェイクアップ機能

LINはシステムの消費電力を減らすために、スリープ/ウェイクアップ機能をサポートしています。

①スリープモードへの遷移条件

マスタノードは自ノードによる判断でスリープモードへ遷移します。

スレーブノードは、マスタからのスリープ要求（go-to-sleep）（**図4.20**）があった場合とRevision2.0以降では、LINバスに一定時間（Revision2.0では4s以上、Revision2.1以降では4s～10s）以上、通信がなかった場合にスリープモードへ遷移します。

ブレークフィールド	シンクバイトフィールド	保護フィールド	データ1～データ8（8Byte固定）	チェックサム
13bit time	[0x55]	Master Request Frame [0x3C]	スリープコマンド [0x00] …	

図4.20　スリープ要求

②スリープモードからの復帰

マスタノード、スレーブノード共にウェイクアップシグナルを受信した時（**図4.21**）、もしくは自ノード内のLIN以外の外部要因によって復帰します。

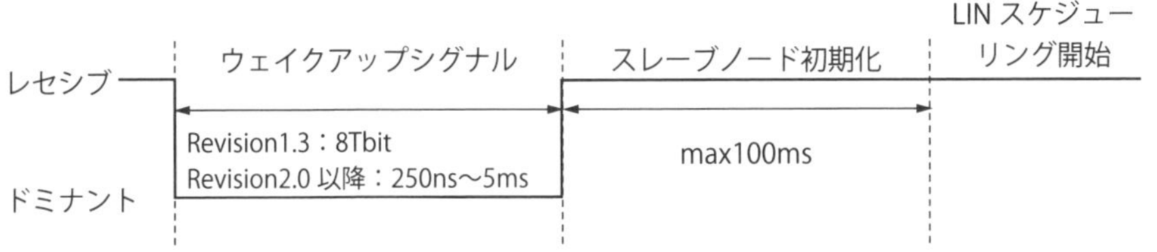

受信側はウェイクアップシグナルとして150us以上のドミナントで判定します（Revision2.0以降で規程あり）

図4.21　スリープモードからの復帰

③異常動作時

ウェイクアップ要求から150msの間にマスタノードがヘッダを送信しない場合は、ウェイクアップ要求を行ったノードが新たなウェイクアップ要求を出します。3回のウェイクアップ要求が失敗した時、ウェイクアップ要求ノードは1.5s以上の待ち時間が必要となります（**図4.22**）。

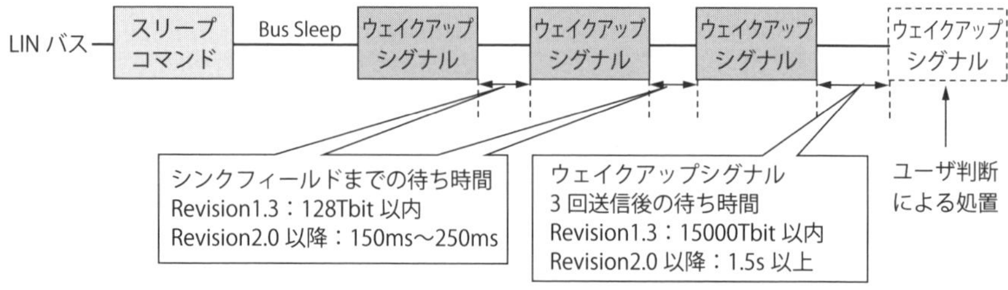

図4.22　ウェイクアップ要求と待ち時間

4.7.4.　エラーの種類

LINでは、バスの異常やノードの故障を検出するために、6種類のエラーを規定しています。また、具体的にエラーの規定をしているのは、Revision 1.3のみとなります。LINの通信エラーについてはRev.1.3までは明確に規定されていましたが、Rev.2.0以降はエラー検出後の処置については規定されているものの、エラーそのものについては明言されなくなりました。

ここではRev.1.3で規定されていたエラーを中心に、一般的なLINの通信エラーを示します（**表4.4**、**図4.23**）。下記に、それぞれのエラーの詳細について説明します。

表4.4　エラー一覧表

エラー名称	検出ノード	検出対象フレーム
Inconsistent-Synch-Field-Error	スレーブノード	送信フレーム／受信フレーム
Identifier-Parity-Error	スレーブノード	送信フレーム／受信フレーム
Bit-Error	マスタノード／スレーブノード	送信フレーム
Slave-Not-Responding-Error	マスタノード／スレーブノード	受信フレーム
Checksum-Error	マスタノード／スレーブノード	受信フレーム
Framing Error	マスタノード／スレーブノード	受信フレーム
Bus Inactive	マスタノード／スレーブノード	—

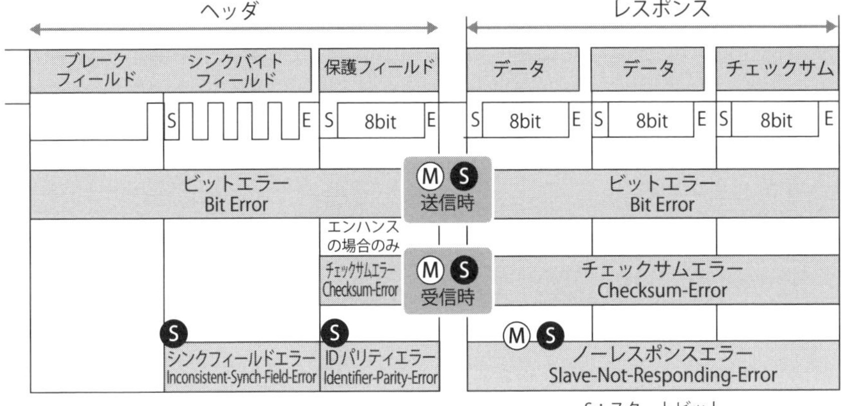

図4.23　LINのエラーの種類と検出領域

①［Inconsistent-Synch-Field-Error］

ヘッダ受信側（スレーブノード）が検出するエラーです。受信したシンクバイトフィールドが0x55ではない場合（もしくは、受信したシンクバイトフィールドから算出したクロックが許容範囲外だった場合）に検出されるエラーです（**図4.24**）。

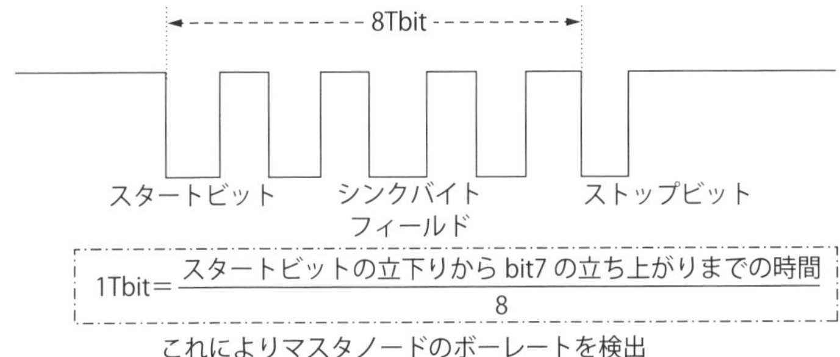

●エラーの検出条件
マスタノードのボーレートと自分のボーレートの誤差≠
クロック補正ありの場合：±14%以内
クロック補正なしの場合：±1.5%以内

※また、精度の高い発振子を用いている場合は UART データとして
0x55 以外であればエラーとして検出することも可能

図4.24　Inconsistent-Synch-Field-Error

スレーブノード自身の発振クロックが大きくずれている場合などが要因として考えられます。

この状態では正しいデータの送受信は期待できないため、受信側は本エラーを検出するとレスポンスの送信/受信のどちらもおこなわず、次のブレークフィールドを待ちます。

② [Identifier-Parity-Error]

ヘッダ受信側（スレーブノード）が検出するエラーです。受信した保護フィールド内のパリティフィールド値が、フレームIDから算出したパリティ値と一致していなかった場合に検出されるエラーです（**図4.25**）。LINバス上にノイズが乗った場合などが要因として考えられます。

受信側は本エラーを検出すると不正なヘッダとしてレスポンスの送信/受信のどちらもおこなわず、次のブレークフィールドを待ちます。

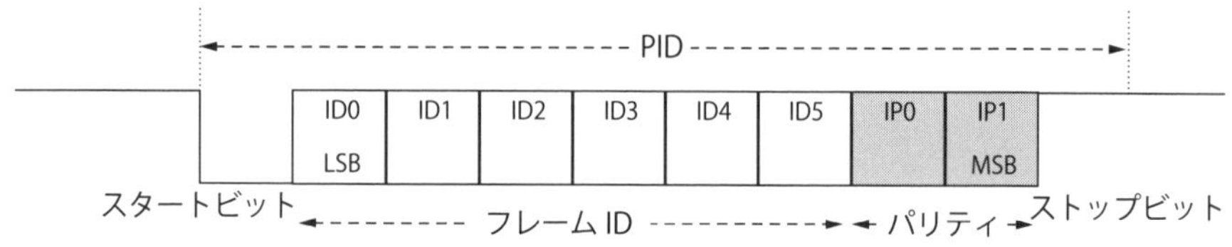

●エラーの検出条件
受信した P0≠ID0⊕ID1⊕ID2⊕ID4
受信した P1≠¬(ID0⊕ID3⊕ID4⊕ID5)

図4.25 Identifier-Parity-Error

③ [Bit-Error]

送信側が検出するエラーです。LINでは送信したデータをリードバックして自分で受信する機能があります。自分が送信しようとしたデータと、実際にLINバス上に流れたデータ（リードバックした受信データ）の内容が異なっていた場合に検出されるのがこのエラーです（**図4.26**）。LINバス上にノイズが乗ってしまった場合、他のノードと送信が被ってしまった場合などが要因として考えられます。

送信側は本エラーを検出する（※）とすぐに送信を停止する必要があります（※発生ではなく検出である点に注意しましょう）。

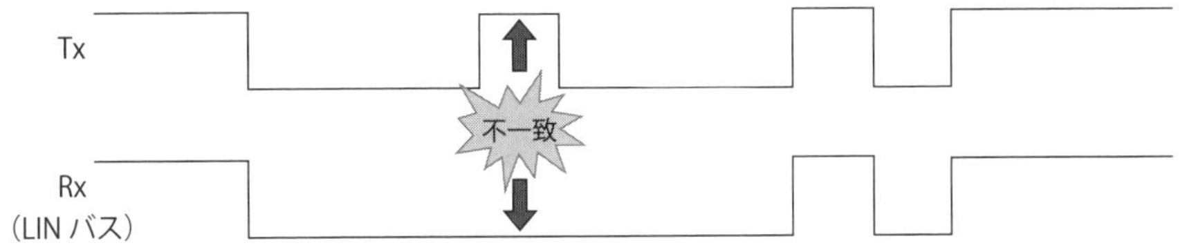

図4.26　Bit-Error

④ [Slave-Not-Responding-Error]

受信側が検出するエラーです。ヘッダに対してレスポンスがない状態が一定時間続いた（もしくは、次のブレークフィールドを先に検出した）場合に検出されるエラーです（**図4.27**）。レスポンスを返すべきノードが壊れている場合などが要因として考えられます。

なお、レスポンスを1byte以上受信したものの、規定時間以内（もしくは次のブレークフィールド検出まで）にチェックサムフィールドまで受信できなかった場合はlast frame response too shortとしてSlave-Not-Responding-Errorとエラーを分ける場合もあります。

このエラーを検出すると、受信側は受信途中のデータを破棄します。

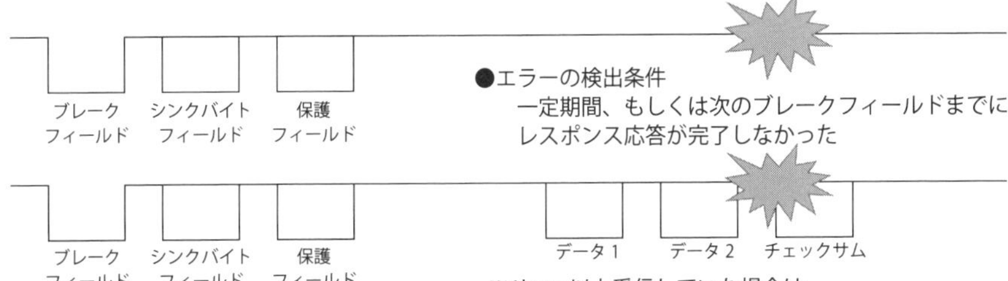

図4.27　Slave-Not-Responding-Error

⑤ [Checksum-Error]

受信側が検出するエラーです。受信したチェックサムフィールドと、受信データ（enhanced checksumの場合は保護フィールドも含む）から演算したチェックサム値が異なる場合に検出されるエラーです（**図4.28**）。LINバス上にノイズが乗った場合などが要因として考えられます。

受信側は本エラーを検出すると受信データを破棄します。

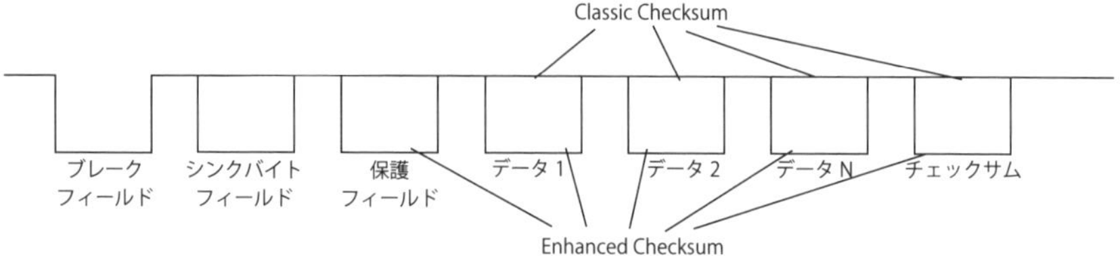

●エラーの検出条件

Classic checksumの場合：Data1＋Data2＋ … DataN＋Checksum≠0xff

Enhanced checksumの場合：PID＋Data1＋Data2＋ … DataN＋Checksum≠0xff

※ただし演算結果が桁あふれした場合は、桁上がりした値を演算結果に加算する（modulo-256方式）

図4.28　Checksum-Error

⑥ [Framing Error]

受信側が検出するエラーです。ヘッダ領域、レスポンス領域ともに検出対象です。受信したバイトデータの（本来“H”レベルである）ストップビットが“L”レベルだった場合に検出されるエラーです（**図4.29**）。LINバス上にノイズが乗った場合などが要因として考えられます。

受信側は本エラーを検出すると受信データを破棄します（ヘッダ領域の場合は不正なヘッダとしてレスポンスの送信/受信どちらもおこなわず、次のブレークフィールドを待ちます）。本エラーはLIN1.3では規定されていません。

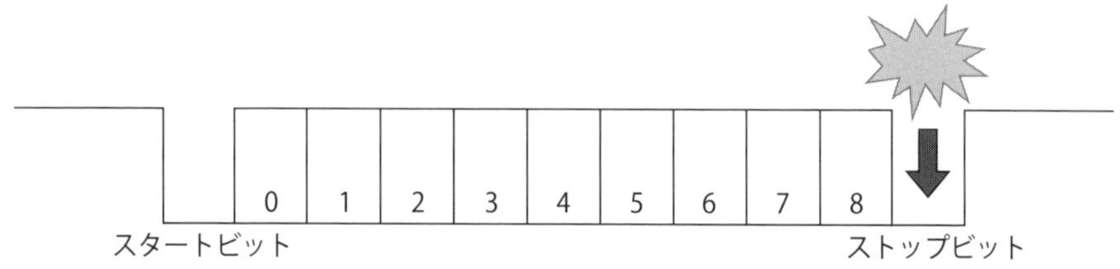

●エラー検出条件

受診したストップbitが“L”

図4.29　Framing Error

⑦ [Bus Inactive]

すべてのノードが検出するエラーです。LINバスがアクティブ（“H”と“L”

の切り替わりがある）ではない状態が一定期間続くと検出します（**図4.30**）。Bus Inactiveは他のエラーと違い、フレーム単位での検出ではありません。

本エラーの発生は、LINバスが固着している場合などが要因として考えられます。各ノードは本エラーを検出するとLINをスリープさせるなどの処置をおこないます。

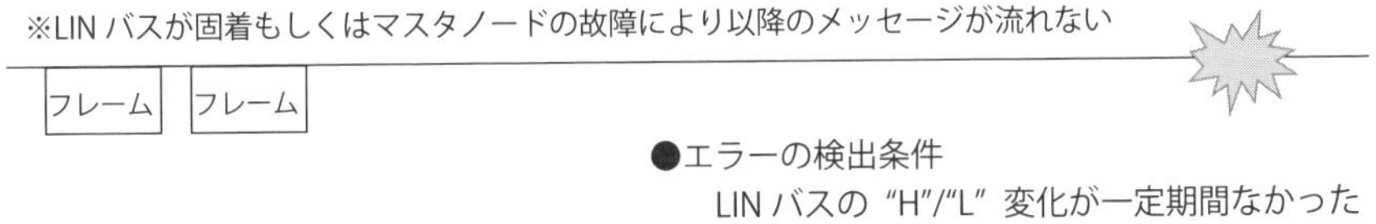

※LINバスが固着もしくはマスタノードの故障により以降のメッセージが流れない

フレーム　フレーム

●エラーの検出条件
LINバスの"H"/"L"変化が一定期間なかった

図4.30　Bus inactive

4.8 LINを構成する電子回路

4.8.1. LINの配線

LINの信号は1線の信号で通信が可能です。しかし実際にはDC電源とGNDの接続が必要です。自動車におけるDC電源はバッテリーの12V（VBAT）になり、GNDはバッテリーのGNDが接続されていることが必要です。自動車に搭載されるVBAT電源とGNDはほとんどECUに供給されているため、LINではあえて表記しないものの、トランシーバへはLINの端子以外にVBATやGNDが接続されることが条件になっています。

LINで複数のノードを接続したときの配線は**図4.31**のようになっている必要があります。

またマスタになるノードにおいては、1KΩの抵抗がLINバスとVBATの間に配置され、LIN信号をON/OFFするための十分な電力供給を可能にしておくことが記載されています。スレーブ側は33KΩが配置されますが、最近はトラン

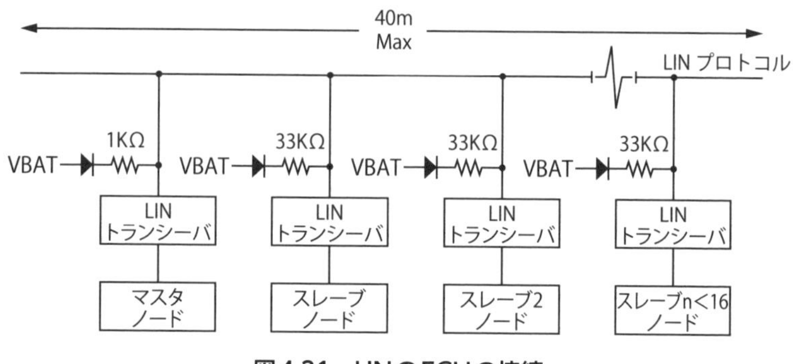

図4.31　LINのECUの接続

シーバ内部に同様の抵抗が搭載されています。VBAT、GNDがそれぞれのノードに共通で接続されていることが必要です。

4.8.2.　LIN通信の回路

LINはCANのような専用のコントローラを必要とせず、一般的なマイコンに搭載されるUARTとLINトランシーバとの構成で実現できます。

LINトランシーバとマイコン通信にはUARTが使われます。またスリープの制御のためにI/Oポートが接続されることがあります。**図4.32**と**図4.33**はマイコンとLINトランシーバを接続する図となります。

ここで重要なことは、LINトランシーバをバスに接続する際にマスタとなるノードについては、バスとVBATとの間に1KΩの抵抗を入れる必要があります。図4.33においてスレーブになるノードはこの1KΩの抵抗は必要としませんが、実はLINの規定をみると33KΩの抵抗設置が記載されています。図の例ではロームのBD41003FJ-Cを使用していますが、BD41003FJ-C内部にすでに33KΩ相当の抵抗回路が搭載されています。そのため図4.33のスレーブノードでは抵抗が省略された状態で記載をしています。

LINマイコンとの通信信号はUARTを使って実現しています。このUARTは送信と受信の2つの信号それぞれがLINトランシーバに接続されることになります。BD41003FJ-Cの場合はマイコン側の送信信号（TXD）をトランシーバ側のTXDへ、マイコン側の受信信号をRXDに接続することになります。基本的には

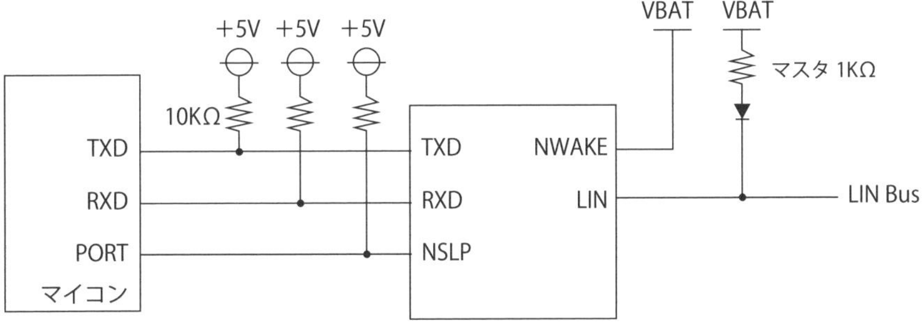

図4.32　マスタ側回路

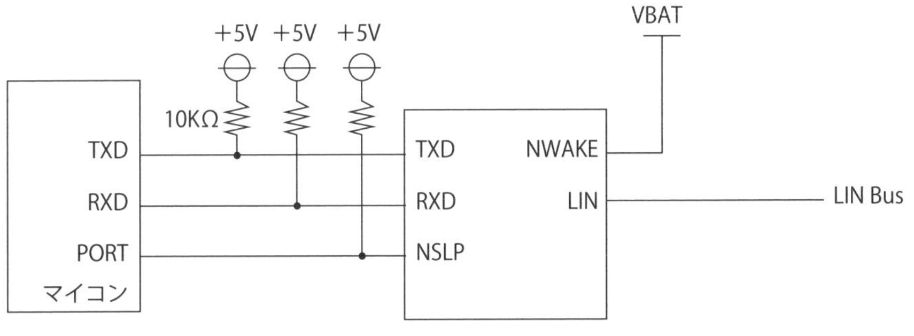

図4.33　スレーブ側回路

マイコンとの通信は最低この2つの信号が必要ですが、LINを扱うECUにおいてはバススリープやウェイクアップを制御する場合があります。その場合はスリープ制御用としてマイコンのI/O出力ポートからNLSPを制御することで可能になります。ウェイクアップはLINバスのウェイクアップパルスを検出することで実現が可能ですが、マイコンによってはUARTの受信機能で検出可能になっているものがあります。ウェイクアップパルスを検出ができないマイコンではINT端子にもRXD信号を入れて検出させることがあります。

例えばマイコンがクロックを落としたり、クロックを止めて省電力状態になっているときにLINのウェイクアップパルスから通常の動作状態になるためには、パルスをマイコンに伝えてマイコンを通常状態に復帰させる制御が必要になります。省電力動作が可能になっているマイコンは外部信号からイベントを受け取ることで通常動作へ移行するための制御が可能になっており、外部INT端子にその機能を割り付けることが多いです。また最近だとLIN通信に対応したUARTコントローラを搭載しているマイコンも存在し、この場合はデータの受信端子がLINのウェイクアップパルス検出機能を持っており、外部INTを使用せずにウェイクアップ制御が可能になっていることもあります。

4.8.3. LINトランシーバ

前項ではLINトランシーバとしてロームのBD41003FJ-Cを題材にマイコンとの接続を解説しました。BD41003FJ-CはLINトランシーバとして広く使用されており、他にも様々なトランシーバが半導体メーカーからリリースされていますが、このBD41003FJ-Cとパッケージやピンアサインと同一になっている製品もあります。

このトランシーバの外観画像と電気的な性能を**図4.34**に示します。

（提供：ローム株式会社）

端子番号	記号	機能
1	RXD	受信データ出力端子（オープンドレイン） Standby mode時、"L"を出力します
2	NSLP	スリープ制御入力端子（"L"アクティブ） Normal mode時、"L"を入力することでSleep modeへ移行します
3	NWAKE	wake-up入力端子（"L"アクティブ） 立ち下がりエッジで動作します
4	TXD	送信データ入力端子
5	GND	GND端子
6	LIN	LINバス入出力端子
7	BAT	電源端子
8	INH	スリープ状態通知端子 Sleep mode時、"Hi-z"、それ以外のモードでは"H"になります

RXD 1　8 INH
NSLP 2　7 BAT
NWAKE 3　6 LIN
TXD 4　5 GND

図4.34　BD41003FJ-C

第 5 章

センサーECU用 高速応答プロトコル CXPI

5.1 概要と適用領域

CXPIとは、Clock Extension Peripheral Interfaceの略称です。HMI領域で増え続ける1対1で接続された機器間のワイヤーハーネス削減、多重化を目的に、日本自動車技術会で規定が策定された日本発の車載通信プロトコル規格です。

応用する領域はLINに近く、通信速度や応答の高速性を比較的必要としないHMI（ヒューマン・マシン・インターフェース）、ボディやシャーシのセンサーやアクチュエータなどが対象です。スイッチやセンサー入力などからの応答性が求められるシステムでは、入出力機器間を1対1で接続するのが一般的ですが、ワイヤーハーネスの増加による車両重量増が課題になっています。CXPIは、この課題に対応するためCANと比較して低コストながら、LINでは実現できない応答性を備えた次世代のサブネットワーク通信規格として開発されました。

ある国内自動車メーカーの車両を分解してワイヤーハーネスの使途を調査したところ、クルマ1台のワイヤーハーネスのうち、CANやLINといった車載LAN規格に基づくネットワーク接続が8%、電源系統が約40%で、残りは全て機器同士を1対1でつなぐジカ線での通信接続形態でした。このジカ線の用途は、スイッチなどの操作系やサイドミラーなどモーター駆動のアクチュエータ、LED照明の点灯／消灯などCANやLINを適用しづらい部位が3割を占めていました。

ジカ線で実装されていた通信をネットワーク化し、比較的速度を必要としない通信は多重化と応答性を実現できるCXPIに置き換えることにより、ワイヤーハーネス量の低減、そしてCXPIではネットワークに接続される機器を任意に付け替えが可能なプラグ・アンド・プレイへの対応など、LINでは搭載困難であったネットワーク領域を拡大するという役割も担っています。

CXPI仕様は、JASO D015およびSAE J3076で規格化された後、2020年にISO 20794として国際標準規格となりました。日本自動車技術会では、多重通信ダイアグ分科会傘下の新HMI系多重通信小委員会でCXPI標準化活動を行っていました。

●PART 2：APPLICATION LAYER
●PART 3：TRANSPORT AND NETWORK LAYER
●PART 4：DATA LINK LAYER AND PHYSICAL LAYER
●PART 5：APPLICATION LAYER CONFORMANCE TEST PLAN
●PART 6：TRANSPORT AND NETWORK LAYER CONFORMANCE TEST PLAN
●PART 7：DATA LINK AND PHYSICAL LAYER CONFORMANCE TEST PLAN
※PART 1は廃止、ダイアグ仕様は、ISO 14229-8：2020でUSDonCXPIとして規定

5.1.1. CXPIの特徴

CXPIのアプリケーション領域はLINと同じですが、これまでLINで構築できなかった制御への適用があります。自動車のサイドミラーやドアロックなどのボディ系制御ではローコストで実現できるLIN通信が多く採用されていますが、LINはシングルマスタによるスケジュールに基づいた定期送信のため、応答性が求められるシステムには不向きです。一方CXPIはマスタノード以外の各ノードから任意のタイミングでデータを送信することが可能です。物理層や通信速度はLINとほぼ同じですが、特長的なPWM通信を備えることで、LINと比べノードの追加削除に柔軟性があることや、CRCチェックによるデータの信頼性も高く、スレーブ間の通信も可能です。特徴として下記のことがあげられます。

①LINと同じ1線式バスを採用

クロック成分を含むデータを単線の通信バス上で送受信し、通信速度は最大20kbpsまで対応可能です。

②CSMA/CR方式を採用

マスタ/スレーブスケジュール方式とCSMA/CR方式を組み合わせた動作を行い、スケジュールに基づく定期的な要求応答シーケンスの中で、イベントに応じ

たフレームを送信することが可能です。

③変調方式にPWMを採用

bitごとの同期合わせが可能です。マスタノードが通信バスへクロックを提供し、スレーブノードはこのクロックを用いて通信を行うため、LINのようにすべてのノードが精度の高いクロックをもったり、クロックを合わせ込むための機構が不要になります。

④スレーブ間通信が可能

PWM通信の恩恵として、スレーブ間での通信も可能になります。LINの場合はスレーブのクロック誤差が許容されるならばスレーブ間通信も許されるという仕様でしたが、CXPIはその制約はありません。

⑤バーストフレームの選択が可能

データは1フレームで通常フレーム12byte、バーストフレーム255byteまで送信可能です。

⑥エラー検知にCRCを採用

CRCを採用することによって通信の信頼性を確保しています。LINではチェックサムが相当します。チェックサムの場合はフレームの正常を判断するために、ID領域、データ領域をMod256にてチェックサムを算出します。CXPIの場合はPID領域、フレーム情報、データ領域を対象としてCRCを算出しています。

5.1.2. ネットワーク接続形態

接続形態は下記の**図5.1**になります。LINと同様にマスタとなるノードが1つと、スレーブとなる複数のノードで構成されます。マスタノードはLINと同様にVBAT-CXPIバス間に1KΩの抵抗を入れる必要があります。この例ではマイコンとトランシーバを組み合わせた構成になっています。

LINとの違いは基準となるクロックをトランシーバへ供給する必要があることですが、この例ではマスタノードが基準クロックを供給しています。CXPIはクロックを供給するノードを動的に変更できるため、ネットワークに参加するノード1つは基準クロックを入力しておく必要があります。マイコンとトランシーバ間はUARTで接続され、基準クロックを提供するノードは通信速度と同じ周波

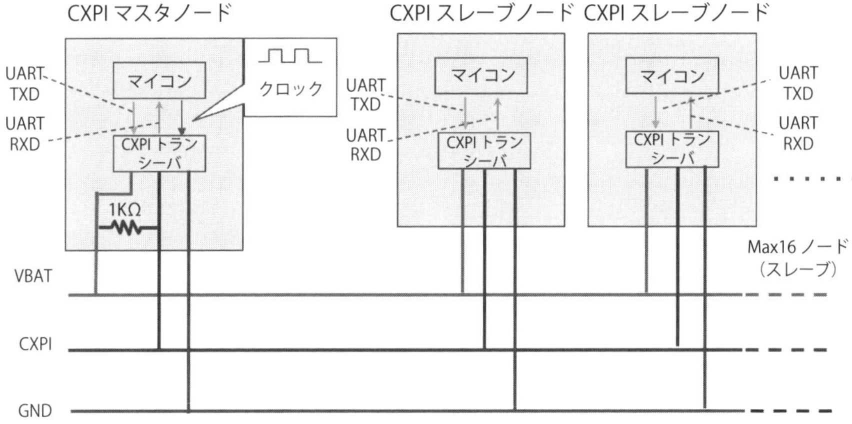

図5.1　CXPIノード接続図

数のクロック供給（デューティー50%）が必要となります。

5.1.3.　他のネットワークとCXPIの位置付け

CXPIと他のプロトコルの位置付けを記した図を**図5.2**に、CXPIのアプリケーションであるHMI（ヒューマン・マシン・インターフェース）に対する通信プロトコル比較を**表5.1**に示します。

表5.1　HMIの通信要件に対するプロトコル比較

項目		通信要件	ベンチマーク		
			CXPI	CAN	LIN
性能面	応答性	イベント通信に対する応答性が確保できること（50～100ms以内）	○	○	△ ノード数制約要
	拡張性	ノードの追加削除が容易であること	○ CANと同等	○	△ ノード追加はシステム全体に影響
	信頼性	高いエラー検出能力があること	○ （3bit化けまで）	○ （5bit化けまで）	△ （1bit化けまで）

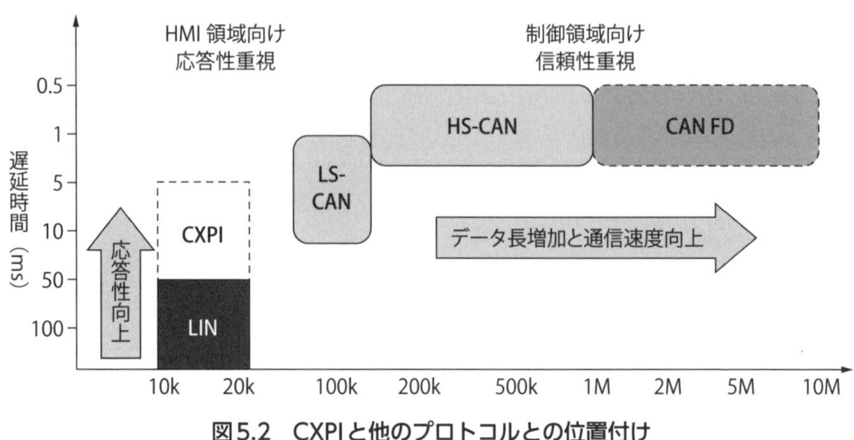

図5.2　CXPIと他のプロトコルとの位置付け

5.2 CXPIプロトコル解説

CXPIプロトコルはCANやLINとの互換性や親和性の高いデータ構造を取っていることが特徴ですが、プロトコルはかなりユニークなものとなっています。LINと同様にシングルマスタのノードがスレーブを指定して通信するシングルマスタ通信だけでなく、どのスレーブも任意のタイミングで通信可能なマルチマスタ動作も可能な仕組みが備わっています。つまりCXPIはLINとCANの双方の良い点を備えたプロトコルであるといえます。LINと比較したCXPIプロトコルの特徴項目を記した一覧を**表5.2**に示します。

5.2.1. PWM通信（ノードからバスへの信号出力方法）

CXPI通信では、マスタノードが通信バスへ常にクロックを供給することでシステム全体を同期させます。マスタノード、スレーブノードはデータをクロックに重畳させたPWM波形を送信します。PWM波形をクロック再生することでス

表5.2　CXPIプロトコル仕様とLIN仕様比較

<table>
<tr><th colspan="4">ネットワーク層</th><th>CXPI</th><th>LIN</th></tr>
<tr><td rowspan="2">アプリケーション層</td><td colspan="3">通信手段</td><td>非破壊型CSMA/CR</td><td>ポーリング方式</td></tr>
<tr><td colspan="3">Wakeup/Sleep</td><td>○</td><td>○</td></tr>
<tr><td rowspan="8">データリンク層</td><td colspan="3">再送</td><td>即時再送</td><td>次回ポーリング待ち</td></tr>
<tr><td rowspan="6">フレームフォーマット</td><td colspan="2">PID</td><td>128種類</td><td>64種類</td></tr>
<tr><td colspan="2">PIDパリティ</td><td>1bit</td><td>2bit</td></tr>
<tr><td rowspan="2">情報</td><td>DLC</td><td>○</td><td>×</td></tr>
<tr><td>CT</td><td>○</td><td>×</td></tr>
<tr><td colspan="2">データ長</td><td>0～12byte（バースト255byte）</td><td>0～8byte</td></tr>
<tr><td colspan="2">エラー検出</td><td>8bit CRC</td><td>チェックサム</td></tr>
<tr><td colspan="3">フレームの非破壊調停</td><td>○</td><td>×</td></tr>
<tr><td>物理層</td><td colspan="3">変調方式</td><td>PWM（bitごとに同期）</td><td>NRZ（フレームごとに同期）</td></tr>
</table>

レーブに発振子が不要となる構成です。また、マスタノード、スレーブノードともにUART付きのマイコンで実現が可能であり、CXPI専用のコントローラを必要としないことから、比較的ローコストでシステムを構成できます。

CXPIはLINと同じ仕様の物理層を持ちます。物理的な信号値はLINと同様にドミナント（LINの論理値0）、レセシブ（LINの論理値1）の状態をとりますが、信号の論理値を0とするか、1とするかの定義の仕方がパルスの幅（時間的な信号の長さ）で定義されることが異なっています。そのため本書ではLINのドミナント、レセシブという表現と区別するため、論理値1、論理値0として表現します。この論理値1、論理値0のメカニズムについては後述します。

5.2.2.　クロックの供給

マスタノードからスレーブノードへのクロック出力は、常時論理値1の波形を送信することによって実現されます（**図5.3**）。

①マスタノードの出力

マスタノードの出力するクロック信号とUART信号をCXPIトランシーバが合わせ込み、PWM化した信号がCXPIバスへ出力されます（**図5.4**）。

②スレーブノードの出力

マスタノードがCXPIバスに出力するクロック信号と、スレーブノードが送信するUART信号をCXPIトランシーバがタイミングを合わせ込み、PWM化した信号がCXPIバスへ出力されます（**図5.5**）。

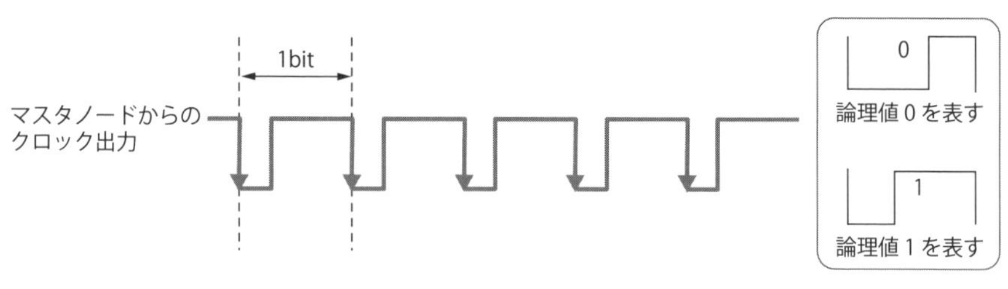

図5.3　クロックの供給

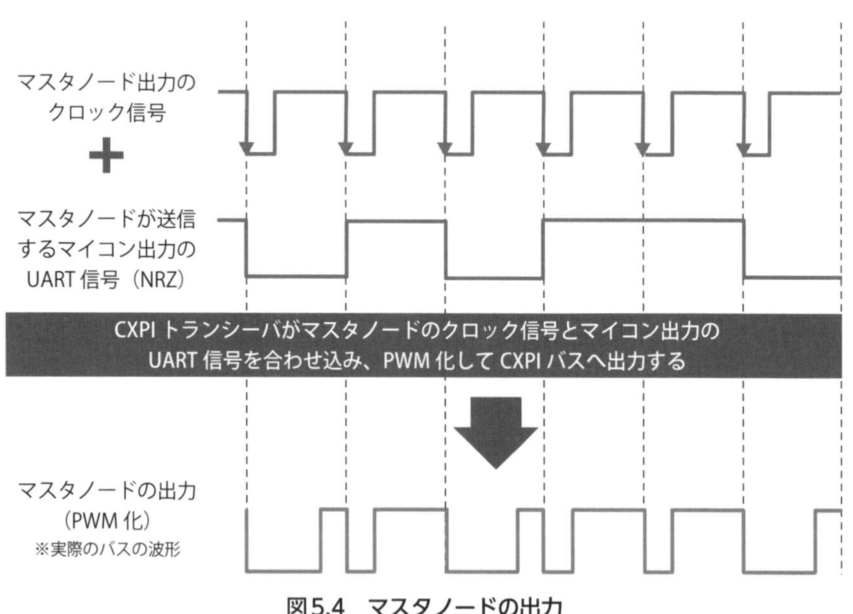

図5.4　マスタノードの出力

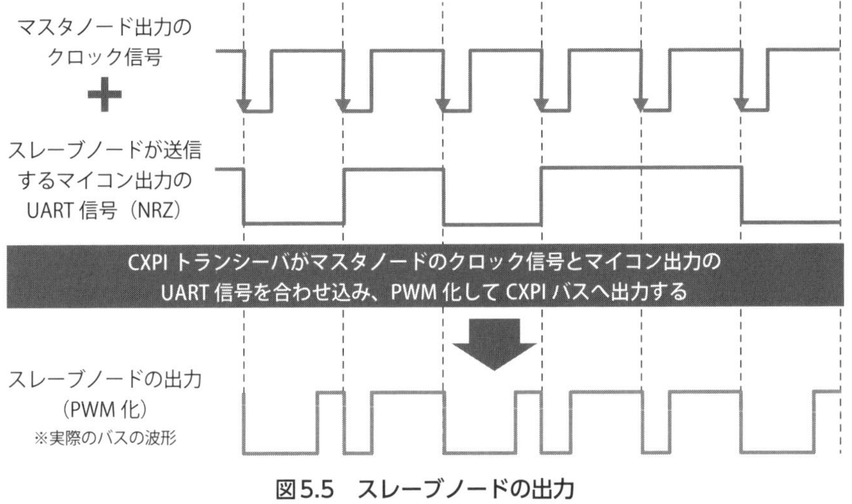

図5.5　スレーブノードの出力

5.2.3.　CXPIフレーム構成とCXPIプロトコル制御

CXPIのフレームには通常フレーム、スリープフレーム、バーストフレームの3種類があり、データの送信には通常フレームとバーストフレームが使用されます。データ送信に使用するフレームには、要求（ヘッダ）と応答（レスポンス）があり、フレーム送信は送信するヘッダに対応するノードがレスポンスを送信する方法で行われます（**図5.6**、**表5.3**）。

通常フレームとはCXPI通信で使用されるフレームであり、バーストフレーム

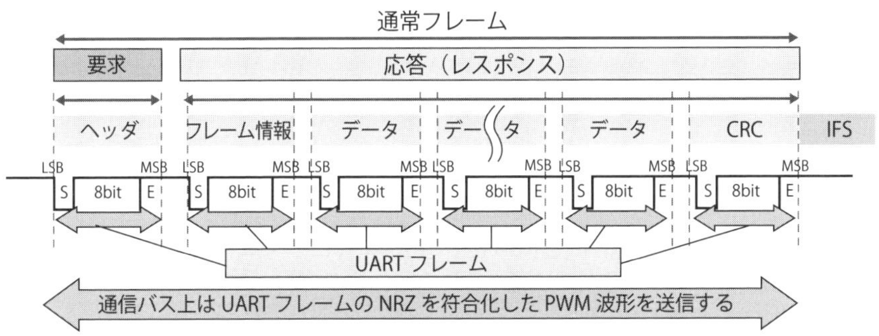

図5.6　通常フレームの構成

表5.3　通常フレームの構成要素概要

フィールド	概要
要求	任意のノードが送信する
応答（レスポンス）	ヘッダに対応するノードが送信する
ヘッダ	送信方式に合わせて、1byteで情報を格納する ・イベントトリガ方式：PID（1byte） ・ポーリング方式：PTYPE（1byte）またはPID（1byte）を送信する
フレーム情報	NM(Network Management)、データ長、カウンタを表す情報を格納する
データ	データを格納する
CRC	誤り検知の領域で、PTYPE領域を除くフレーム全体を対象とした8bitのCRC演算結果を格納する。CRCは演算対象を次に示す生成多項式で演算することにより求められる 生成多項式：X^8+X^4+X+1
IFS（Inter Frame Space）	フレーム送信後、前のフレームと分離させるために使用する。フレーム送信後の20bit以上の論理値1が連続する期間

は通常フレームを拡張し、最大255byteの通信を行うことができます。スリープフレームはオプション機能であるスリープ/ウェイクアップ機能対応時に使用するフレームであり、マスタノードからすべてのノードをスリープさせるときに発行されるフレームとなります。

5.2.4.　フレーム送信管理

CXPIではイベントトリガ方式とポーリング方式の2つのバスへの通信方式があります。前者はイベントの応答性を重視し、後者は通信の定期性を重視したものとなっています。システムの要件に応じていずれか一方を選択して実装します。

ポーリング方式はLINとはフレームの構成が異なるものの、基本的な動作はほぼ同じです。CXPIの特徴的な動作はイベントトリガ方式で、送信するタイミングを待たずにCANと同様にデータを即時送信することが可能です。イベントトリガ方式ではCANのように衝突でフレームデータを壊さずに、送信IDの優先度にしたがって、バスにデータを検出可能なCSMA/CR方式での通信も利用可能になっています。さらにCXPIではマスタ/スレーブのポーリング方式とCSMA/CR方式であるイベントトリガ送信とを組み合わせて通信できる仕様になっています。

ポーリング方式はLINで採用されている方式で、スレーブノードはマスタノードからのリクエストを受信しないと応答できない問題がありました。例えばスイッチを押したらランプがつくシステムがあったとき、スケジュール間隔が1秒の場合、スイッチを押してからランプが点くまでは最大1秒かかってしまいます。また、LINバス上につながるノードが増えればその分だけ応答性が悪くなります。

CSMA/CR方式は、他ノードが通信していない場合は自分の通信を開始してもよいという方式になります。先ほどの例でいうと、スイッチを押したときにCXPIバス上に他ノードが通信していない場合、すぐにフレームを送信することができます。自ノードの送信前に他ノードが送信しているか確認しますが、同時にCXPIバス上にフレームが出力されたときは自ノードと他ノードのIDを検査し、自ノードが優先度で勝てばバスを占有して送信ができるという方式をとります。これらの方式を組み合わせることで、CXPIはLINのような定期的な要求/応答シーケンスを行いつつ、CANのようなイベントに応じたフレームを送信できるようになります。

CXPIのフレームはPID（Protected ID）領域とレスポンス領域からなり、PID領域のフレームIDに該当するノードはレスポンス領域の送信が可能になります。送信イベントが同時に発生した場合は非破壊型の調停を実施し、フレームの優先度を選択します。

次にイベントトリガ方式、ポーリング方式それぞれの動作を説明します。

①イベントトリガ方式

イベントトリガ方式はCANのように、各ノードはバスがアイドル状態になったら自由にフレーム送信できる方式です（**図5.7**）。また、マスタノードからスケジュールに基づいた要求に対し、応答送信を行うこともできます。この方式はポーリング方式より定期性は落ちますが、イベントへの応答性を高めた方式となります。フレーム送信後はIFSが検出されたら、CSMA/CR方式でフレームの送信が可能です。**図5.8**で通常パリティの構成を説明します。

●PID（Protected ID 領域）

フレームIDとIDパリティ（奇数パリティ）で構成される領域です。フレームIDに該当するノードはレスポンス領域の送信が可能です。

●フレーム情報

CT、NM、DLCで構成される領域です。それぞれ、下記のような内容を表します。

- ・CT：カウンタ情報、フレームの連続性（シーケンス情報）を示す
- ・NM：スリープ/ウェイクアップ処理に使用するWakeup.ind 1bit、Sleep.ind 1bitで構成される
- ・DLC：データ長を表す

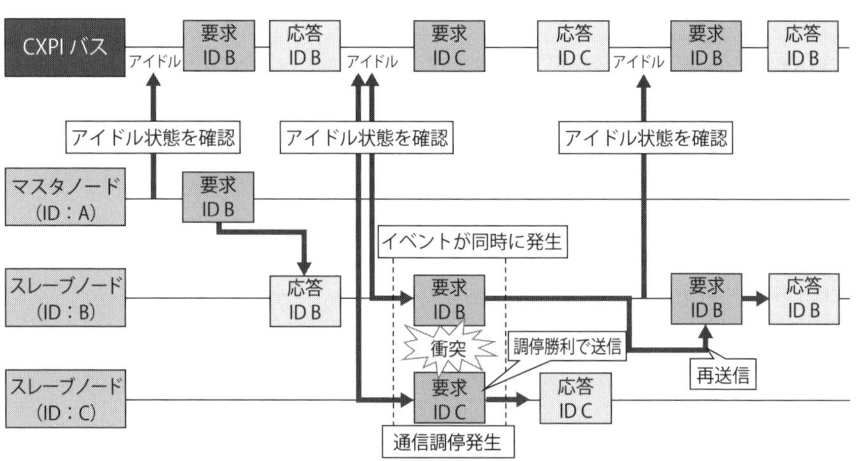

図5.7　イベントトリガ方式 送信シーケンス

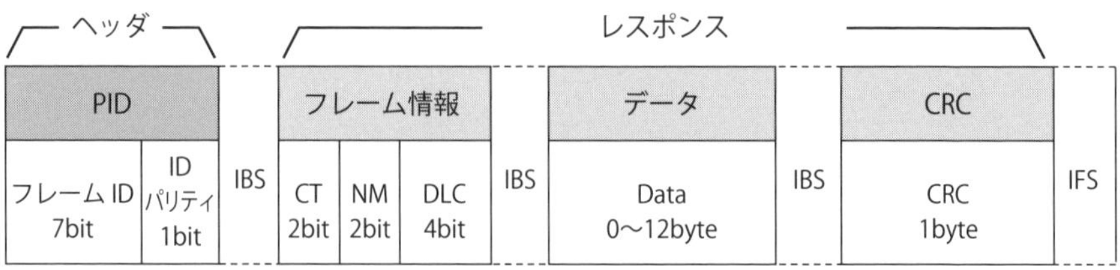

ヘッダ			レスポンス								
PID			フレーム情報				データ		CRC		
フレーム ID 7bit	ID パリティ 1bit	IBS	CT 2bit	NM 2bit	DLC 4bit	IBS	Data 0〜12byte	IBS	CRC 1byte	IFS	

図5.8　通常フレーム

●データ

データを格納する領域です。通常フレームでは最大12byteまで格納可能です。

●CRC

CRCによる誤り検知領域で、1byteで表します。CRCは演算対象を次に示す生成多項式で演算することにより求められます。

生成多項式：X^8+X^4+X+1

●IBS（Inter Byte Space）

各バイトデータごとの間隔を表します。9bit以下の論理値1。

●IFS（Inter Frame Space）

フレームとフレームの間隔を空けるために使用します。20bit以上の論理値1。

コラム　Bitのサイズで時間を表現するネットワーク

車載ネットワークの表現で、例えば時間をXXX秒あけるという表現もありますが、通信する速度から1bitの時間が決まってくる（例えば1000bpsならば、1bitは1msの時間で通信する）ので、時間での表現よりは、XXbit分の時間という表現をよく使用します。1bitの通信時間を単位に説明できる通信速度が変わってもプロトコルとしての定義を変更しなくてよいというメリットがあります。

②ポーリング方式

ポーリング方式はLINのように、スレーブノードがマスタノードの要求に対して応答を送信する方式です（**図5.9**）。スレーブノードはイベントトリガ方式のように、いつでもフレーム送信はできませんが、マスタノードからPTYPE領域を受信したときのみPID領域を含むフレームを送信することが可能です。PTYPE領域はポーリング方式を採用しているマスタノードが、スレーブノードにPID領域を送信してもよいと判断したときに送信できます。

ポーリング方式はマスタノードが送信するヘッダに従い、イベント送信や定期への応答が可能になる方式です。マスタノードが通信バス上にPID領域を送信した場合、フレームIDに該当するノードはレスポンスを送信することが可能で、

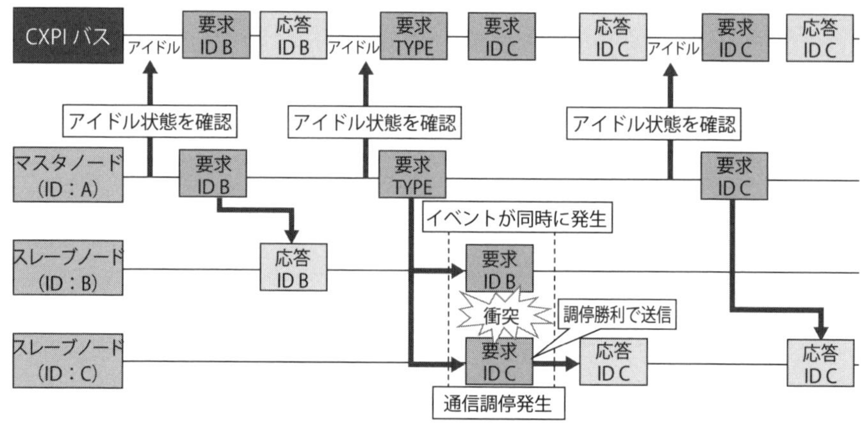

図5.9　ポーリング方式 送信シーケンス

マスタノードがPTYPE領域を送信した場合は、スレーブノードは任意のPID領域を送信できます。応答性はイベントトリガ方式には劣りますが、通信の定期性を重視する場合にはポーリング方式を採用します。

ポーリング方式では、標準フレーム、バーストフレームの両方で、新たにヘッダ領域でPTYPE領域が選択可能になります（**図5.10**、**図5.11**）。

●PTYPE（Protected TYPE）

7bitのフレームTYPEと1bitのパリティビット（奇数パリティ）で構成される領域です。マスタノードからイベント要求を表すPTYPE領域を受信した直後のみ、任意のノードは非破壊型の調停で任意のフレームをイベントトリガ方式で送信することができます（PTYPE領域はCRCの演算対象外）。

5.2.5.　CXPIのフレームとして確定のための条件

まずはデータ送信タイミングについて説明します。データ送信のタイミングには前項の解説に登場したIFS、IBSとよばれる2つのタイミングがあります。

・IFS：フレームのCRC送信後に挿入すべき時間
・IBS：UARTを連続して送信する際、UARTとUARTの間に挿入してもよい時間

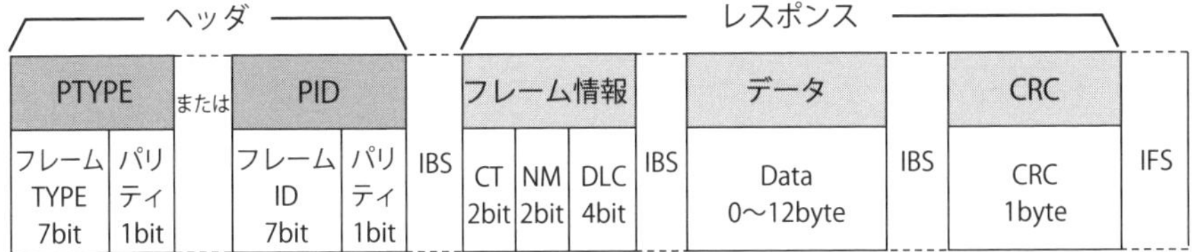

図5.10　通常フレーム

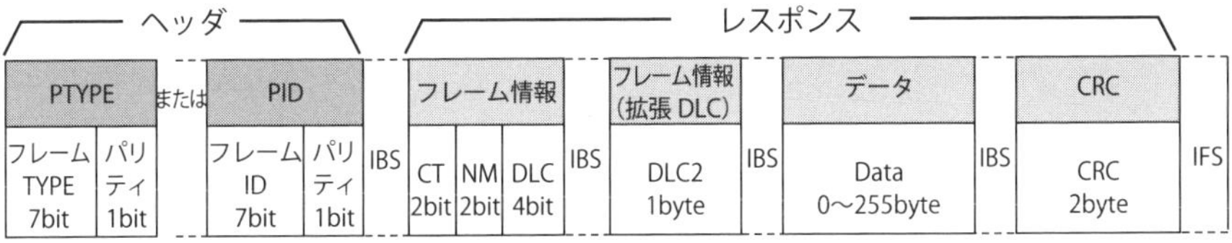

図5.11　バーストフレーム

以下ではIFSとIBSについて解説します。

①IFS

IFSはフレーム送信直後から論理値1が連続するビットフィールド（論理値1の状態が連続して出力されている状態）を示し、次のフレームと分離するために使用されます。CXPIバスに接続されている全てのノードは、フレームのCRC受信完了からIFS条件に当てはまる間、データ送信を禁止することでIFSを作成します。IFSの条件を**表5.4**に記します。

表5.4　IFSの条件

条件	内容
IFSの条件	20bit長以上の論理値1
フレームの受信開始条件	【次のいずれかが成立】 ・UART受信完了または送信完了から10bit長以上の論理値1 ※フレーミングエラー発生時もUART受信完了、UART送信完了に含む ・IFS超過 起動直後はフレームを正しく同期して受信できるようにするため、IFS超過だけを条件とする
フレームの送信開始条件	【次のいずれかが成立】 ・UART受信完了または送信完了からIFS超過 ※フレーミングエラー発生時もUART受信完了、UART送信完了に含む ・IFS経過

②IBS

応答送信時にバイトデータを連続して送信する場合、一つのフレーム内におけるバイトデータ同士の間隔をIBSといいます。送信ノードは**表5.5**に示すIBSの条件を満たす必要があります。

IBSはバイトデータの間隔を満たす必要があるということは裏返すと、IBSを超過した場合、そのフレームはそこで途切れた/完了したということになります。このIFS/IBSを踏まえ、フレームの確定条件として、PTYPE領域の確定、PID領域の確定、フレームの確定、フレーム同期方法を記述します（**表5.6、表5.7、表5.8**）。PTYPE領域の確定のみポーリング方式が対象となり、他は方式を問わず共通となります。

表5.5　IBSの条件

条件	内容
IBSの条件	9bit長以下の論理値1

表5.6　PTYPE領域の確定条件

通信ノード	確定条件
送信ノード	PTYPE領域の全bitを通信バスへ送信完了する
受信ノード	PTYPE領域の全bitを受信し、エラーがないことを確認する

表5.7　PID領域の確定

通信ノード	確定条件
送信ノード	PID領域の全bitを通信バスへ送信完了する
受信ノード	PID領域の全bitを受信し、エラーがないことを確認する

表5.8　フレームの確定

通信ノード	確定条件
送信ノード	CRCの最終bitの送信までエラーがなく、かつCRC以降10bit間論理値1を検出したタイミングでフレームを確定する
受信ノード	CRCの最終bitまで受信してエラーがなく、かつCRC以降10bit間論理値1を検出したタイミングでフレームを確定する

5.2.6. スリープ/ウェイクアップ管理

常時電源が供給されるノードの消費電力抑制のため、省電力のスリープモードに遷移することが可能です（図5.12）。スリープ/ウェイクアップ機能の搭載はシステムごとに選択が可能です。

●モード

〈スリープモード〉

スリープモードは、各ノードがデータの送受信を停止した省電力モードの状態を表します。トランシーバは発振回路を停止し、PWM符号化をせずNRZで入出力します。

〈スタンバイモード〉

スタンバイモードはノーマルモードへの遷移を待機する状態で、スリープモードからだけ遷移します。

スタンバイモード中のマスタノードの場合、通信バスにクロックの送信を開始するとノーマルモードへ遷移します。スレーブノードかつ内部要因のイベントが発生したノードの場合、ウェイクアップパルスを通信バスへ送信し、マスタノー

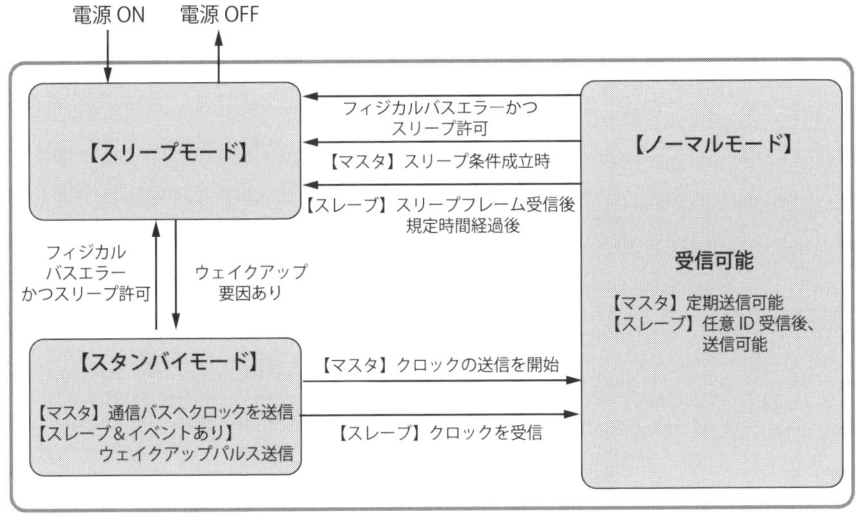

図5.12　スリープモードへの遷移条件

ドから通信バスへ送信されるクロックを受信した後ノーマルモードへ遷移します。クロックを受信しない場合はウェイクアップパルスを再送信できます。イベント送信が発生していないノードの場合は、マスタノードから通信バスへ送信されるクロックを受信するとノーマルモードへ遷移します。

スレーブはウェイクアップパルスの送信・再送を行い、マスタはクロックを出力します。

〈ノーマルモード〉

ノーマルモードへはスタンバイモードからのみ遷移します。

マスタノードはノーマルモードへ遷移後に定期送信を開始できます。スレーブノードはマスタノードが送信する任意のPID領域もしくはPTYPE領域を受信後に、データの送信が可能となります。

ノーマルモード中のマスタノードはスリープ条件成立後、スリープフレームを通信バスへ送信し、クロック送信停止後にスリープモードへ遷移します。スレーブノードはマスタノードからスリープフレームを受信した後、規定時間経過後にスリープモードへ遷移します。

●スリープ/ウェイクアップ管理で使用するフレーム

スリープフレームはノーマルモードの時に、マスタノードが各スレーブノードにスリープ準備をさせるために使用します（**図5.13**）。スリープフレームは固定長で、PID領域とデータは固定値が格納されます。フレーム情報の領域は現在のステータスが反映されます。

●ウェイクアップパルス

スリープモード時にスレーブノードが起床を通知するために、バスに送出する信号です（**図5.14、表5.9**）。通常のフレームと違い、250～2500μs幅のドミナント信号です。

●スリープシーケンス

全てのノードから一定期間スリープ禁止フレームを受信しない時、またマスタノードがシステム要件で規定されたスリープ条件に合致したとき、マスタノードはスリープフレームを送信できます（**図5.15**）。スレーブノードはスリープフレームを受信するとスリープの準備をし、規定時間経過後にスリープします。

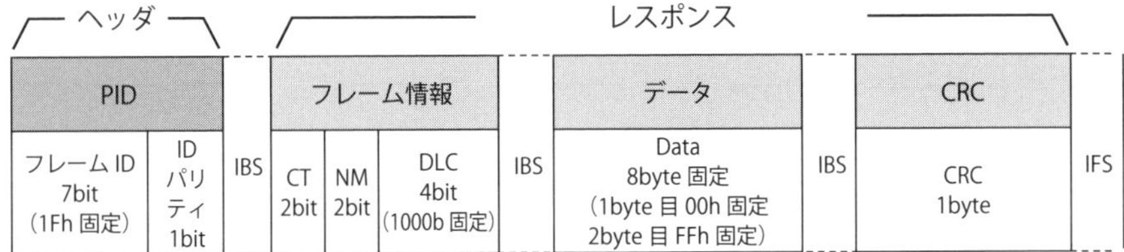

図5.13　スリープフレーム

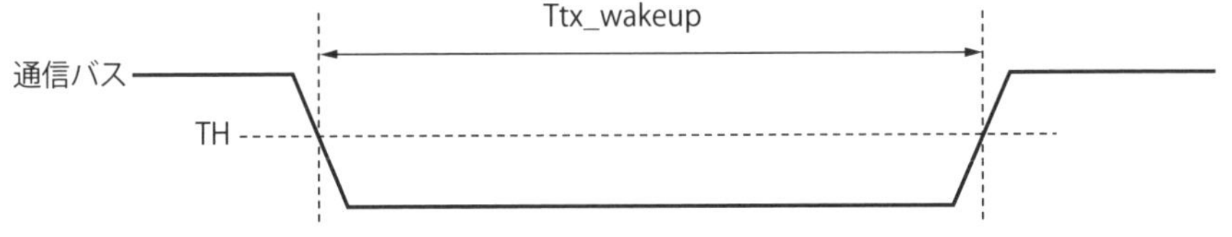

図5.14　ウェイクアップパルス波形

表5.9　ウェイクアップパルスのパラメータ

項目	最小	最大	単位	説明
Ttx_wakeup	400	2500	μs	送信ノードが通信バスに送信するウェイクアップパルスのドミナントレベルの規定

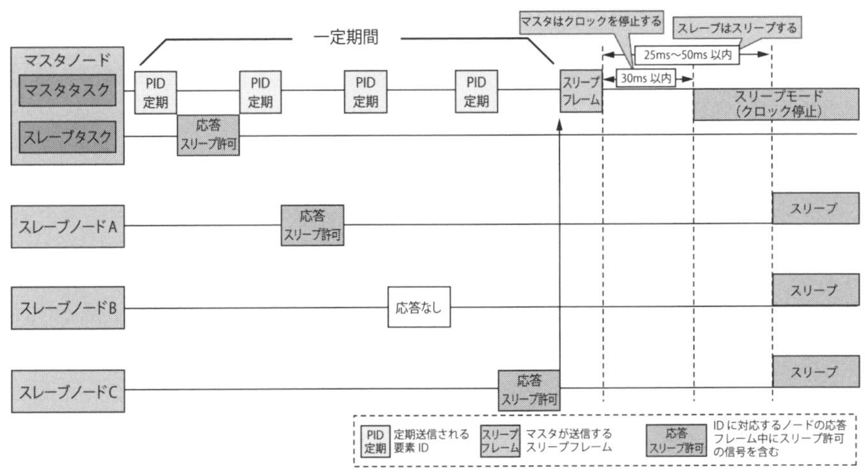

図5.15　スリープシーケンス

第5章
センサーECU用 高速応答プロトコルCXPI

●ウェイクアップシーケンス

〈マスタトリガのウェイクアップシーケンス〉

スリープモード時にマスタノードは内部的なイベントを検知した後、通信バスにクロックを送信します（**図5.16**）。

スレーブノードはマスタノードが送信したクロックをトリガに、一定時間以内にスタンバイモードへ遷移し、その後クロックを受信するとノーマルモードへ遷移します。

マスタノードは起動完了時間以降、一定時間内に任意のPID領域またはPTYPE領域の送信を開始し、スレーブノードはマスタノードが送信する最初のPID領域またはPTYPE領域の受信を確認したタイミングで通信バスへ送信が可能になります。

〈スレーブトリガのウェイクアップシーケンス〉

スリープモード時に、スレーブノードは内部的なイベントを検知した後、通信バスにウェイクアップパルスを送信します（**図5.17**）。

マスタノードはウェイクアップパルスを受信したあと、一定時間以内に通信バスへクロックを送信します。各スレーブノードはウェイクアップパルスを受信後、一定時間内にスタンバイモードへ遷移し、その後クロックを受信した後にノーマルモードへ遷移します。

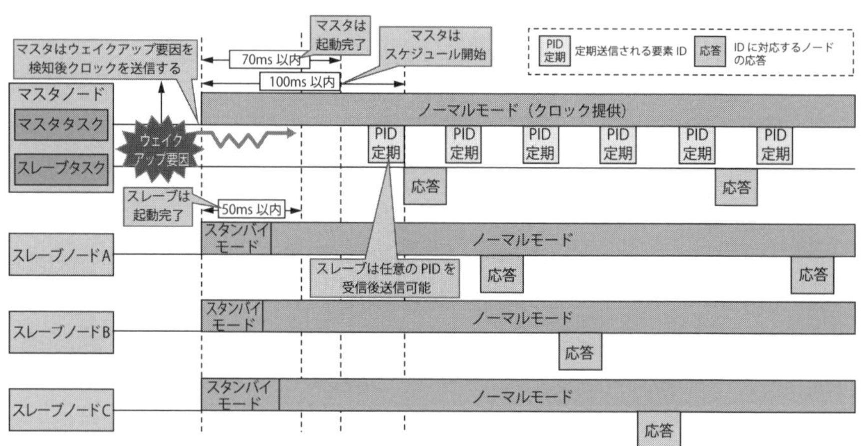

図5.16　マスタトリガのウェイクアップシーケンス

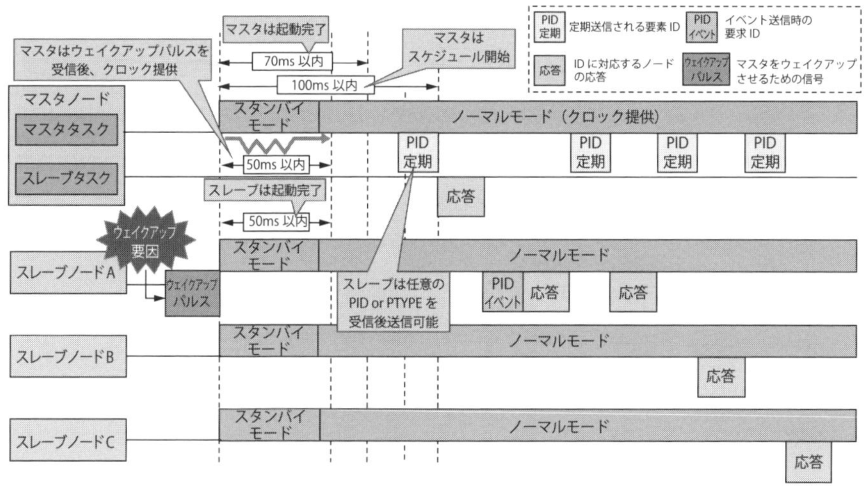

図5.17　スレーブトリガのウェイクアップシーケンス

マスタノードは起動完了時間以降、一定時間内に任意のPID領域またはPTYPE領域の送信を開始します。スレーブノードはマスタノードが送信する最初のPID領域もしくはPTYPE領域の受信を確認したタイミングで通信バスへの送信が可能になります。

〈ウェイクアップパルス再送信シーケンス〉

スレーブノードトリガのウェイクアップ処理の時、スレーブノードがウェイクアップパルスを送信してもマスタノードが通信バスへクロックを送信しない場合は、ウェイクアップパルスを再送信することが可能です（**図5.18**）。ウェイクアップパルスを送信し、一定時間経過しても通信バスからクロックを受信しない場合、ウェイクアップパルスを送信したノードは再送信を含めて2度までウェイクアップパルスを送信することが可能です。

ウェイクアップパルスを再送信しても、マスタノードからクロックが送信しない場合は、フィジカルバスエラー処理によるスリープ後に再度ウェイクアップシーケンスを実施することが可能です。

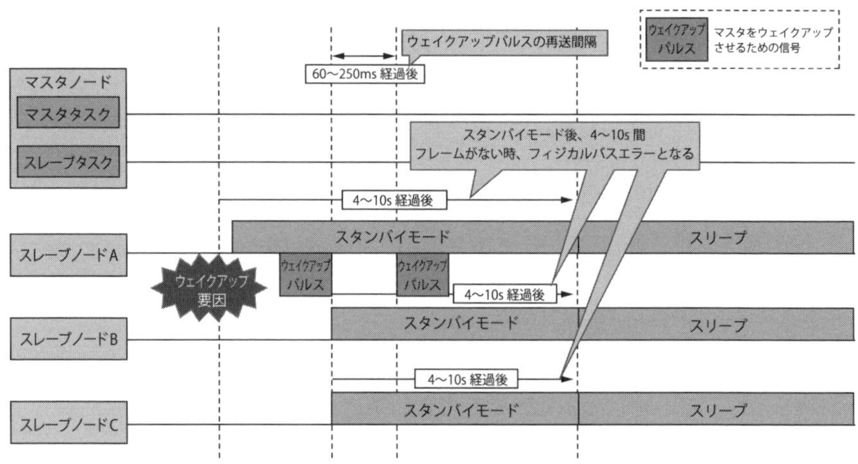

図5.18　ウェイクアップパルスの再送信

5.2.7. マルチクロックマスタ処理（オプション）

システムがウェイクアップ状態へ遷移し、プライマリクロックマスタが通信バスへクロックを送信しない時、セカンダリクロックマスタが代わりにクロックを送信できます（**図5.19**）。この動作はプライマリクロックマスタの故障などによって、主要機能が動作しなくなることを一時的に防ぐためのものであり、プライマリクロックマスタ故障の恒久対策ではありません。この処理はシステムごとに搭載を選択することが可能です。

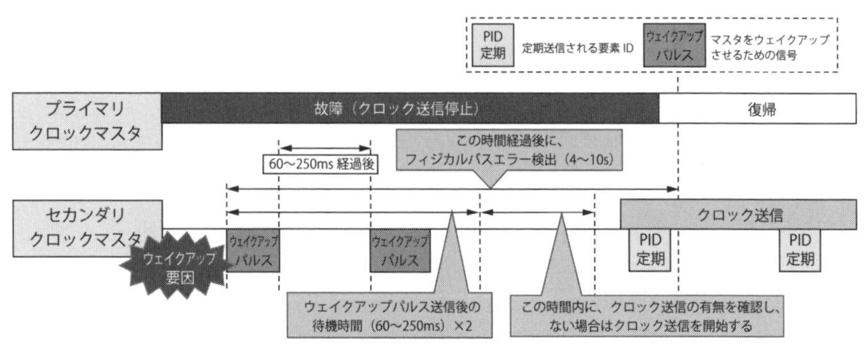

図5.19　マルチクロックマスタ

5.2.8. エラーの種類

CXPI通信ではデータリンク層に由来する8つのエラーがあります。一つのフレームで複数のエラーが成立する場合には、カウンタエラーを除き少なくとも最初の一つは必ず検出する必要があります。

- ビットエラー
- CRCエラー
- パリティエラー
- フィジカルバスエラー
- データレングスエラー
- カウンタエラー
- オーバーランエラー
- フレーミングエラー

CXPIにはバスの異常やノードの故障を通知するために、**表5.10**の8種類のエラーが存在します。

表5.10　CXPI通信のエラー

エラーの種類	検出ノード	エラー検出箇所	詳細
ビットエラー	送信ノード	**イベントトリガ方式** ・PID領域のスタートビットおよびストップビット ・レスポンス領域	送信しているbitの値と受信しているbitの値を比較し、不一致の場合ビットエラーを検出し、送信処理を中断します。
CRCエラー	受信ノード	・PID領域 ・フレーム情報 ・データ	送信ノードはエラー検出対象としたCRC演算結果をCRC領域に格納して送信した場合、受信ノードはCRC演算結果が受信したCRCと異なる場合にCRCエラーを検出します。エラーを検出した時にフレームは破棄されます。
パリティエラー	受信ノード	**イベントトリガ方式** ・PID領域	送信ノードはイベントトリガ方式の時はPID領域、ポーリング方式の時はPTYPE領域またはPID領域の論

		ポーリング方式 ・PTYPE領域 ・PID領域	理値1の数が奇数値になるように、パリティビットに0または1を入れてフレームを送信します。受信ノードは受信した同領域の論理値1の数を計算し、偶数個であった場合はパリティエラーを検出し、受信したPTYPE領域またはPID領域を無効として応答しません。
フィジカルバスエラー	全てのノード	**スリープ/ウェイクアップ対応システム時** ・スタンバイモードまたはノーマルモード時に検出する **スリープ/ウェイクアップ非対応システム時** ・起動状態の時に検出する	フレームTYPEまたはフレームIDの受信がない状態かつ、フィジカルバスエラー判定時間（4秒以上10秒以内）にフィジカルバスエラー条件が成立します。 **スリープ/ウェイクアップ対応システムの場合** エラーを検出すると自ノードがスリープ許可状態の時はスリープへ遷移し、スリープ禁止状態の時は、スタンバイモードもしくはノーマルモードを維持してアプリケーションにエラーを通知します。 **スリープ/ウェイクアップ非対応システムの場合** エラーを検出するとアプリケーションにエラーを通知します。
データレングスエラー	送信ノード 受信ノード	**送信ノード** ・レスポンス領域 **受信ノード** ・フレームのDLC以降 ・バーストフレーム時はフレームの拡張DLC以降	**送信ノードの場合** 送信すべきデータ長と通信バス上のフレームのデータ長が異なる場合にデータレングスエラーを検出し、送信処理を中断します。 **受信ノードの場合** フレーム情報のDLCと受信したフレームのデータ長を比較します。異なる場合はデータレングスエラーを検出しフレームを破棄します。
カウンタエラー（オプション）	受信ノード	・フレーム情報のCT	受信ノードは任意のフレームのフレーム情報中のCTを確認し、その前に受信した同じフレームIDのフレームに含まれるCTの値と比較します。連続していなかった場合に

			カウンタエラーを検出し、アプリケーションにエラーを通知します。
オーバーランエラー	受信ノード	・受信データ全て	受信ノードのコントローラが通信バスから受信したUARTデータをバッファレジスタから読み出す前に次のUARTデータが転送され、本来読み出すべきだったUARTデータが新しいUARTデータに上書きされた時にオーバーランエラーを検出します。受信処理を中断し受信中のフレームを破棄します。
フレーミングエラー	送信ノード 受信ノード	・UARTフレーム全て	受信ノードが受信したUARTフレームの最後のストップビットの論理値が0であった場合にフレーミングエラーを検出します。送信ノードの場合は、送信処理を中断し、受信ノードの場合は、受信処理を中断し、受信中のフレームを破棄します。

5.2.9. エラー検出での例外とフェール管理

CXPIには、データリンク層に由来する8つのエラー以外にも、エラー検出の例外、フェール管理に関しても定められています。

①エラー検出の例外

バーストフレーム非対応のノードで、DLCが“1111b”であるバーストフレームを受けた場合、エラー検出は行わず無視します。

②フェール管理

フェール管理は、何らかの異常状態に陥った場合、不正な送信によって通信バスが占有されることを防ぎます。送信ノードはエラーカウンタを持ち、送信が失敗した場合はカウントアップします。エラーカウンタが一定以上となったとき、送信を一切禁止します。ただし、通信バス上に接続されている他のノードに影響を与えるため、クロックマスタはクロックの停止は行いません。

送信禁止はカウント条件によってエラーカウンタ値が255を超えたときとなり

ます。カウント条件とカウント値を**表5.11**に示します。

送信ノードとして“ビットエラー”、“データレングスエラー”、“フレーミングエラー”のいずれかのエラーを検出した場合、送信禁止状態から送信許可となるための復帰条件は以下のいずれかが成立したときとなります。

- スリープし、ウェイクアップしたとき
- 送信禁止から500ms 経過後、一度でもPTYPE領域またはPID領域をエラーなく受信できたとき
- マスタノードで、通信タスクがリセットされたとき

表5.11　カウント条件と加算値

カウント条件	加算値
送信したPTYPE領域にエラーがあった場合	＋8
送信したPID領域にエラーがあった場合	＋8
送信したレスポンス領域にエラーがあった場合	＋8
送信したPTYPE領域にエラーがない場合	－1
送信したPID領域にエラーがない場合	－1
送信したレスポンス領域にエラーがない場合	－1

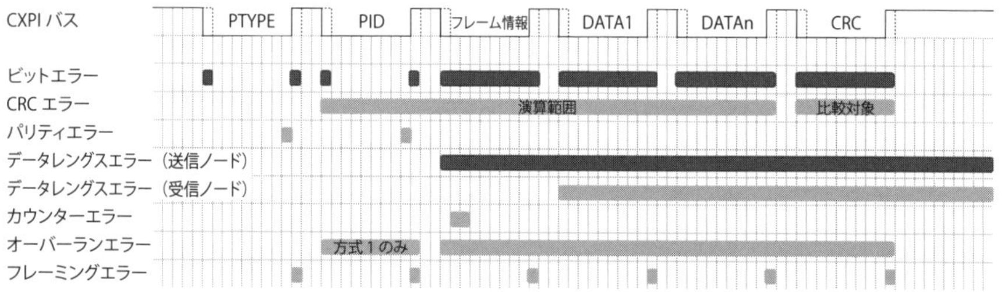

図5.20　フレーム単位のエラー検出範囲

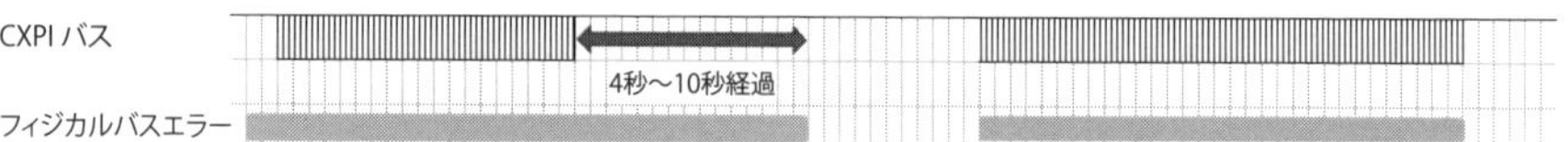

図5.21　CXPIバスのエラー検出範囲

また、復帰時にエラーカウンタは0に戻ります。今まで紹介したエラーとノードの関係は**図5.20**、**図5.21**のように表すことができます。

5.3 CXPIを構成する電子回路

CXPIは一般的に、UARTを搭載したマイコン、物理層を担うCXPIのトランシーバ、この2つのパーツで構成されます。最近はマイコンの中にCXPIのコントローラとPWM生成機能を搭載させることにより、物理層でのPWM変調・復調を必要としない構成のものも登場してきましたが、本章では一般的なUART搭載マイコンとCXPIトランシーバを中心に説明を進めます。

5.3.1. 一般的なCXPIのマイコンとトランシーバの接続

CXPIのシステムを構成する場合、まず検討しないといけないことは、設計をするシステムが基準クロックとなるクロックマスタノードとなるか、基準クロックを必要としないスレーブノードになるかということです。どちらになるのかによって、その接続の方法が異なってきます。またポーリング方式でのマスタを定義する場合は、マスタ側のCXPIバスとVBAT（12V）の間にLINと同様に1KΩ抵抗の実装が必要になります。

UARTを搭載したマイコンとCXPIトランシーバを接続して、マスタノードとスレーブノードを構成して接続する例を**図5.22**に示します。トランシーバへのクロックマスタスレーブの選択信号（MS）とクロック供給の有無が大きな相違です。

①MS信号

トランシーバ側の動作としてはMSで選択される条件によって、自身はクロックマスタノードとして動作するか、スレーブノードとして動作するかが異なってきます。MSの選択はこの例ではマイコンから直接選択できる接続になっていま

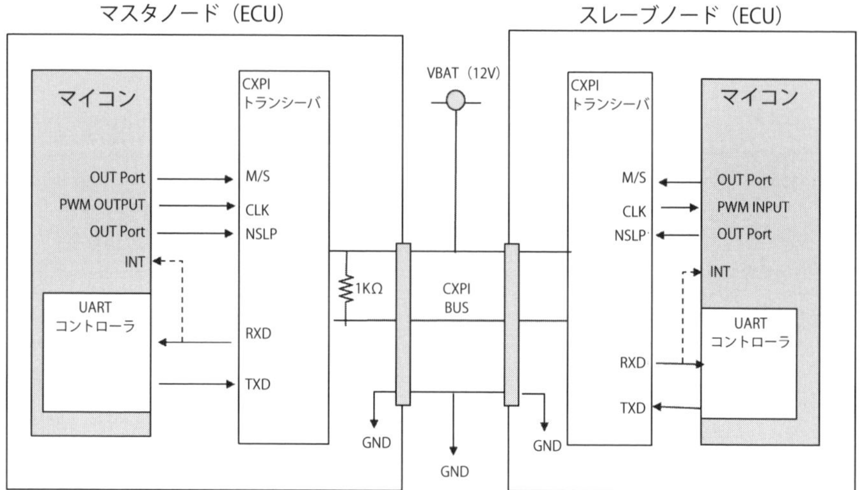

図5.22　UART搭載マイコンとCXPIトランシーバを接続する接続図

すが、トランシーバの種類によってはVBAT系の信号で選択するケースもあるため、どちらの方式で制御するかはトランシーバの仕様に依存します。

②CLK信号

●クロックマスタでの利用時：トランシーバは入力

マイコンから通信速度と同期したクロックをトランシーバへ供給することで通信同期のための信号とします。このクロックは標準的にデューティー50%の通信速度と同じ周波数でPWM信号を送ります。例えば、20Kbpsでの通信を行うときは、クロックパルスは25μsのハイレベル信号、25μsのローレベル信号を交互に送信することになります。マスタが送信せずにスレーブから送信させる際も常に同期信号を与え続ける必要があるため、このクロック信号はCPXIがアクティブな間は常に送り続ける必要があります。

●スレーブでの利用時：トランシーバは出力

ネットワークがノーマルモード状態で通信が可能な状態のときは、CLK端子に同期信号がパルス（クロック）として出力されます。

③NSLP信号

トランシーバをスリープ状態にさせるための信号です。本信号を制御することでトランシーバをスリープ状態に移行させ、バスへの同期信号出力が停止します。

④RXD/TXD信号

TXDはマイコンからバスへ送信する信号、RXDはバスから受信する信号になります。信号はUARTフォーマットになるため、マイコンのUARTコントローラを使って制御します。送信速度とCLKは同期する必要はありませんが、同じ通信速度である必要があります。

⑤マイコンへのINT信号入力

●RXDへのINT入力

マイコンへのINT信号はバスからのウェイクアップの検出、送信時のバス衝突の検出を目的としています。マイコンのUARTコントローラによってはウェイクアップの検出が可能なものもありますし、バス衝突が発生しないポーリング方式だけでの実装のときは必要ありません。

●CLKのINTへの入力（スレーブノード）

CXPIトランシーバから出力されるCLKはバスがアクティブになり、クロックマスタノード（基準クロックを送信しているノード）がバスに論理値1を出していることがわかります。

コラム マイコンへのRXDのINT入力の利用方法

・ウェイクアップの検出

ウェイクアップはCXPIバスがグランドレベル（0V）になったことを検知すると全ノードに通知可能になります。しかし、ECUによってはクロックを停止させ、省電力状態で待機状態になっていることがあります。省電力状態から通常動作に復帰するために、INT端子の割り込みが使われることがあります。

CXPIトランシーバはバスの変化を捉えると、マイコンの受信端子（RXD）へその変化を通知することになります。この受信端子はUARTに接続されていますが、UARTの仕様によってはマイコンの通常動作へのイベントとして認識できないことがあります。その場合、外部INTを使うことで通常動作復帰制御が可能となるケースがあります。バスからのウェイクアップ信号の検出が必要なECUでUARTの受信機能が検出できない場合、INT端子も接続しておくことで、マイコンの省電力状態から通常動作状態への復帰をすることが可能となります。

・送受信通信が同時になる場合の調停機能

CXPIではイベントトリガ方式での通信が可能になっています。イベントトリガ方式では非破壊調停機能が利用され、バスの信号衝突で信号を壊さずに、IDの優先度判断をして通信を継続する動作が可能です。しかし、マスタ・スレーブ双方のUARTが同時に送信を開始してスタートビットを出力するタイミングになったときなど、送信側は調停が発生して自身の出力したビットが無効になっていることを検出できないケースもあります。

回避対策としてINT割り込みを使う方法があります。CXPIの場合フレームはUARTを使ってbyteごとに送信することになりますが、UARTの場合に送信のスタートをかけてもスタートビット〜ストップビットまで、衝突があっても止めることができません。しかし送信をかける直前に他のノードからの通信を検出することが可能になれば送信を中止できます。

5.3.2. CXPIの電気信号と論理値

CXPIの電気的な仕様はLINと互換性がありますが、信号の扱い方が大きく異なります。

LINの場合は12V（VBAT）のレベルにあることをレセシブと呼び、論理値は1になります。0V、つまりグランドレベルにあることをドミナントと呼び、論理値は0になります。またドミナントとレセシブが同時に出力されたときはドミナントが勝つ仕組みになっており、信号の衝突などを検出するための仕組みもこの動作により実現されています。

LINの場合はドミナント、レセシブを論理値0と論理値1として一致させていますが、CXPIの場合は論理値は単純な電圧レベルでは規定されません。CXPIはVBATレベルとグランドレベルの信号のそれぞれの時間的な長さ、つまりパルス幅を測定することで論理値1・0を判定します。このパルスの幅による論理値を伝える通信をPWM通信と呼んでおり、CXPIはPWM通信による情報伝達

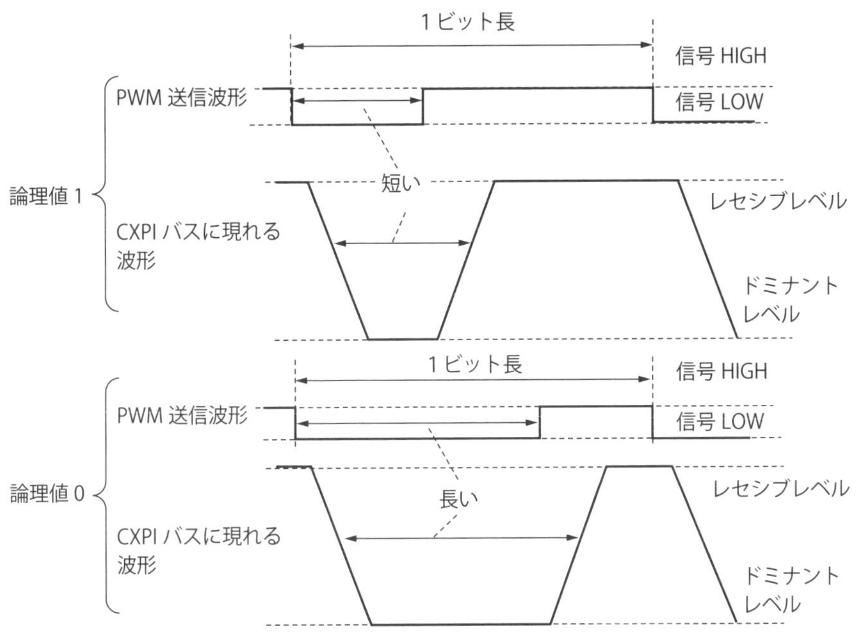

図5.23　論理値1、0のそれぞれの波形

を行います。このPWM通信で論理値を決める仕様は**図5.23**の通りです。

PWM通信は単に情報を伝えるだけでなく、信号のエッジ（VBATレベルからグランドレベル）への変化点を受信する全ノードを計測することで、時間同期のための信号としても利用できます。

CXPIのスレーブノードに実装されているマイコンのクロック発振回路の精度が低い場合でも、このパルスの変化で通信信号を計測すれば通信データを誤差なく受け取れます。しかしこの通信の成立のためには、クロックマスタとなるノードが少なくとも1ノード必要になります。クロックマスタになるノードがすべての通信の基準になることで、他のノードの同期が成立するという仕組みです。さらに信号同期と信号の重ね合わせによって、CANのように優先度を決めることができるのもPWM通信の恩恵です（**図5.24**）。

論理値1と論理値0の信号が重なった状態だと、論理値は必ず0になります。論理値1は信号パルスの後半は信号をVBATに保ったままです。信号を出してい

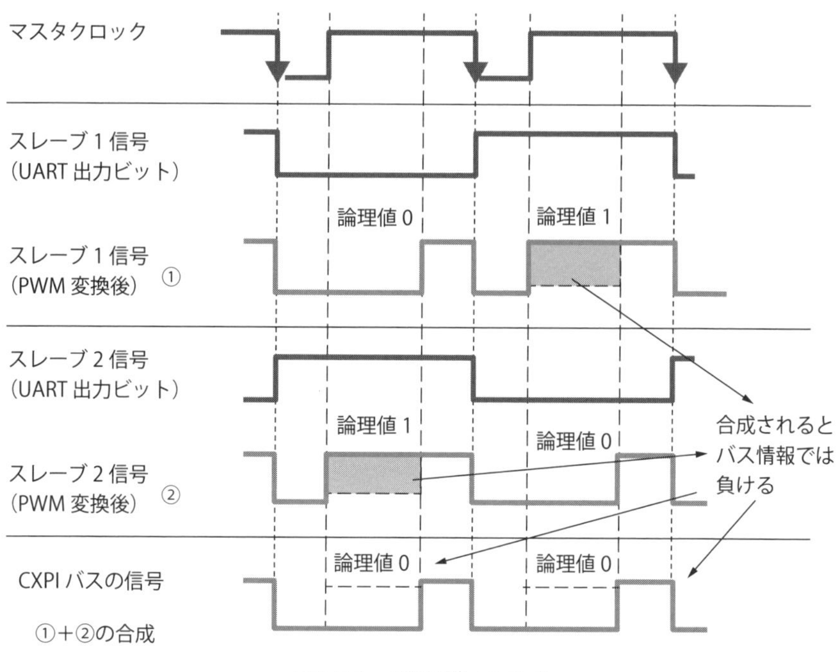

図5.24　CXPIバスの合成

ない状態と等価であるため、論理値0のパルスが重なっても論理値0が勝つという動作になります。

この仕組みを使うことによって、CXPIは論理値で優先度判定機能を実現しています。CXPIで定義する論理値1と論理値0は単なる電圧レベルのことを示しているのではなく、PWMの重ね合わせの状態も考慮して定義されています。

5.3.3.　データ通信していないときのCXPIバスの状態

CXPIはトランシーバが通信ができる状態のときは、クロックの基準となるクロックマスタノードからバスへ論理値1を表すPWMパルスが連続して出力されます。つまりバスがアクティブでアイドル状態でも必ず信号が出続ける状態になっています。

5.2.7.「スリープ/ウェイクアップ管理」でも紹介しましたが、ノーマルモード時は常に論理値1がバスに出力され、スタンバイやスリープになったときのバスはLINのレセシブ状態（CXPIでは論理値1に相当）と同じVBATレベルが固定されてます。

LINの場合はレセシブ状態であるため、アクティブのときはバスの信号に変化は発生しません。

CXPIの通信では通信している状態としていない状態を通常のオシロスコープで観察しても人の目で追いかけるのは困難です。CXPIの通信を確認するためには、CXPI対応の専用のオシロスコープやバスアナライザが必要となります。

図5.25、**図5.26**にCXPIの通信状態のバスと通信をしていないアクティブな状態のとき、そしてスリープのときの状態を記します。

CXPIでスリープコマンドを送信完了後、クロックマスタがクロックを停止し、トランシーバのNSLP制御を行い低消費電力状態にした後、バスのPWMパルス（クロック）が停止します。

5.3.4. CXPIトランシーバ

CXPIのトランシーバはLINと同様にマイコンの論理レベルを変換して論理値1、0のPWM信号へ変換する機能と、CXPIバス間の送受信を行う2つの機能を搭載しています。

LINの場合はマイコンの信号レベルである5V・0V（3.3V・0Vの場合もあります）のハイローレベルをLINバスのVBAT、グランドレベルに変換するだけでしたが、CXPIではさらに5V・0Vの持つ1・0の意味をPWMのパルスに変換する動作も同時に行います。そのためマスタとなるノードにおいてはクロックをトランシーバに入力する必要があります。このクロックが論理値1・0のパルス幅を決定するための基準となり、CXPIの通信速度を決定するパラメータにもなります。

ここで重要なのはUARTの通信速度が20Kbpsの場合、トランシーバに入れられるクロックもUARTの通信周期と同一の20KHzである必要があることです。つまり、PWMの1周期の幅をUARTの1ビットの通信速度と一致させることで双方の通信同期ができるような動作となります。スレーブノードの場合は同期さ

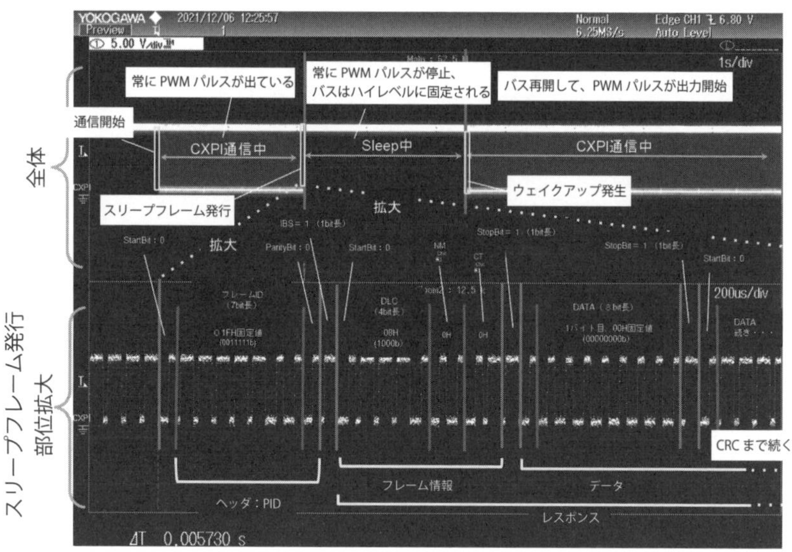

図5.25　CXPIでスリープコマンドを発行した直後の信号状態

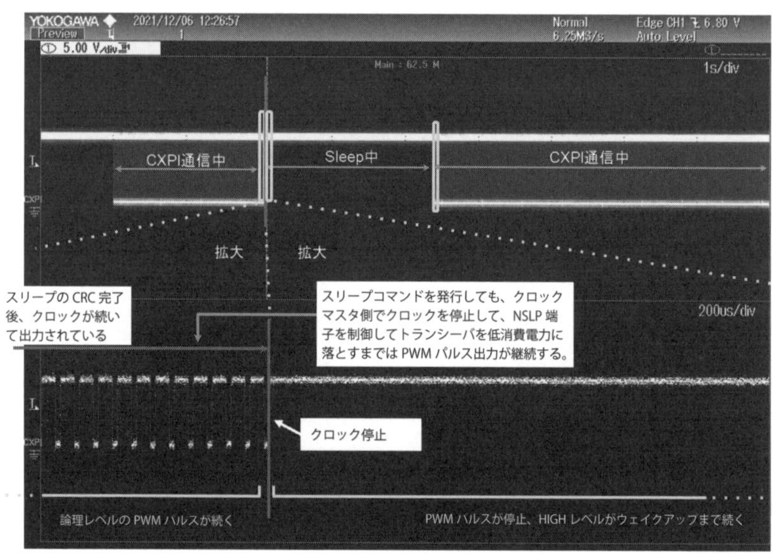

図5.26　CXPIでスリープコマンドを発行した直後の信号状態（続き）

れる側となるためマスタノードのようなトランシーバへのクロック入力はありませんが、トランシーバからクロックが出力されることで同期するための信号として利用することができます。**図5.27**に、ロームのCXPIトランシーバの構成を、**図5.28**に実物の写真を示します。

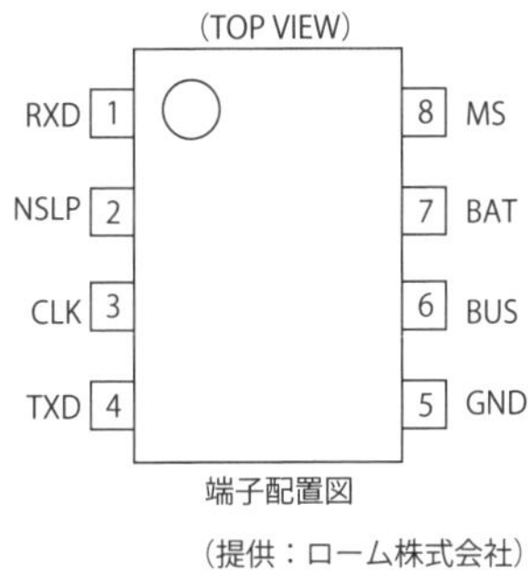

端子配置図

(提供：ローム株式会社)

端子番号	記号	機能
1	RXD	受信データ出力端子
2	NSLP	省電力制御入力端子（“H”：符復号モードへの遷移、“L”：パワーオフモードへの遷移）
3	CLK	クロック信号入出力端子（マスタ使用時：入力、スレーブ使用時：出力）
4	TXD	送信データ入力端子
5	GND	グラウンド端子
6	BUS	CXPIバス端子
7	BAT	電源端子
8	MS	マスタ/スレーブ切り替え端子（“H”：マスタ、“L”：スレーブ）

図5.27　BD41003FJ-C 端子配置図

(提供：ローム株式会社)

図5.28　BD41003FJ-C

5.3.5.　CXPIの物理層の特性の比較

LINとほぼ同じで、バスへの接続に関しても同様のトポロジを取ることになります（**表5.12**）。

表5.12　LINとCXPIの電気特性の比較表

	LIN（CXPIに相当する電気特性）				CXPI				CXPI解説
項目（CXPI側名称）	最小	中央	最大	単位	最小	中央	最大	単位	
VBAT	8	-	18	V	8	-	18	V	ECU外部からECUに供給される電圧。通信機能が駆動することを保証する電圧
VSUP	7	-	18	V	7	-	18	V	トランシーバに供給される電圧
IBUS_LIM	40	-	200	mA	40	-	200	mA	ドミナント出力時の最大駆動電流 VBUS＝18V
IBUS_PAS_dom	-1	-	-	mA	-1	-	-	mA	＜Rslaveを内蔵したトランシーバおよびスレーブノードの規定＞ 入力リーク電流バスがドミナント状態、かつトランシーバはレセシブ出力の状態 VBUS＝0V、VBAT＝12V
IBUS_PAS_rec	-	-	20	µA	-	-	20	µA	レセシブ（トランジスタOFF）時にトランシーバに流れる電流バスがレセシブ状態、かつトランシーバはレセシブ出力の状態 8V<VBAT<18V 8V<VBUS<18V VBUS>VBAT
BUS_NO_GND	-1	-	1	mA	-1	-	1	mA	＜Rslaveを内蔵したトランシーバおよびスレーブノードの規定＞グランド断線時にノードに引き込む電流ICのグランド端子の電圧＝Vsup 0V<VBUS<18V VBAT＝12V

LIN Physical Layer Spec
Revision 2.0
September 23, 2003; Page7より　JASO_D015-3_プロトコル仕様書より

5.4 CXPIの展望とLIN通信との住み分け

CXPIはLINと同様に、サブネットワークとして同じ領域であるボディ系、HMIのアプリケーションを導入の対象としています。

CXPIは新しいネットワークプロトコルです。従来LINが使用されてきたアプリケーションだけでなく、CANでないと実現できなかったアプリケーション

や、ネットワークを使った情報通信が困難なアプリケーションへの利用が可能になります。

LINの場合はポーリング方式によってマスタノードがスレーブを巡回しながら通信をするため、スレーブノードがすぐにデータを送信したい場合でも、スレーブが通信をしても良いタイミングでないと待たされてしまうという課題がありました。マルチマスタのCANはいつでも送信できるためにLINのような問題は発生しないものの、CANを搭載するためのコストやリソース面の制約で利用ができないケースも発生していました。

CXPIの登場はこのような課題を克服する新たなネットワークの選択肢と期待されています。例えば、HMIにおいてはLINよりも応答の早いスイッチ操作が必要な場合に利用できますし、CR発振など精度の低いクロックを持つメモリリソースの厳しいECUやクロックすら必要のないセンサーやアクチュエータなどでもネットワーク利用が可能になります（**図5.29**）。

現在の車載ネットワーク通信では通信する相手、目的や機能は固定されて設計されていますが、今後自動車においてもサービス志向の通信の必要性が高まっています。LINでは未知のノードを後から追加するということは得意ではありません。LINの場合はマスタのスケジュールであらかじめ通信相手を決めておく必要があるため、想定できないノードを後から追加する仕組みは複雑なものとなってしまいます。しかしCXPIの場合はどうでしょうか、CXPIはイベント通信が可能です。最初から相手を決めなくとも、バスからイベントで送信される通信を観測しておけば、どんなノードが接続されているかを容易に検出が可能です。

例えば、車室内のオプションとして後からスマートフォンの充電器を追加、シートを電動シートに変更、車内照明を好みのものへ変更、空気清浄機を追加など顧客のニーズにあわせた装備を追加し、車内のネットワークと接続してサービスするための機構（プラグアンドプレイ）を容易に実現できるでしょう。

このようなサービスをLINで実現するのは大変難しいかもしれませんが、従来からのシステムにおいてはLINは長い実績と安定した動作と供給が可能であるため、LIN・CXPIのそれぞれの長所を活かした領域で両方が運用されることでしょう（**図5.30**）。

スイッチ入力後から点灯までにタイムラグ
LINの送信イメージ
送信はあらかじめ決められた
スケジュールのタイミングで行われる

送信はイベントの発生時に行われる

図5.29　応答性が早い

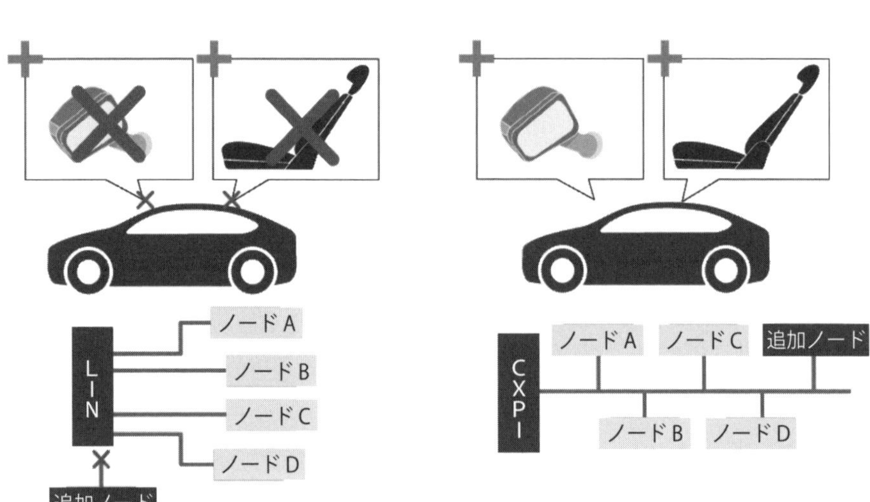

巡回先が決まっていてノードが自由に増やせない

簡単にノードが増やせる

図5.30　ノードを追加しやすい

第6章

ますます広がる車載Ethernet

6.1 車載Ethernet導入背景と主な用途

6.1.1. 車載Ethernet導入背景

車載Ethernetは、故障診断用の通信インターフェースとして使用したのが始まりです。ECUの高機能化に伴い故障診断用のデータ量が大幅に増加し、データ転送時間が長くかかっていたので、その時間を短縮するというのが目的でした。

その後、衝突被害軽減ブレーキなどの、複数の自動運転支援機能を統合した自動運転レベル2に相当する自動運転支援システムの採用など自動運転に向けたクルマの高機能化が加速することで、車載Ethernetの導入が加速しています。さらに、これに拍車をかけているのが最近よく耳にする言葉「CASE」です。自動車業界に大きな変革を促す「Connected、Autonomous、Shared&Services、Electric」の頭文字をとったものです。クルマがより便利になるために外の世界とつながり、自動化とともに電動化が進んでいきます。その対応のため、車載ネットワークやE/E（電気/電子）アーキテクチャが大きな変化を遂げようとしています。具体的な影響、変化として、以下のような点が挙げられます。

- 通信データ量の増大（センサーの高解像度化、セキュリティ対策）
- 分散処理から集中処理（高性能コンピュータの導入）
- 静的な構成から動的な構成（出荷後の機能追加や変更、リソースの共有）

つまり大量の情報を、必要としている相手により速く届ける必要が出てきたということです。将来の完全自動運転車が搭載する数多くのセンサーから送り出されるデータ量に対応するには、数Gbpsもの伝送速度が必要になるといわれています。現在の車載ネットワークプロトコルの主流であるCANの伝送速度は、より高速になったCAN FDでも最大8Mbpsですので、当然さばききれません。これらの問題の解決策として、Ethernetというプロトコルが注目を集めています。

6.1.2. 100BASE-T1の登場

Ethernetは、米国に本部を置くIEEE（Institute of Electrical and Electronics Engineers）のIEEE802.3というワーキンググループ（以下、IEEE802.3 WGと略す）により、伝送速度の高速化や新たな通信媒体などを規定した新たな規格の策定や現行規格の見直しが継続的に行われています。IEEE802.3 WGで策定された各バリエーションの規格名は、「XX BASE-YY」形式の呼び名が付けられています。「XX」の部分は伝送速度を意味し、「YY」の部分は通信媒体の種別を表しています。

現在世の中で最も普及しているEthernetプロトコルは、100Mbpsの伝送速度を規定した100BASE-TXなのですが、エミッション規格（放出ノイズのレベルを規定した規格）が厳しく、ケーブルの配策制約のある車載用途には向いていません。そこで、この問題を解決するために策定されたのが、100BASE-T1です。100BASE-T1は、自動運転を支える車載ネットワーク技術として、世界中の自動車メーカーで実装が進んでいます。今後は、超高解像度カメラの搭載や、クラウド経由で各種インターネットサービス機能を実装するために、さらに通信帯域を拡大した1000BASE-T1やCANやFlexRayの置き換えを狙った10BASE-T1Sといった車載Ethernet規格の実装が進むと言われています。

6.1.3. 車載Ethernetの主な用途

車載Ethernetを使用したシステム構成例を**図6.1**に示します。

各ドメインのネットワークに使用するEthernetの規格名は以下の通りです。

- 幹線（バックボーン）ネットワーク（1000BASE-T1）
- 自動運転、ADASシステムのローカルネットワーク（1000BASE-T1）
- IVIシステムのローカルネットワーク（100BASE-T1）
- Power Trainシステムのローカルネットワーク（10BASE-T1S）
- 故障診断インターフェース（100BASE-TX or-T1）

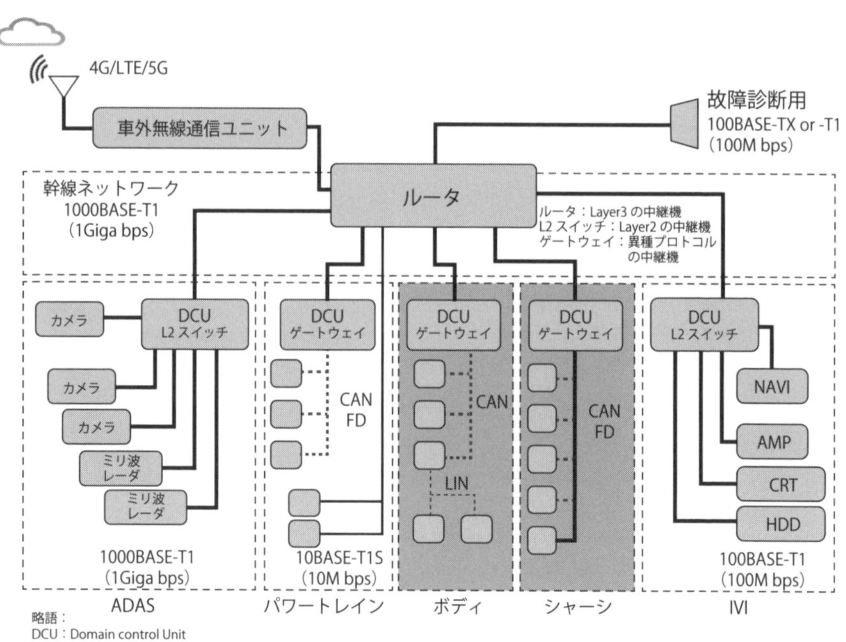

図6.1　車載Ethernet使用したシステム構成例

6.2 車載Ethernetのトラフィック

車載Ethernetで主に使用するトラフィックについて説明します。

6.2.1. トラフィックの種類

①ベストエフォートトラフィック（クラスBE）

ベストエフォートトラフィックとは、その場の状況や状態によって提供される伝送速度や通信品質などの性能が変化する通信トラフィックのことです。実効伝送速度が保証できないため、リアルタイム性が低くても問題のない診断系の通信サービスやインターネット接続関連の通信サービスに使用しています。トラフィッククラスの分類では、クラスBE（Best Effort）と命名しています。

②帯域保証トラフィック（クラスA、クラスB）

帯域保証トラフィックとは、いかなる状態においても設定した伝送速度や通信品質などを保証する通信トラフィックのことです。実効伝送速度が保証できるため、車載のAV機器の音や映像を遅延転送する必要があるAVストリーミング用の通信サービスに使用しています。トラフィッククラスの分類では、音声トラフィックはクラスA、映像トラフィックはクラスBと命名しています。

6.2.2. AV系ネットワークのトラフィック

IVIシステムなどのAV系のEthernetのネットワークは、IEEE802.1AVB規格（以下、AVB規格と略す）で、トラフィッククラスの仕様が規定されています。

AVB規格では、トラフィックの優先度とフレームの送信周期時間に基づいて、クラスA、クラスB、クラスBEの3つの異なるトラフィッククラスを扱うことができる仕様となっています。クラスAが最も優先度が高く、クラスBが次の優先度となり、その後にクラスBEが続きます。クラスBEは、上述の通り実効伝送速度を保証するものではないので、伝送遅延時間の規定はありません。**表6.1**に、AVB規格のトラフィック仕様を示します。

ここで注意しなければならないのは、伝送遅延時間にあるhopsという条件です。7hopsという条件なので、中継機（ブリッジもしくはスイッチ）を7台接続した場合の規定のように見えますが、AVB規格の場合は、リスナーがAVスト

表6.1　AVB規格のトラフィック仕様

トラフィッククラス	最大ペイロードサイズ	最短フレーム送信周期	伝送遅延時間(7hops)
クラスA 音声信号	1500byte	125μs	2ms
クラスB 映像信号	1500byte	250μs	50ms
クラスBE ベストエフォート	1500byte	—	—

リームを受信するまでの時間を規定しているため、リスナーを中継機としてカウントしています。すなわち、AVB規格の場合、**図6.2**に示すようにトーカーとリスナー間の中継機は、最大で6台という意味になります。

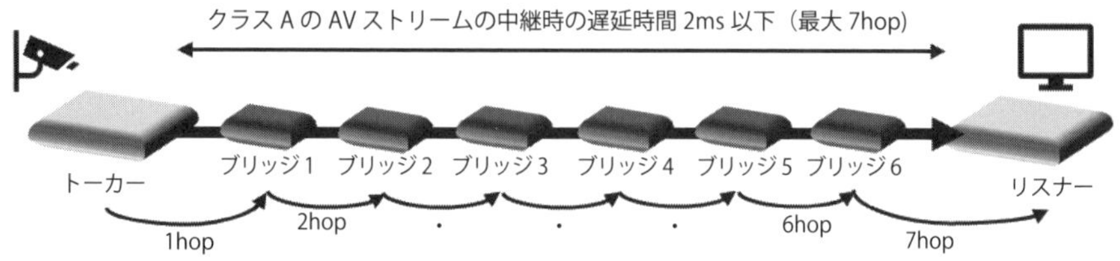

図6.2　AVB規格の中継器の数

コラム　制御系ネットワークのトラフィック

時間制約の厳しい制御系システムのネットワーク規格であるIEEE802.1TSN（以下、TSN規格と略す）では、制御データトラフィック(Control Data Traffic）というものを規定しています。最大のペイロードサイズは、1500byteから128byteに減りますが、伝送遅延時間は、2msから100μsに短縮されます。いずれ近いうちにこの規格も車載用途で使われることになります。**表6.2**に、TSN規格のトラフィック仕様を示します。

表6.2　TSN規格のトラフィック仕様

トラフィッククラス	最大ペイロードサイズ	最短フレーム送信周期	伝送遅延時間
クラスCDT 制御データトラフィック	128byte	500μs	100μs (5hops)
クラスA 音声信号	256byte	125μs	2ms（7hops）
クラスB 映像信号	256byte	250μs	50ms（7hops）
クラスBE ベストエフォート	256byte	—	—

6.3 OSI参照モデルの中での車載Ethernetの位置付け

Ethernetは、OSI参照モデルのデータリンク層にあるMAC副層と物理層の2つの階層に位置します。**図6.3**は、車載用途の性能基準や品質基準をクリアしたEthernetの規格名をOSI参照モデルに配置したものです。

データリンク層にあるMAC副層は、フレームデータの送受信方法や誤り検出方法などのローカルネットワークを構築するために必要なプロトコルと制御機構を規定しています。このMAC副層は、主にハードウェアで構成します。このハードウェアの名称ですが、Ethernet用MACなので、Ethernetの頭文字を取りEMACと呼んでいます。車載EthernetのEMACですが、データリンク層のMAC機能とネットワーク層のVLAN機能をハードウェア化したEMACと、ネットワーク層の規格であるAVBの機能の一部をさらに追加実装したEMACの2種類があります。

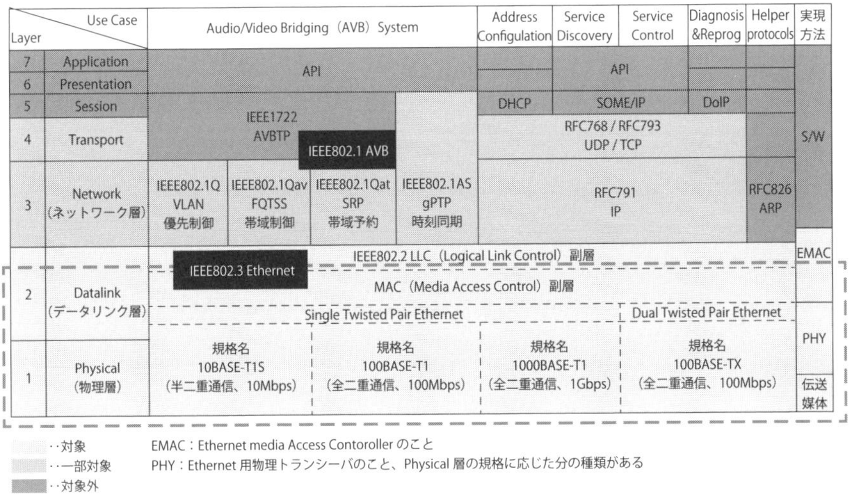

Layer		Use Case: Audio/Video Bridging（AVB）System				Address Configulation	Service Discovery	Service Control	Diagnosis &Reprog	Helper protocols	実現方法
7	Application	API					API				S/W
6	Presentation										
5	Session	IEEE1722 AVBTP				DHCP	SOME/IP		DoIP		
4	Transport	IEEE802.1 AVB				RFC768 / RFC793 UDP / TCP					
3	Network（ネットワーク層）	IEEE802.1Q VLAN 優先制御	IEEE802.1Qav FQTSS 帯域制御	IEEE802.1Qat SRP 帯域予約	IEEE802.1AS gPTP 時刻同期	RFC791 IP				RFC826 ARP	
2	Datalink（データリンク層）	IEEE802.2 LLC（Logical Link Control）副層									EMAC
		IEEE802.3 Ethernet / MAC（Media Access Control）副層									
		Single Twisted Pair Ethernet						Dual Twisted Pair Ethernet			PHY
1	Physical（物理層）	規格名 10BASE-T1S（半二重通信、10Mbps）	規格名 100BASE-T1（全二重通信、100Mbps）	規格名 1000BASE-T1（全二重通信、1Gbps）				規格名 100BASE-TX（全二重通信、100Mbps）			伝送媒体

‥対象
‥一部対象
‥対象外

EMAC：Ethernet media Access Contoroller のこと
PHY：Ethernet 用物理トランシーバのこと、Physical 層の規格に応じた分の種類がある

図6.3　OSI参照モデルの中での車載Ethernet規格

物理層は、伝送路を構成するケーブルやコネクタなどの伝送媒体と、伝送媒体へ電気信号などに変換するためのトランシーバ（このトランシーバを、Physical層の頭3文字を取ってPHYと呼んでいます）を規定した規格です。

●関連情報　AVB規格を構成する3つの規格

①IEEE802.1AS gPTP（generic Precision Time Protocol）

gPTPは、Ethernetのネットワークに接続している全てのECUのネットワーク用クロックを同期させるために使用する通信プロトコルです。

②IEEE802.1Qat SRP（Stream Reservation Protocol）

実行伝送速度を保証するために、送信ノードと受信ノード間で使用するEthernetフレームごとに、伝送帯域の予約を行うプロトコルです。

③IEEE802.1Qav FQTSS（Forwarding and Queuing of Time-Sensitive Streams）

FQTSSは、時間制御ストリームデータの転送とキューイングを規定したプロトコルです。VLANタグの優先度順位符号を使用して、データを通す順番や量を調整します。

6.4 車載Ethernet搭載ECUのハードウェア構成

車載Ethernet搭載ECUのハードウェア構成を**図6.4**に示します。デバイスの構成としては、車載Ethernet用マイコンと車載Ethernet用PHYとアプリケーションに依存した回路ブロックによって構成します。

6.4.1. 車載Ethernet用マイコン

車載Ethernet用マイコンは、既存のEMACにAVB用のハードウェアを追加したコントローラを内蔵したマイコンが主流になる可能性が大です。追加ハードウェアは、**図6.5**に示すようにgPTP用タイムスタンプとFQTSS用優先送信制御のためのハードウェアを追加しているだけなので、既存EMACの完全な上位互換ということが言えます。

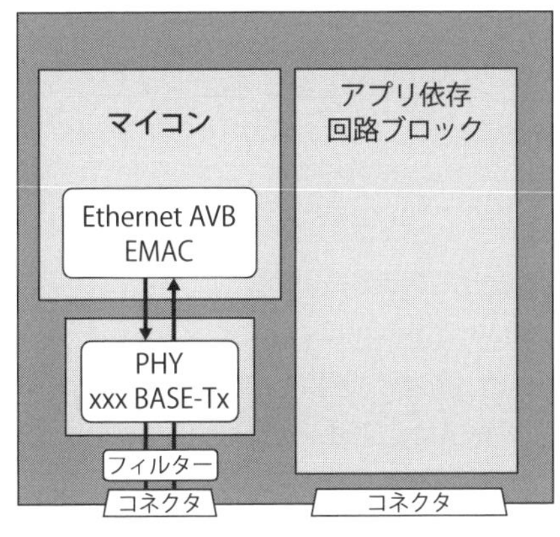

図6.4　車載Ethernet搭載ECUの基本構成

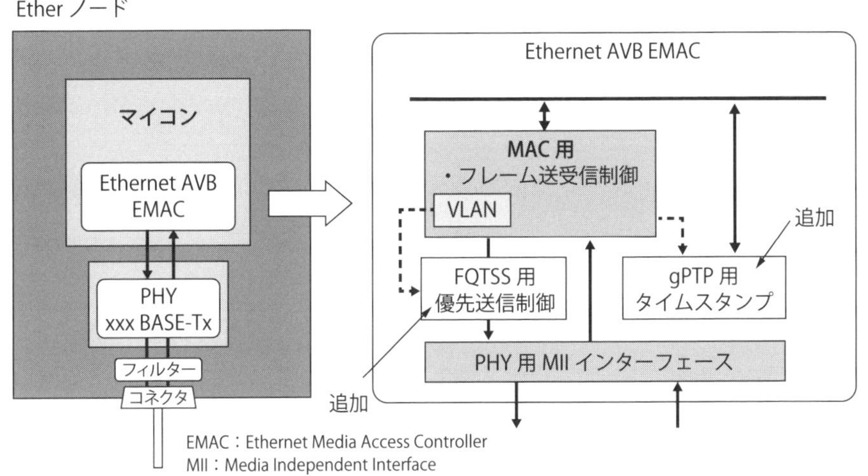

図6.5　車載Eternet用マイコン

①gPTP用タイムスタンプ

gPTP用タイムスタンプのハードウェアは、Ethernetフレームの開始を意味するSFD（スタートフレームデリミタ）のタイミングで、gPTPタイマ値を所定のレジスタもしくはメモリに記憶するハードウェアです（**図6.6**）。このハードウェアで計測したタイマ値から、gPTPのスレーブは時刻同期（補正）処理を行います。

この時刻同期処理ですが、このハードウェアがあることで、複数のノードのクロックを1μs以内の精度で同期させることができます。

②FQTSS用優先送信制御

FQTSS用優先送信制御のハードウェアは、Traffic Queの優先度を判定し、高優先度のものから順に送信するというハードウェアです（**図6.7**）。

6.4.2. 車載Ethernet用PHY

車載Ethernet用PHYは、アプリケーションに応じて使い分けがなされます（**図6.8**）。故障診断用インターフェースが必要なECUは、100BASE-TXの物理層を使用し、IVIシステムやADASシステム用としては100BASE-T1を使用します。これらの物理層を構成するPHYや伝送媒体はすでに主要なPHYメー

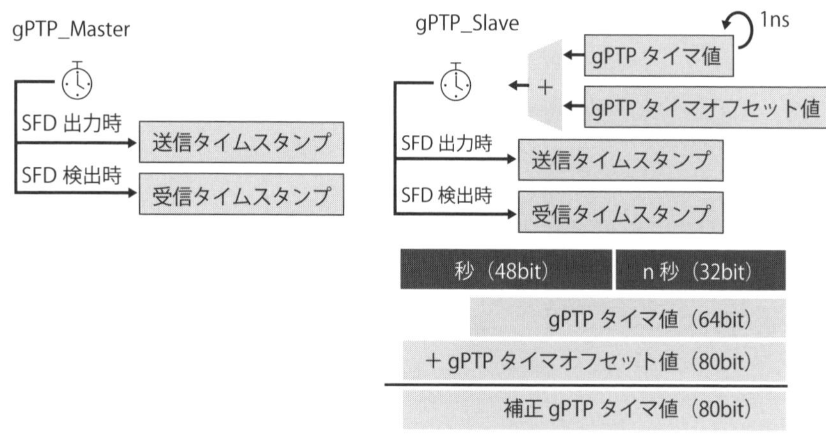

図6.6　gPTP　タイムスタンプ用ハードウェア

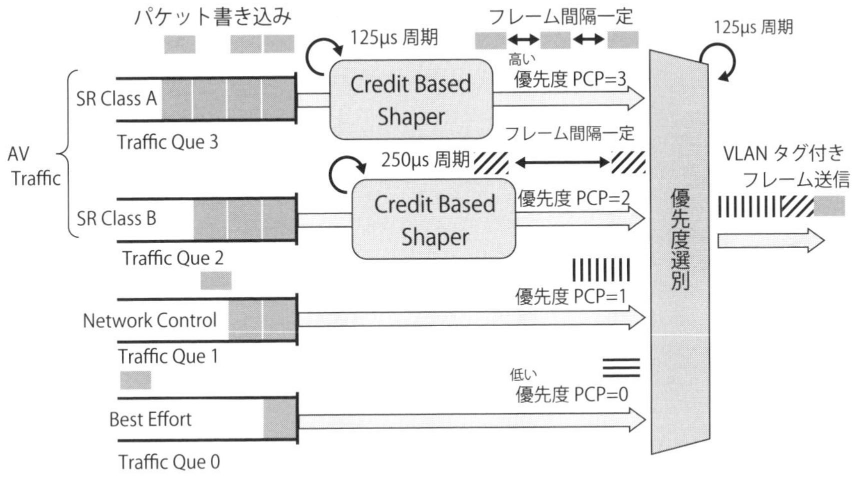

図6.7　FQTSS用有線送信制御のハードウェア

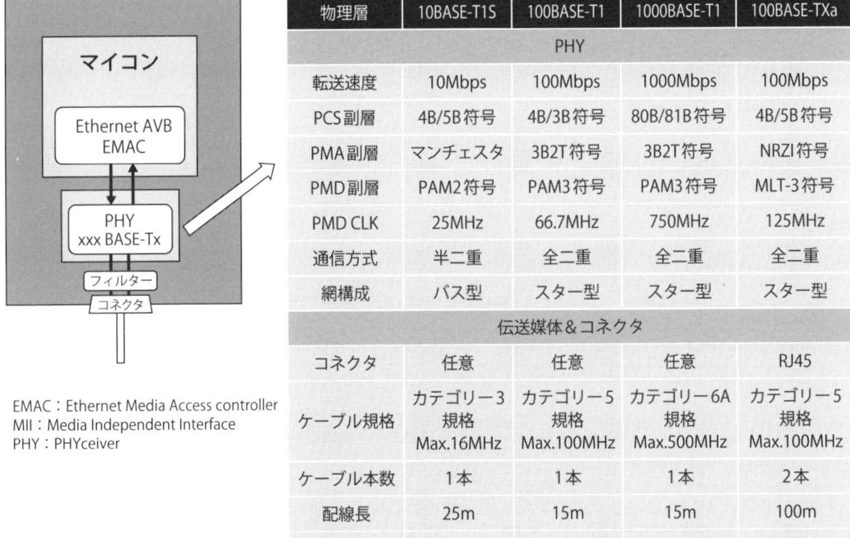

物理層	10BASE-T1S	100BASE-T1	1000BASE-T1	100BASE-TXa
PHY				
転送速度	10Mbps	100Mbps	1000Mbps	100Mbps
PCS副層	4B/5B符号	4B/3B符号	80B/81B符号	4B/5B符号
PMA副層	マンチェスタ	3B2T符号	3B2T符号	NRZI符号
PMD副層	PAM2符号	PAM3符号	PAM3符号	MLT-3符号
PMD CLK	25MHz	66.7MHz	750MHz	125MHz
通信方式	半二重	全二重	全二重	全二重
網構成	バス型	スター型	スター型	スター型
伝送媒体＆コネクタ				
コネクタ	任意	任意	任意	RJ45
ケーブル規格	カテゴリー3 規格 Max.16MHz	カテゴリー5 規格 Max.100MHz	カテゴリー6A 規格 Max.500MHz	カテゴリー5 規格 Max.100MHz
ケーブル本数	1本	1本	1本	2本
配線長	25m	15m	15m	100m
実装状況	これから	実装済	これから	実装済

図6.8　代表的なEthernet用PHY

カー、媒体メーカーから供給されています。

10BASE-T1Sや1000BASE-T1の規格化が遅かったこともあり、PHYの供給に関しては、PHYメーカーによってバラバラな状況です。

6.5 Ethernetの通信フレーム構成

6.5.1. Ethernetのフレームフォーマット

Ethernetで使用する主なフレームフォーマットは、DIX規格の「Ethernet Ⅱフレーム」とIEEE規格の「IEEE802.3フレーム」の2種類です（**図6.9**）。各フレームには、宛先や送信元、データ内容を定義するフィールドが定義されています。最も一般的に利用されているフレームは「Ethernet Ⅱフレーム」で、Ethernetフレームといった場合、大抵の場合は「Ethernet Ⅱフレーム」のことを指します。

各フレームの詳細は後で説明しますが、「Ethernet Ⅱフレーム」と「IEEE802.3フレーム」の違いは、プリアンブルフィールドの後に「SFDフィールド」が追加されている点と「タイプフィールド」が、「長さ/タイプフィールド」となっている点です。また、送信元アドレスのフィールドの後にオプションとして「VLANタグヘッダとなるTPIDとTCIフィールド」を選択することが可能となっている点です。

車載Ethernetでは、セキュリティ面の強化とEthernet AVB（IEEE 802.1AVB）への対応のために、オプションのVLANタグをつけた「IEEE802.3フレーム」が主流になりつつあります。

6.5.2. プリアンブルフィールド

プリアンブルフィールドは、Ethernetに接続されているノード同士で送受信を行う際の同期を図るフィールドです（**図6.10**）。通信を行う際に新たなフレー

1.DIX規格のEthernet IIフレーム

Ethernet IIフレーム（64〜1518オクテット）

物理ヘッダ	Ethernetヘッダ			ペイロード	トレーラ	アイドル
8オクテット	6	6	2	46〜1500	4	12〜
プリアンプル	宛先アドレス	送信元アドレス	タイプ	データ	FCS	IFG

2.IEEE規格のIEEE802.3フレーム

IEEE802.3フレーム（64〜1518オクテット）

物理ヘッダ		Ethernetヘッダ			ペイロード	トレーラ	アイドル
7	1	6	6	2	46〜1500	4	12〜
プリアンプル	SFD	宛先アドレス	送信元アドレス	長さ／タイプ	データ（MTU）	FCS	IFG

3.IEEE規格のVLANタグ付きIEEE802.3フレーム（オプション）

VLANタグ付きIEEE802.3フレーム（68〜1522オクテット）

物理ヘッダ		Ethernetヘッダ					ペイロード	トレーラ	アイドル
7	1	6	6	2	2	2	46〜1500	4	12〜
プリアンプル	SFD	宛先アドレス	送信元アドレス	TPID	TCI	長さ／タイプ	データ（MTU）	FCS	IFG

注・Ethernetでは、8bitをバイト（byte）とは呼ばず、オクテット（octet）と呼んでいます。
・ペイロード部の最大値（MTU：Maximum Transmission Unit）は、いずれも1500オクテットです。
・非標準規格ですが、MTUサイズを9Kオクテットにしたジャンボ・フレームというものもあります。

略語：
SFD：Start Frame Delimiter
FCS：Frame Check Sequence
TPID：Tag Protocol Identifier
TCI：Tag Control Information

図6.9　Ethernetのフレームフォーマットの色々

Ethernet IIフレームのプリアンプルフィールド

10101010	10101010	10101010	10101010	10101010	10101010	10101010	10101011
1	2	3	4	5	6	7	⑧
プリアンブル							

IEEE802.3フレームのプリアンプルフィールド

10101010	10101010	10101010	10101010	10101010	10101010	10101010	10101011
1	2	3	4	5	6	7	⑧
プリアンブル							SFD

図6.10　プリアンブルフィールドの色々

ムが始まるという信号を送ることで、送信の開始を認識します。「Ethernet Ⅱフレーム」と「IEEE802.3フレーム」が出力するbitパターンは同じです。8オクテット（64bit）のフィールドで、「10101010」を7回連続で出力後、「10101011」を8番目に出力するというパターンです。違いは8番目の出力パターンにSFDという名称があるかないかだけです。

6.5.3. 宛先アドレスフィールド

宛先アドレスフィールドは、宛先となるノードのMACアドレスを設定することで、どの宛先に送信するのかを定義します。郵便物で例えると封筒に記載された宛先に近いイメージです。データサイズは6オクテットです。この宛先アドレスに設定するMACアドレス値によって、ユニキャスト、マルチキャスト、ブロードキャストといった通信方法の使い分けをします。

①MACアドレスとは（Media Access Control address）

MACアドレスとは、機器の製造段階でハードウェアに登録する固有識別子（番号）です。物理アドレスともいいます。MACアドレスの表記方法は、48bitの符号（2進数）を1オクテットごとにダッシュ（-）やコロン（：）の記号で区切って“0x”を省略した16進数で表記します（**図6.11**）。本書では、ダッシュ（-）の記号で表記します。

MACアドレス（48bit）の表記方法
A1-A2-A3-12-34-56

図6.11　MACアドレス表記方法

②MACアドレスの構造

図6.12のとおり、MACアドレスは48bitの固定長です。前半の24bitは機器を供給するベンダーに割り当てられた固有の識別子（番号）で、OUI（Organizationally Unique Identifier）、ベンダーID、company idと呼ばれています。後半の24bitは製品IDと呼ばれる部分で、個々の製品に重複しない番号が

MACアドレス（48bit）					
OUI（上位24bit）			製品ID（下位24bit）		
1番目	2番目	3番目	4番目	5番目	6番目

図6.12　MACアドレスの構造

割り当てられます。製品IDの管理はベンダーに任されています。

IEEE（Institute of Electrical and Electronics Engineers）とベンダーがそれぞれの部分を管理することで、結果として世界で1つだけの重複しないMACアドレスが保証されています。

MACアドレスを必要とするベンダーはIEEEに申請してOUIの割り当てを受けなければなりません。1つのOUI（ベンダーID）があれば24bitの製品IDを使って約1,660万個のMACアドレスを作れますが、不足するような時は複数のOUIを取得することも可能です。実際に多くのベンダーが複数取得しています。IEEEでは、このOUIの一覧を次のサイト（http://standards-oui.ieee.org/oui/oui.txt）で公開しています。

③MACアドレスに含まれる重要情報

MACアドレスの中には、ベンダーID以外に重要な意味を持つbitがあります。この重要なbitは、OUIの先頭第1オクテットのbit0とbit1に割り当てられています（**表6.3**）。bit0に割り当てられているものがI/G（Individual/Group）

表6.3　OUI先頭の第1オクテット

OUI先頭の第1オクテット			
bit位置	bit名称	bit値	意味
2	ベンダーID	0b000000 ～ 0b111111	ベンダーIDの一部
1	G/L	0	GlobalAddress（正規出荷品）
		1	LocalAddress（プロト品）
0	I/G	0	ユニキャストアドレス
		1	マルチキャスト&ブロードキャストアドレス

bitと呼ばれているもので、転送先がひとつなのか複数あるのかを指定します。bit1に割り当てられているものは、G/L（Global/Local）bitと呼ばれているもので、開発段階の閉じた環境で使用するプロト品とベンダーが正規に出荷する製品かを指定します。

④ユニキャストとマルチキャスト、ブロードキャスト

I/G bitが0の場合、そのMACアドレスは1台のノードが対象であり、ノード同士が1対1で通信を行うユニキャスト通信を示しています。一般的な通信はユニキャストであり、機器の製造段階でハードウェアに登録しているMACアドレスがそのまま使われます。受信側は、宛先MACアドレスと登録している自ノードのMACアドレスを比較し、一致した時にフレーム受信という動作を行います。

一方でI/G bitが1の場合は、複数のノードを通信の対象とした1対多のマルチキャスト、ブロードキャスト通信であることを示します。受信側は、宛先MACアドレスと登録している自ノードのMACアドレスを比較するのではなく、マルチキャスト、ブロードキャスト用のMACアドレスと比較し、一致した時にフレーム受信という動作を行います。

マルチキャストは映像の同時配信サービスに用いられますが、例えばIPv4のマルチキャストの場合、OUI部分の24bitが01-00-5E、続く1bitが0と（先頭からの25bitが）決められています。また、MACアドレスの全てのbitを1（FF-FF-FF-FF-FF-FF）にする通信もあります。ブロードキャストと呼ばれるもので、LANに接続しているすべてのノードがフレーム受信という動作をします。**表6.4**に、I/Gbitが1の場合のMACアドレスの一部を記載します。

表6.4　I/Gbit＝1のMACアドレスリスト（一部）

MACアドレス	通信の種類	規格	備考
01-80-C2-00-00-01	マルチキャスト	IEEE802.3x	フロー制御用（PAUSE）
01-00-5E-X1-XX-XX※	マルチキャスト	IPv4	下位23bitは、IPアドレス
33-33-XX-XX-XX-XX※	マルチキャスト	IPv6	下位32bitは、IPアドレス
FF-FF-FF-FF-FF-FF	ブロードキャスト	ARP	ARPプロトコルなど

※X1-00から7F、XX-00からFFの範囲

6.5.4. 送信元アドレスフィールド

送信元アドレスフィールドは、送信元のMACアドレスを設定します。こちらも郵便物で例えると差出人が記載されているイメージです。データサイズは6オクテットです。機器の製造段階でハードウェアに登録したMACアドレスがそのまま使われます。

6.5.5. VLANタグヘッダフィールド

VLANタグヘッダフィールドは、VLAN（Virtual LAN）用のタグヘッダを設定します（**表6.5**）。このフィールドはVLANを利用する場合にだけ付加するオプションのフィールドです。VLANとは、1つのスイッチング・ハブのポート（もしくはMACアドレス）をグループ分けし、それぞれのグループを独立したLAN（ブロードキャスト・ドメイン）として機能させるメカニズムです。データサイズは、4オクテットです。

表6.5　VLANタグヘッダフィールド機能

VLANタグフィールド				
名称	TPID	TagControl（16bit）		
		PCP	CFI	VLAN ID
bitサイズ	16	3	1	12
説明	IEEE802.1Q VLAN-Tag付きフレームであることを示すフィールド	IEEE802.1pで定義された優先度を指定するしするフィールド。8種類の優先度を指定することができる	MACアドレスが正規フォーマットかどうかを示すフィールド 正規時：0b0 非正規：0b1	所属しているVLANの番号を示します。予約済の番号があるので最大4094個のVLANを扱うことができる
設定値	0x8100	0b000（優先度最低） ・ 0b111（優先度最高）	0b0	0b0000 0000 0010 ～ 0b1111 1111 1110

●AVB規格の場合のPCP（優先順位符号）

AVB規格が規定しているPCPとトラフィックタイプとの対応付けを**表6.6**に示します。

表6.6 PCPとトラフィックタイプとの対応

PCP	bitパターン	トラフィックタイプ
0（lowest）	0b000	ベストエフォート（クラスBE）
1	0b001	
2	0b010	ビデオ信号（クラスB） 伝送遅延とジッタが50ms未満
3	0b011	音声信号（クラスA） 伝送遅延とジッタが2ms未満
4	0b100	
5	0b101	
6	0b110	
7（highest）	0b111	

6.5.6. 長さ/タイプフィールド

Ethernet Ⅱではタイプ、IEEE802.3では長さ/タイプと定義しています。サイズが2オクテットのフィールドですが、Ethernet ⅡフレームとIEEE802.3フレームが実質的に違うのはこのフィールドだけです。ここでは上位互換となっているIEEE802.3フレームの長さ/タイプについて説明します。

IEEE802.3では、このフィールドに設定する値が0x05FF以下の場合を長さフィールドとし、0x0600（1536）以上の場合をタイプフィールドという使い分けをしています。長さフィールドに設定する値は、使用するフレームのペイロードサイズです。設定可能な範囲は、ペイロードサイズの範囲の46～1500となっています。

タイプフィールドには、多重化のために次に続くペイロードフィールドに格納する上位層プロトコルを示すID番号を設定する仕様となっています。

表6.7に、代表的なタイプ番号と対応プロトコル一覧を記載します。

6.5.7. ペイロードフィールド

ペイロードフィールドは、最小46オクテットから最大1500オクテットまでの

表6.7　タイプ番号とプロトコル対応表

タイプ	プロトコル	備考
0x0800	Internet Protocol version 4（IPv4）	UDP、TCP、ICMPフレーム
0x0806	Address Resolution Protocol（ARP）	ARPフレーム
0x0842	Wake-on-LAN	マジックパケットフレーム
0x8100	VLAN-taggeted frame（IEEE 802.1Q）	VLANフレーム
0x86DD	Internet Protocol version 6（IPv6）	
0x8808	イーサネットフロー制御	Pauseフレーム

データを格納できるフィールドです。もし、データが46オクテット未満の場合にはパディングデータを付加し46オクテットにします。これは、フレームの全体長（先頭のプリアンブル部は除き、宛先アドレスからFCS部まですべて含んだ長さ）が64オクテット以上になるようにするためです。

標準規格として承認はされていませんが、最大値を約9Kオクテットに拡張した応用がすでに行われています。従来のフレームと区別するために約9Kオクテットに拡張したフレームをジャンボフレームと呼んでいます。ペイロードサイズを約9Kオクテットにした理由は、UNIX系OSでよく使われているNFS（ネットワーク・ファイル・システム）などを考慮しているからです。一般的なNFSの実装では、ファイルは8Kbytesのブロックに区切られてUDPプロトコルを使って転送していますが（現在ではTCPを使う方法も広く普及している）、このUDPパケットを分割することなく一度に送信できるようにするため、8Kbytesのデータといくらかのヘッダ情報などをすべて格納できるように9Kオクテットのペイロードサイズが選ばれました。

6.5.8. FCS（Frame Check Sequence）フィールド

FCSフィールドは、フレームのエラーを検出するためのフィールドです。データサイズは、4オクテットです。宛先アドレス、送信元アドレス、長さ／タイプ、ペイロードの各フィールドから計算したCRC（Cyclic Redundancy Check）値を設定します。受信側でも同様にCRCを計算し、FCSフィールドの値と一致しない場合はエラーが発生したと判断し、そのフレームを破棄します。

CRCの計算を行うためのCRC多項式は、CRC-32（多項式の長さは33bit）を使用しています。CRC-32の生成多項式は次の通りです。

CRC-32の生成多項式（除数＝0x104C11DB7）

$$= x^{32} + x^{26} + x^{23} + x^{22} + x^{16} + x^{12} + x^{11} + x^{10} + x^{8} + x^{7} + x^{5} + x^{4} + x^{2} + x + 1$$

計算モデル

商の値は使用しないため省略

0x104C11DB7）フレームデータ（FCSフィールドは、0x00000000）

0x104C11DB7

中間演算結果

0x104C11DB7

中間演算結果

0x104C11DB7

あまり……0x12345678　（32bitのCRC値）

このCRC-32のエラー検出率は、フレーム長が376オクテットから約11kオクテットまでは同じですが、それを超えると低下します。OTA（Over The Air）によるプログラムの更新を行う際のジャンボフレーム（約9Kオクテット）でも問題なく使用できます。

6.5.9. IFG（Inter Frame Gap）フィールド

1つのノードがずっと帯域を占有しないように、フレーム送信後の待機時間を定義したフィールドです。待機時間は、12オクテットのデータを出力するのに要する時間です。この時間を待たないと、次のフレームを送信することはできません。

6.6 データリンク層で扱う特別な通信フレーム

上位のアプリケーションやプロトコルで処理をすると、タイムラグが生じシステムの応答特性が非常に悪くなる場合があります。これを回避するために、データリンク層で下記の特別なフレームを使用した制御を行っています。

・PAUSEフレームを使ったフロー制御

・マジックパケットフレームを使ったWake On LAN制御

6.6.1. PAUSEフレームを使ったフロー制御

伝送路上のトラフィックが増大し、L2スイッチの受信バッファの容量を超えてしまう状態（輻輳状態）を回避するために、フレームの流れる量を制御することをフロー制御といいます（**図6.13**）。全二重のEthernetシステムでは、IEEE802.3xのMAC制御プロトコルが規定されています。

MAC制御プロトコルは、ステーション間での送受信処理をリアルタイムで制御するためのもので、Ethernetフレーム中の長さ／タイプフィールドに0x8808が設定されたMAC制御フレームが使われます。フレームのペイロードフィールドは46オクテットに固定されていて、最初の2オクテットに操作コードを設定し、そのコードによってさまざまな制御を行えるようになっています。

MAC制御プロトコルでフロー制御を行うためには「PAUSEコマンド」を使用します。PAUSEコマンドはMAC制御フレームの宛先アドレスに「01：80：C2：00：00：01」、操作コードに「0x0001」、操作コードに続く2オクテットに送信の「中断時間（0～65,535）」を指定したPAUSEフレームを使用します（**表6.8**）。PAUSEフレームを受け取ったノードは、そのペイロードフィールドに指定されている「中断時間×512bit時間」の間（512bitはフレームの最小サイズ）、送信を中断することでフロー制御を実現します。「中断時間」に0を指定すると送信再開の指示になります。

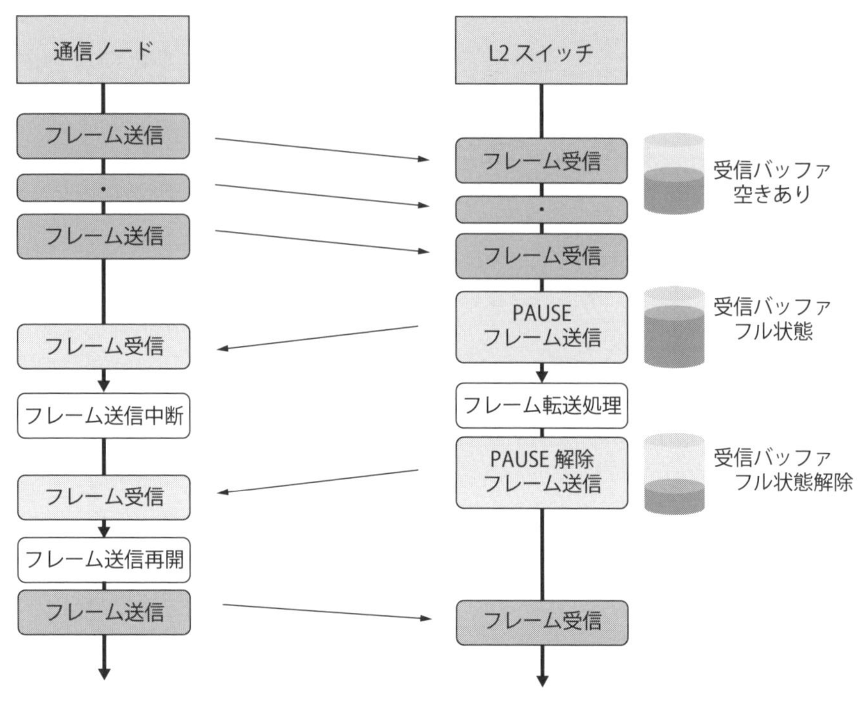

図6.13　PAUSEフレームの制御

表6.8　PAUSEフレーム

物理ヘッダ		Ethernetヘッダ			ペイロード			トレーラ
7	1	6	6	2	2	2	42	4
プリアンブル	SFD	宛先アドレス 01-80-C2-00-00-01	送信元アドレス	長さ／タイプ 0x8808	操作コード 0x0001	中断時間 可変	パディング	FCS

6.6.2.　マジックパケットフレームを使ったWake On LAN制御

Wake On LAN制御（以下、WOLと略す）とは、マジックパケットフレームを使って、ネットワークに接続しているスリープ状態のノードの電源をONにする機能のことです。マジックパケットは、同期化ストリームである0xFFを6オクテット置き、続いてWake UpするノードのMACアドレスを6オクテット×16回という構成になります（**表6.9**）。

表6.9　マジックパケットフレーム（Ethernetペイロードの場合の例）

物理ヘッダ		Ethernetヘッダ			ペイロード		トレーラ
7	1	6	6	2	6	96	4
プリアンプル	SFD	宛先アドレス FF-FF-FF-FF-FF-FF	送信元アドレス	長さ／タイプ 0x0842	同期化ストリーム 0xFF×6	ウェイクアップ対象のMACアドレスを16個分登録	FCS

このマジックパケットを送る方法ですが、Ethernetのペイロードとして送る方法とトランスポート層であるUDPヘッダのペイロードとして送る方法があります。車載ネットワークでは、消費電流を極力下げるために、物理層のPHYのハードウェアにマジックパケットのフレームを検出させ、主電源をONにするといった制御を行うために、Ethernetのペイロードとして送る方法をとっています。

①WOLに対応する主な条件

WOLに対応するためには、次の3条件を満たす必要があります。

1. ECU基板に実装されている各部品類の電源制御仕様が、ACPI（Advanced Configuration and Power Interface）2.0xの電源制御仕様に準拠した構成であること
2. OSがACPI2.0x仕様に対応していること
3. マジックパケットを解釈できるPHYを実装すること（車載Ethernetの特徴）

ACPI2.0x仕様で定義しているスリーピングステートと各部品への電源供給の関係を**表6.10**に示します。

②車載EthernetでのWOL応用例

車に実装している制御系ECUの場合、CPUやROM、RAM、Ethernet用MACコントローラなどの周辺ペリフェラル回路はマイコンに組み込まれているため、電源の制御を部品ごとに細かく実施することができません。車載ECUで使用可能なスリーピングステートは、S0、S1、S4、S5の4種類のステートになります。**図6.14**、**図6.15**に代表的な応用例を以下に示します。

表6.10　スリーピングステート

スリーピングステート名称	ECUの状態	電源供給状態			WOL機能	消費電力
		CPU	RAM	PHY		
S0モード	フル稼働状態	ON	ON	ON	無効	大
S1モード	スタンバイ状態 ・CPUクロック停止状態	ON	ON	ON	有効	
S2モード	サスペンド状態1 ・CPUへの電源供給を遮断	OFF	ON	ON	有効	
S3モード	サスペンド状態2 ・復帰情報をメモリに保存	OFF	ON	ON	有効	
S4モード	ハイバネーション状態 ・復帰情報をHDDに保存	OFF	OFF	ON	有効	
S5モード	シャットダウン状態 ・ソフトによる電源オフ状態	OFF	OFF	ON	有効	小

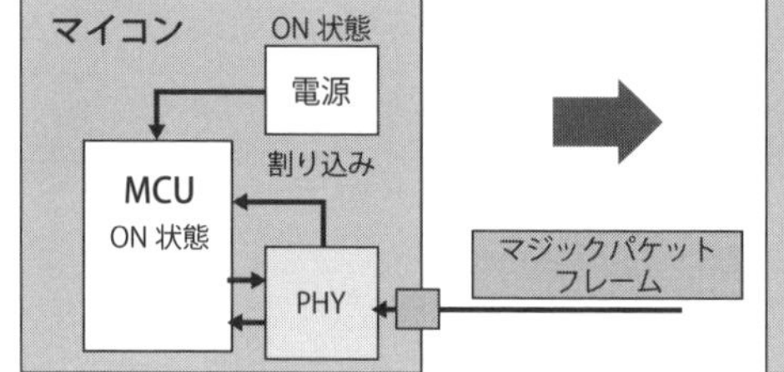

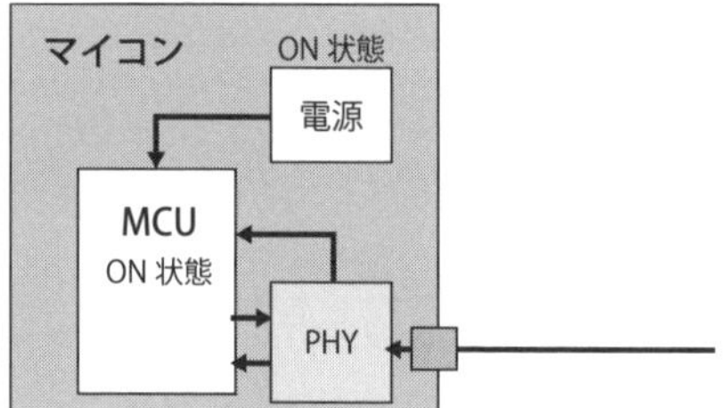

S1 モードからの復帰スタンバイ状態からの復帰処理となるので、起動時間は早い。ただし、待機電流は大。

図6.14　S1モードからの復帰処理

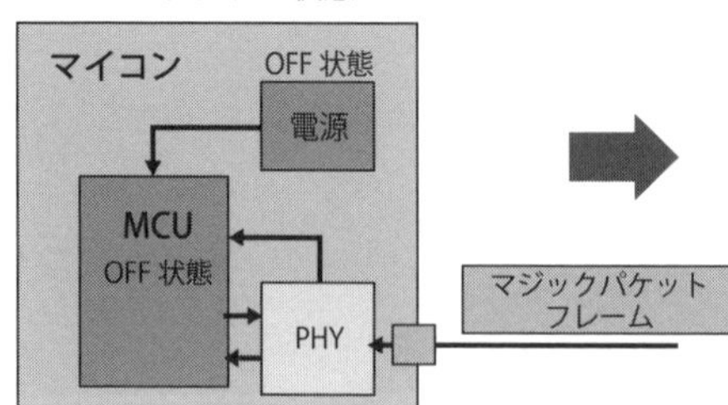

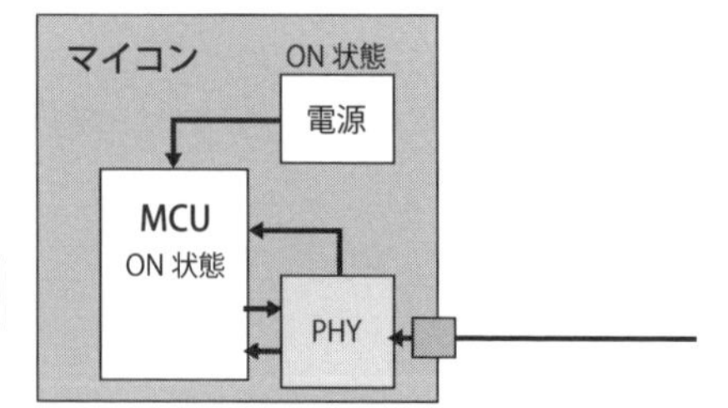

S5 モードからの復帰リセットからの再スタート処理となるので、起動時間は遅い。ただし、待機電流は小。

図6.15　S5モードからの再スタート処理

6.7 Ethernetフレームの通信手順

Ethernetは、伝送路の使用状況を監視し、伝送路の空きを確認後にデータ転送を行うCSMA/CD（Carrier Sense Multiple Access/Collision Detection）という通信方式を採用しています。この方式は、半二重通信の伝送路用の通信方式ですが、Ethernetでは互換性を維持するために全二重通信の伝送路を持つ100BASEや1000BASEなどでも同じ通信方式を採用しています。

6.7.1. CSMA/CD方式通信

ベストエフォート型の通信サービスを行うための通信手順となります。IEEE 802.3にて標準化されています。

①送信処理

CSMA/CD方式の送信方法は、送信前に伝送路にキャリア（信号）がないことを確認してから送信を開始します。複数のノードが同時に送信した場合、伝送路上でデータの衝突が発生しますが、この場合は送信を一時中断しランダムな時間を待って再送信を行います。**図6.16**に制御フローと詳細の動作を処理ごとに説明します。

1. フレームデータの準備

上位層が送信Queに書き込んだパケットデータをIEEE802.3のフレームに加工します。

2. アイドル状態の確認

伝送路上の信号の状態を確認します。伝送路上に流れている信号を「キャリア(Carrier)」と呼んでいます。このキャリア信号が流れている場合は、他のノードが送信中ということを意味し、流れていない場合は、どのノードも送信をしていないことを意味します。このキャリア信号が流れていない状態を「アイドル」

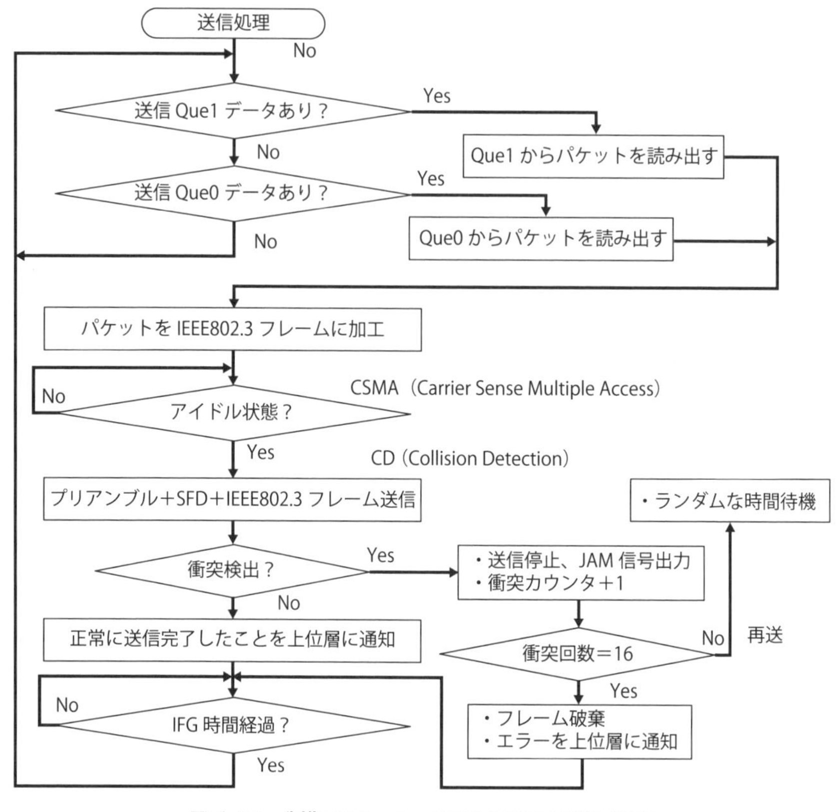

図6.16　制御フロー1　CSMA/CDの送信処理

と呼んでいます。

3. フレームデータの送信の開始

伝送路がアイドル状態であることを確認し、プリアンブルフィールドの信号を出力後、IEEE802.3のフレーム出力を開始します。

4. 衝突（コリジョン）検出

送信ノードは送信中も伝送路を監視しています。送信中に衝突を検出したら、送信を停止し（プリアンブル部分を送信中ならば、プリアンブルだけは送信してから）、衝突が発生したことを他のノードに確実に伝えるために、最低でも32bitのJAM信号（0x55555555）を送信します。

5. 再送処理

衝突が発生した場合、JAM信号を送信したノードは待ち時間をランダムに選択し、その待ち時間の後で再送信を行います。もし、再送信でも衝突が発生した場合は、再送処理を繰り返します。ただし、再送信を繰り返すことができるのは15回までとしています。

つまり衝突は、データが損失したということではなく、ノードがその時点で伝送路のアクセス権の取得に失敗したということを表しているだけにすぎません。Ethernetでは、衝突によるこの再送処理を「エクスポネンシャルバックオフ」と呼んでいます。再送回数が増えると指数関数的に送信処理の待ち時間を長くするというアルゴリズムを使用していることから、このような名称にしています。

6. 終了処理

正常もしくは異常終了を上位層に通知します。次フレームのためのインターバル時間（IFG）として、96bit時間（96bit分の信号を送信するのにかかる時間）を待機します。その他のノードは、IFGの間に送受信回路をリセットして、次の送受信動作に備えます。このような仕様になっている理由は、ひとつのノードが伝送路を占有し続けることがないようにすべてのノードの送信権を平等にしているからです。

②エクスポネンシャルバックオフの待ち時間

最初の再送信の待ち時間は短いので衝突による遅延も非常に短くなりますが、接続しているノードが大量のフレームを送信している状況では、再度衝突する可能性が高くなります。短い待ち時間で再送信を繰り返し続けると、伝送路のトラフィック量は下がらず、場合によってはトラフィック量をさらに増やしてしまうことにもなりかねません。そこで、「エクスポネンシャルバックオフ」と呼ばれる方式を採用しています。再送信のタイミングを分散させるために、再送信のたびに選択する待ち時間を指数的に伸ばしています（**表6.11**）。再送信の待ち時間は、次のような式で求めることができます。

0　≦　再送信の待ち時間（t）＜（2k-1）×最小フレーム時間（51.2μs）
（kは、衝突回数nが10未満の時はnを使用する。10以上の時は10固定）

トラフィックが異常に高い場合や、伝送路に障害が発生している場合は、送信が不可能な状況なので再送信を繰り返しても意味がありません。そのため16回目

表6.11　バックオフ時間一覧表

衝突回数(n)	2^k-1値	待ち時間（t）の範囲（μs）	
		最小	最大
1	1	0	51.2
2	3	0	154.0
3	7	0	358.0
4	15	0	768.0
5	31	0	1,590.0
6	63	0	3,230.0
7	127	0	6,500.0
8	255	0	13,100.0
9	511	0	26,200.0
10	1023	0	52,400.0
11	1023	0	52,400.0
12	1023	0	52,400.0
13	1023	0	52,400.0
14	1023	0	52,400.0
15	1023	0	52,400.0
16		—	破棄

の衝突でフレームを廃棄して、エラーを上位層に通知します。

③受信処理

衝突が起こらずに正しく受信ができたフレームのうち、宛先アドレスが自分のノードアドレスに一致するか、ブロードキャスト・フレームなどの場合はそれを上位の層へ通知し、そうでなければ破棄します（**図6.17**）。

1. フレームの受信開始

Ethernetでは、フレームの先頭のプリアンブル部分で同期を取り、IEEE 802.3でいうところのSFD（Start Frame Delimiter。データ部分の始まりを知らせる符号）を検出すると、その次の信号からフレームの組み立てを始めます。

2. フレームサイズの確認

受信したフレームのサイズが小さすぎないかを確認します。データの衝突によって送信が中断された場合にはフレームは最小サイズ（64オクテット）未満になるので、64オクテット未満のフレームは衝突したフレームと判断し無視します。このような規定サイズ以下のパケットは「Runt Packet」と呼ばれます（「runt」は「小さい」、「ちびの」という意味）。

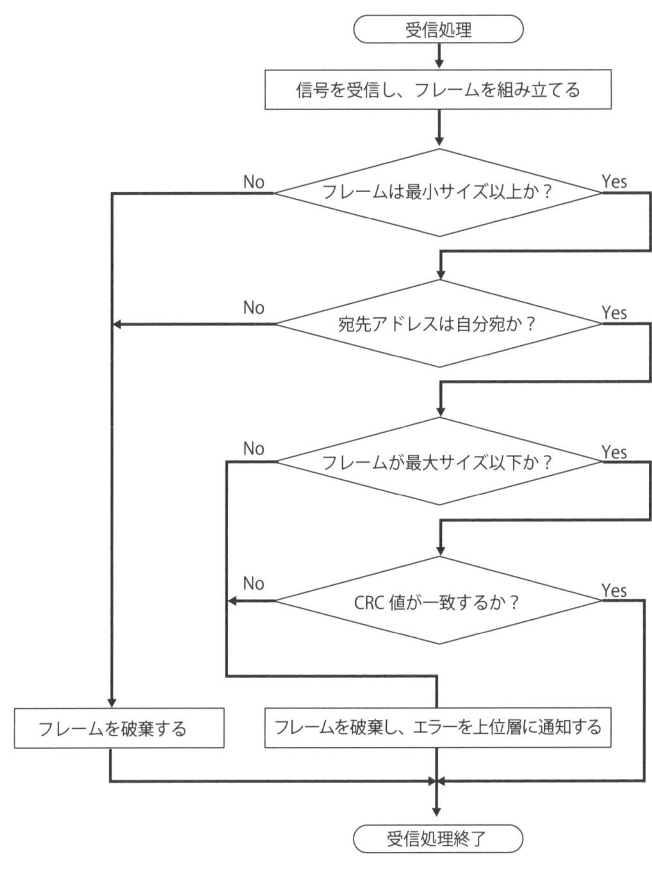

図6.17　制御フロー1　CSMA/CDの受信処理

3. フレームの宛先アドレスの確認

フレームの宛先アドレスを調べます。宛先アドレスがブロードキャスト・アドレス（すべてのノードを送信対象とするアドレス）ではなく、自ノードに割り当てられているMACアドレス、またはマルチキャスト・アドレス（ある特定の複数のステーションに向けて送信するためのアドレス）と一致しなければ、関係がないフレームなので無視します。

なおブリッジやスイッチング・ハブ、ネットワーク・プロトコル・アナライザ（伝送路のパケットをキャプチャして解析する機器）などはこれとは異なり、どの宛先のフレームでも受信する「Promiscuous（無差別）モード」で動作します。

4. フレームの正当性の確認

フレームのサイズがEthernetの最大サイズを超えている場合、フレーム中に記録されているFCS値（送信側で計算したCRC値のこと）と、受信したデータから計算したCRC値が一致しない場合は、エラーフレームの受信を上位層に通知し、そのフレームを破棄します。

5. 受信したフレームの処理

正常なフレームは上位層に渡されます。

6.7.2. FQTSS方式通信

ギャランティ型の通信サービスを行うための通信手順となります。AVB規格のIEEE 802.1Qavで標準化されています。伝送路の通信方式は、データの衝突が発生しない全二重通信が前提なので、ネットワークの構築には中継用スイッチ（Bridge）が必須となります。

●FQTSS送信処理

送信前にキャリアがないことを確認してから送信を行うのは、前述のCSMA/CD方式通信と同じです。異なる点は、FQTSS制御が追加された点です。このFQTSS制御は、送信する前に複数ある送信Queの有無を判定し、優先度の高いものから送信するといった制御を行っています（**図6.18**）。

6.8 EMACとPHY間のインターフェースMII

MII（Media-Independence Interface）はもともと、Fast Ethernetと呼ばれている100M bit/秒のEthernet用MACコントローラと物理層用PHYデバイスを接続する目的で定義された標準インターフェースです。MII標準はIEEE 802.3uで規定されており、さまざまなタイプのPHYをMACに接続するのに使わ

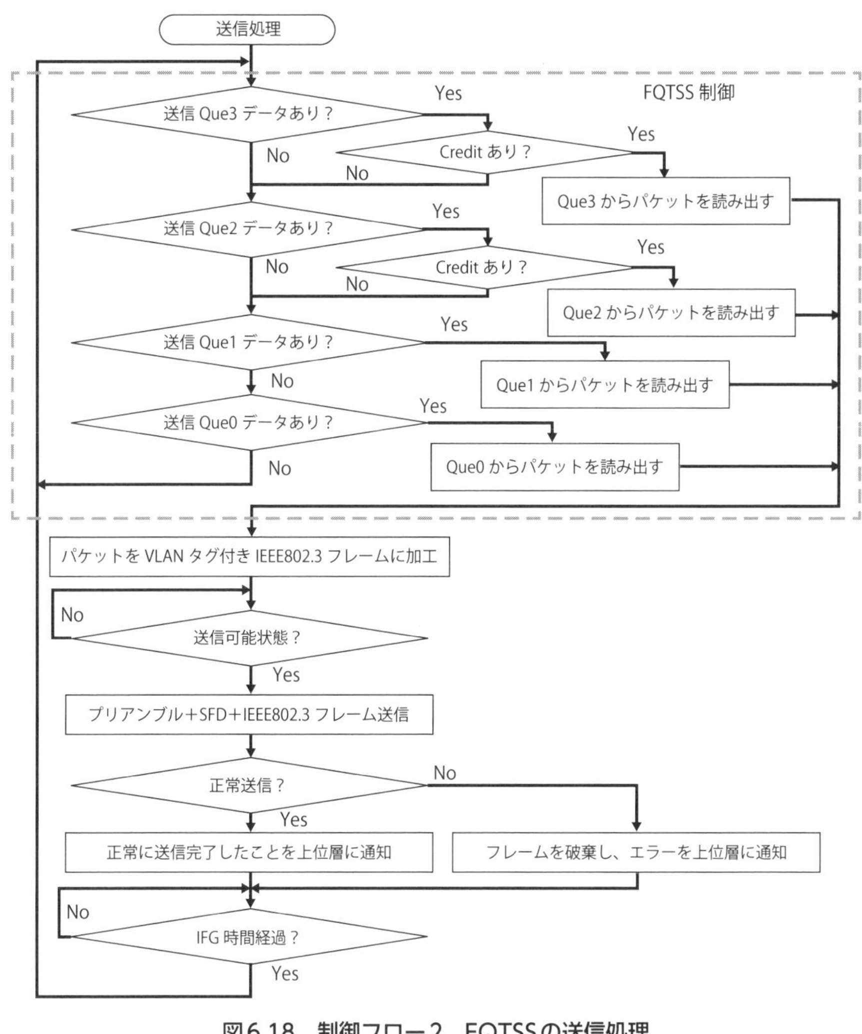

図6.18　制御フロー2　FQTSSの送信処理

れています。MIIの存在によって、MACハードウェアを再設計または交換せずとも、多種多様な伝送媒体（ツイストペアケーブル、光ファイバーなど）に接続する各種のPHYデバイスを使用できます（**図6.19**）。

言い換えれば、MIIとはMAC層を「伝送媒体から独立させる」（“media-independent”とする）ためのインターフェースです。これによってネットワーク信号の伝送媒体とは無関係に、任意のMACコントローラを任意のPHYと組

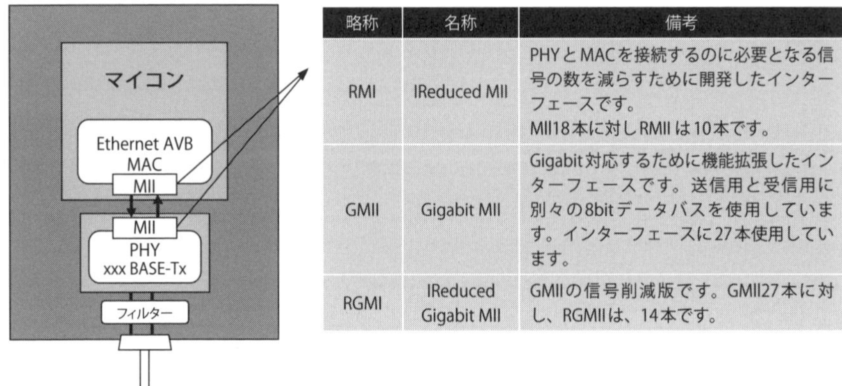

略称	名称	備考
RMI	IReduced MII	PHYとMACを接続するのに必要となる信号の数を減らすために開発したインターフェースです。 MII18本に対しRMIIは10本です。
GMII	Gigabit MII	Gigabit対応するために機能拡張したインターフェースです。送信用と受信用に別々の8bitデータバスを使用しています。インターフェースに27本使用しています。
RGMI	IReduced Gigabit MII	GMIIの信号削減版です。GMII27本に対し、RGMIIは、14本です。

図6.19　MIIのバリエーション

み合わせて使うことができます。

車載用途としては、10BASE-T1S、100BASE-T1、1000BASE-T1規格のPHYデバイスで使用されています。このMIIですが、インターフェースの端子数を削減したり、Gigabit対応するために機能拡張したりしたバリエーションがあります。本書では、標準的なMIIについて紹介します。

6.8.1.　MII（Media-Independence interface）仕様

MIIは、次の3種類のインターフェースによって構成されます。

1. PHY管理用インターフェース
2. MACフレーム送信用インターフェース
3. MACフレーム受信用インターフェース

6.8.2.　PHY管理用インターフェース

PHYの動作モードなどの初期設定や伝送路の状態を検知するためのインターフェースです。MAC側からPHYアドレスを指定しregアドレスにデータを書くことで、PHYの初期設定や動作モードの変更、PHYの状態を読み出すことができます（**図6.20**）。

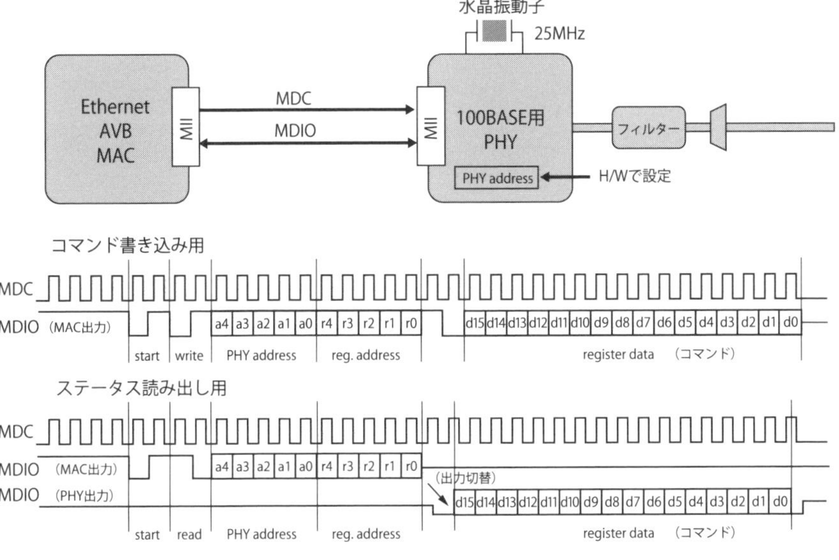

図6.20　PHY管理用の制御タイミング

6.8.3.　MACフレーム送信用インターフェース

MACフレーム送信用のインターフェースです。TX_EN信号がトリガとなり、MACは、TX_CLKの立ち下がりのタイミングでフレームデータ（TXD 0-3）をPHYに出力します。PHYは、TX_CLKの立ち上がりのタイミングでフレームデータ（TXD 0-3）を読み込みます（**図6.21**）。

6.8.4.　MACフレーム受信用インターフェース

MACフレーム受信用のインターフェースです。RX_DV信号がトリガとなり、PHYは、RX_CLKの立ち上がりのタイミングでフレームデータ（RXD 0-3）をMACに出力します。MACは、RX_CLKの立ち下がりのタイミングでフレームデータ（RXD 0-3）を読み込みます（**図6.22**）。

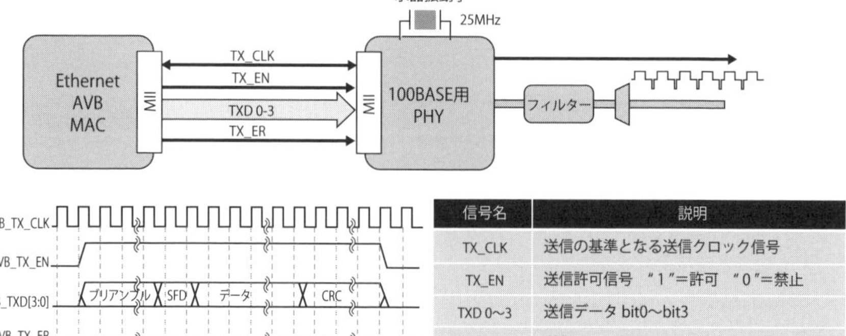

信号名	説明
TX_CLK	送信の基準となる送信クロック信号
TX_EN	送信許可信号　“1”=許可　“0”=禁止
TXD 0～3	送信データ bit0～bit3
TX_ER	送信エラー信号　“1”=エラー “0”=正常

図6.21　MACフレーム送信タイミング

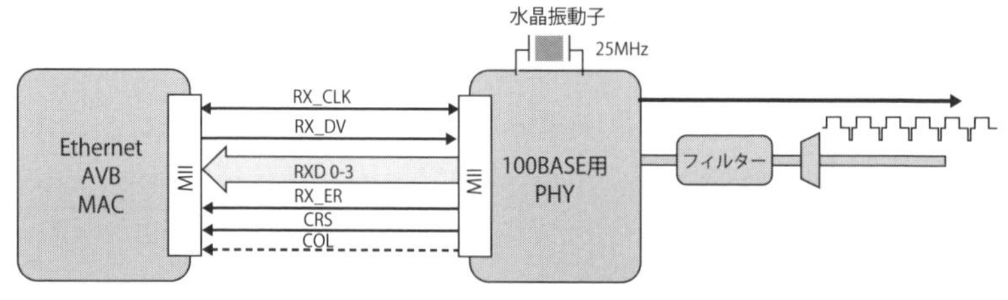

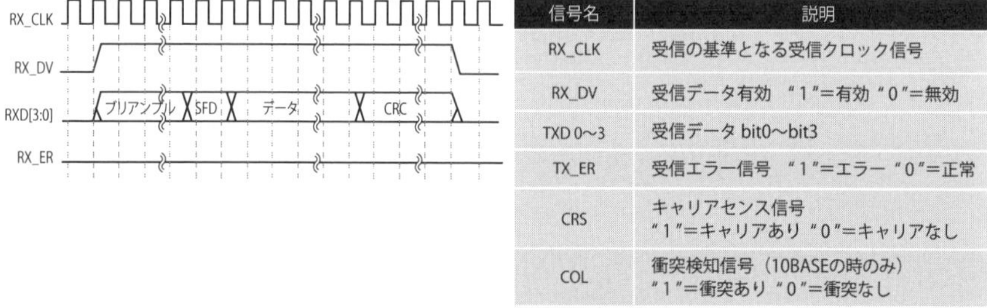

信号名	説明
RX_CLK	受信の基準となる受信クロック信号
RX_DV	受信データ有効　“1”=有効 “0”=無効
TXD 0～3	受信データ bit0～bit3
TX_ER	受信エラー信号　“1”=エラー “0”=正常
CRS	キャリアセンス信号 “1”=キャリアあり “0”=キャリアなし
COL	衝突検知信号（10BASEの時のみ） “1”=衝突あり “0”=衝突なし

図6.22　MACフレーム受信タイミング

6.9 車載用PHYの符号化技術の色々

EthernetのPHYは、可変長のMACフレームを運ぶために最適化されていて、その最大の特徴はブロック符号や伝送路符号といった符号化技術を利用していることです（**図6.23**）。ブロック符号とは、MIIから入力するMACフレームを任意のブロックごとに任意のビットパターンに置換する符号化方法です。多少のビットレート上昇には目をつぶることで「MACフレームを運ぶ」ことに関してさまざまな恩恵が得られます。EthernetのPHYの機能は、下記のような機能構成となっています。

①PCS（Physical Coding Sublayer：物理符号化副層）

MACフレームをブロック符号化により、“1”や“0”が連続する状態（バースト状態）が少ないビットパターンに直します。

②PMA（Physical Medium Attachment：物理媒体接続部）

いままで並列処理されてきたビットパターンをデータ伝送路の特性に適したシリアルビットストリームの伝送路符号に変換します。受信側には、シリアルビットストリームからパターンの区切りを見つけ出す機能も含まれています（符号同期）。

③PMD（Physical Medium Dependent：物理媒体依存部）

ビットストリームを、UTPなどの伝送媒体に適した電気信号に変換します。

6.9.1. 10BASE-T1Sの符号化

10BASE-T1Sは、EMACから送られてくるMACフレームデータを、PCS副層にて4B5B符号に変換します。4B5B符号は、“0000”や“1111”といった連続したビットパターンを排除するために5bitのビットパターンへ置き換えたものです（**表6.12**）。このために、MACフレームのデータ量は、ブロック符号化により1.25倍になります。

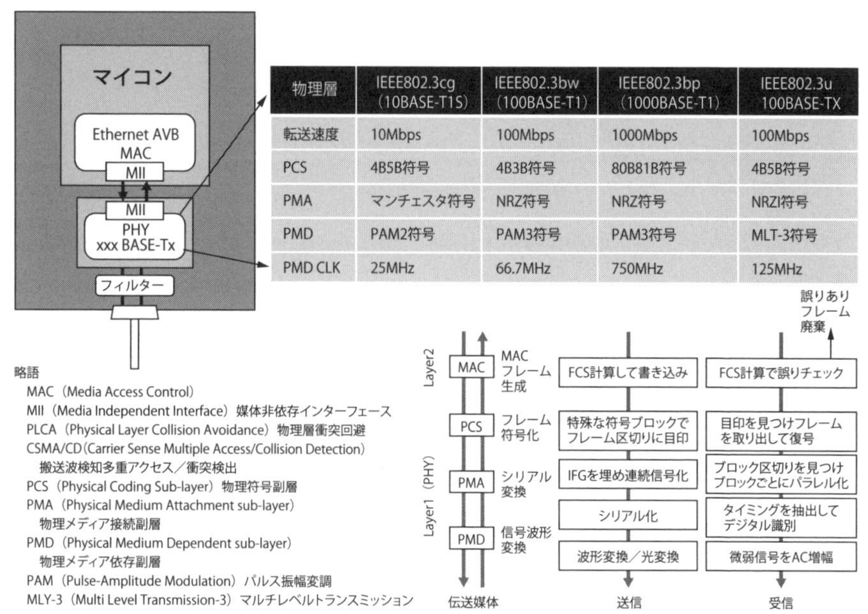

物理層	IEEE802.3cg（10BASE-T1S）	IEEE802.3bw（100BASE-T1）	IEEE802.3bp（1000BASE-T1）	IEEE802.3u 100BASE-TX
転送速度	10Mbps	100Mbps	1000Mbps	100Mbps
PCS	4B5B符号	4B3B符号	80B81B符号	4B5B符号
PMA	マンチェスタ符号	NRZ符号	NRZ符号	NRZI符号
PMD	PAM2符号	PAM3符号	PAM3符号	MLT-3符号
PMD CLK	25MHz	66.7MHz	750MHz	125MHz

図6.23　データ符号化処理

表6.12　バックオフ時間一覧表

データ		4B5B符号	データ		4B5B符号
16進数	2進数		16進数	2進数	
0	0000	11110	8	1000	10010
1	0001	01001	9	1001	10011
2	0010	10100	A	1010	10110
3	0011	10101	B	1011	10111
4	0100	01010	C	1100	11010
5	0101	01011	D	1101	11011
6	0110	01110	E	1110	11100
7	0111	01111	F	1111	11101

次に、このブロック符号化したデータをPMA副層でマンチェスタ符号に変換します。マンチェスタ符号は、データ0を「10」、データ1を「01」に置き換えることで同じ値の連続を防ぐ工夫をした伝送路符号です。

最後に、マンチェスタ符号に変換したビットストリームをPMD副層で2値のパルス変調方式のPAM2符号に変換します。PAM2符号は、マンチェスタ符号の1を「+1」、マンチェスタ符号の0を極性反転した「-1」の電圧に変換します。アイドル期間の無信号時は、0になります（**図6.24**）。

各副層の符号化で、データ量は増加します。4B5B符号化でデータ量が1.25倍になり、マンチェスタ符号化でさらに2倍のデータ量になっているため、転送速度10Mbpsを維持するためには、2.5倍（=1.25×2）の速度である25MHzでビットストリームを送り出します。

そのため、伝送路上に出力される最大の周波数は12.5Mhzになりますので、最大周波数が16MHzのカテゴリー3のケーブルを使用することになります。

6.9.2.　100BASE-TXの符号化

100BASE-TXは、EMACから送られてくるMACフレームデータを、PCS副層にて4B5B符号に変換します。10BASE-T1Sで使用している符号方式と同じなので、MACフレームのデータ量は、ブロック符号化により1.25倍になります。

次に、このブロック符号化したデータをPMA副層でNRZI符号（Non-Return

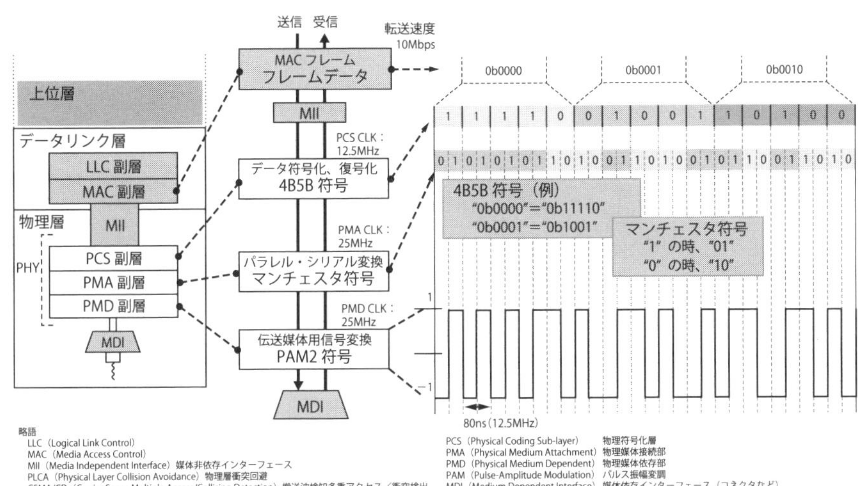

図6.24　10BASE-TISの符号化の流れ

to Zero Inversion）に変換します。NRZI符号は、データ1の場合に極性を変化させるという伝送路符号です。

最後に、NRZI符号に変換したビットストリームをPMD副層で3値の電圧に変換するMLT-3符号に変換します。MLT-3符号は、NRZI符号の1を検出するたびに、電圧を「0」「1」「0」「-1」「0」の順に変化させます（**図6.25**）。

各副層の符号化によるデータ量の増減ですが、4B5B符号化でデータ量が1.25倍になりますので、1.25倍の速度である125MHzでビットストリームを送り出します。

伝送路上に出力される最大の周波数は、NRZI符号の1が4回連続した場合に31.25MHzになりますので、最大周波数が100MHzのカテゴリー5のケーブルを使用することになります。

6.9.3. 100BASE-T1の符号化

100BASE-T1は、EMACから送られてくるMACフレームデータを、PCS副層にて4B3B符号に変換します。

次に、このブロック符号化したデータをPMA副層でNRZ符号（Non-Return

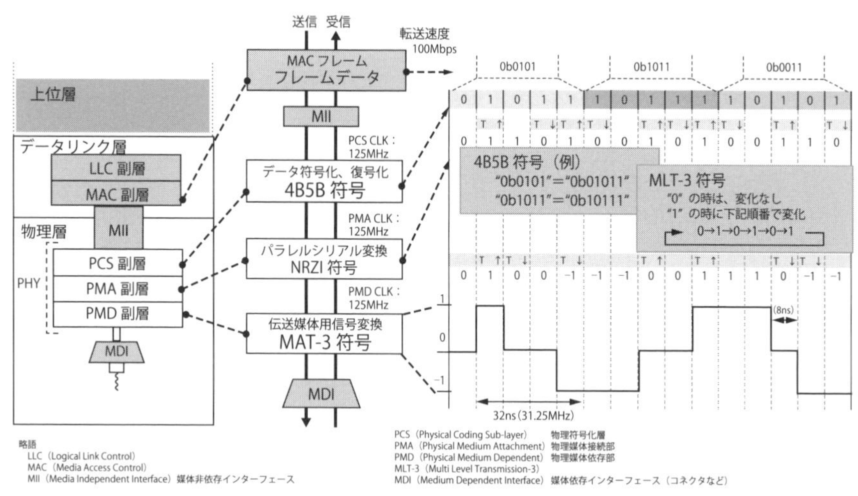

図6.25　100BASE-TXの符号化の流れ

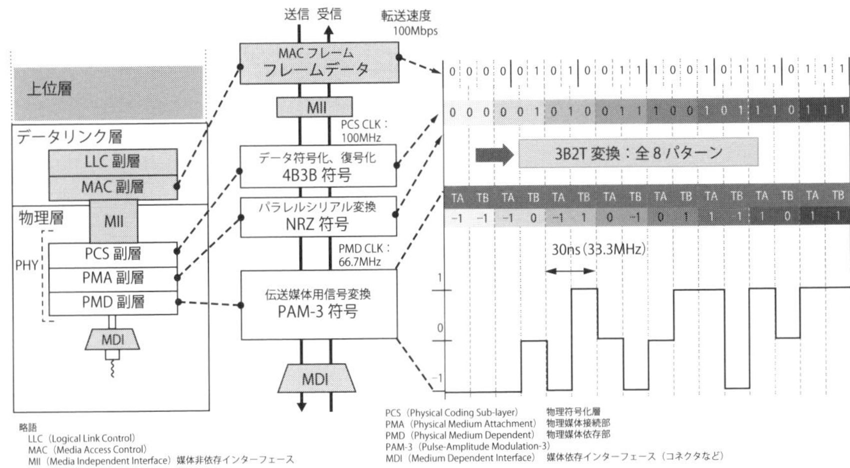

図6.26　100BASE-T1の符号化の流れ

to Zero）に変換します。NRZ符号は、データ1の場合に1、データ0の場合に0という伝送路符号です。

最後に、NRZ符号に変換したビットストリームをPMD副層で3値のパルス変調方式のPAM-3符号に変換します。PAM-3符号は、NRZ符号の3bit単位で全8種類の出力電圧パターンを割り当てています。出力電圧は、3bit時間を2分割して3値の電圧を割り当てています（**図6.26**）。このような変換方法を3B2T（3-Bit to 2-Ternary pair）と呼んでいます。

各副層の符号化によるデータ量について、4B3B符号やNRZ符号でのデータ量の増減はありません。PAM-3符号のための3B2T変換で、データは2/3に圧縮されますので、2/3の速度である66.7MHzでビットストリームは出力されます。

伝送路上に出力される最大の周波数は、「010」が連続した場合に33.3MHzになりますので、最大周波数が100MHzのカテゴリー5のケーブルを使用することになります。

6.9.4.　1000BASE-T1の符号化

1000BASE-T1は、EMACから送られてくるMACフレームデータを、PCS副層にて80B81B符号に変換します。このブロック符号は、80bit単位に90bitの符号化を行います。次に、このブロック符号化したデータをPMA副層でNRZ符号(Non-Return to Zero)に変換します。最後に、NRZ符号に変換したビットストリームをPMD副層で3値のパルス変調方式のPAM-3符号に変換します。PMA副層およびPMD副層の符号化は、100BASE-T1と同じです(**図6.27**)。

各副層の符号化によるデータ量の増減について、80B81B符号化でデータ量は1.125倍増加します。ただし、PAM-3符号のための3B2T変換で、データは2/3に圧縮されますので、2/3の速度である750MHzでビットストリームは出力されます。伝送路上に出力される最大の周波数は、「010」が連続した場合に375MHzになりますので、最大周波数が500MHzのカテゴリー6Aのケーブルを使用することになります。

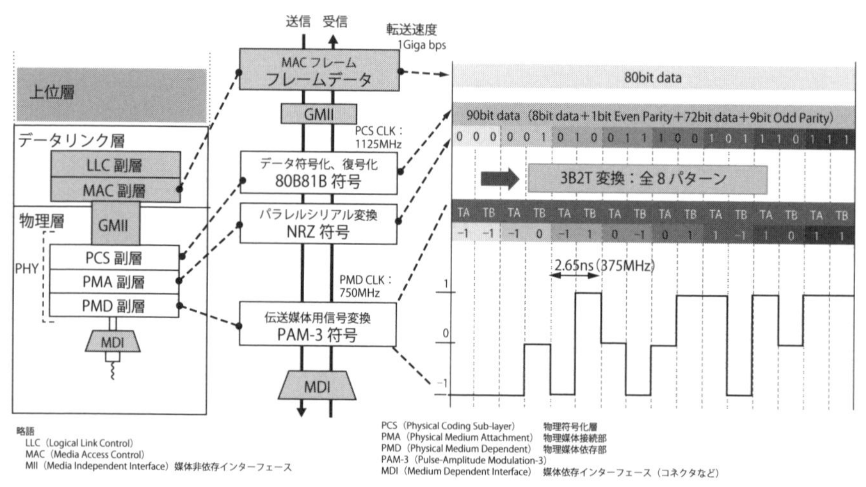

図6.27 1000BASE-T1の符号化の流れ

第7章

車載ネットワークを使った制御のための開発環境

7.1 車載ネットワークを使ったシステムを開発するとき

車載ネットワークを使用したシステムを開発する際に、ネットワーク通信が正しく行われているか、送信側から送ったデータが、受信側で期待した通りの値になっているかの検証が必要になります。

例えば、送信側のECUを開発する場合には、受信側のECUが正しくデータを受け取れたかを検証することが必要です。送信側と受信側の両方のECUを開発する場合はネットワークにつなげて容易に調べることができますが、多くの開発では、いずれか一方の開発になるケースがほとんどかと思われます。その場合に開発したECUが正しく送信できたかどうか、受信する相手のECUが正しく受け取れるかを検査する際は、ネットワークに流れる通信波形を観察すれば簡単に判断できます（**図7.1**）。

逆に、開発したECUがネットワークから受信データを受け取り、正しく処理できるかを試験したい時は、ネットワークにデータを送信する相手のECUを模擬できれば検証が可能になります。

ECU開発時に通信状況を観察するための装置や相手のECUを模擬して通信データをネットワークに流すことができる装置があれば、ネットワークを使った制御開発の効率は飛躍的に上がり、迅速に開発を進められます。前者の検証にはオシロスコープやネットワークモニタ（アナライザ）、後者の検証にはネットワークノードシミュレータや模擬ノードが一般的によく使われます。

そして、ネットワーク通信の時系列データとして記録する通信ログも重要です。通信ログはネットワーク通信がなされた証明として残すだけでなく、その後の課題の解決や他のシステムへのシミュレータ情報としても活用できるなど開発者にとっては重要な情報源となります。

この章では車載ネットワークを使ったシステムを開発するときに有効活用できる開発環境（開発ツール）を、事例を交えて紹介します。

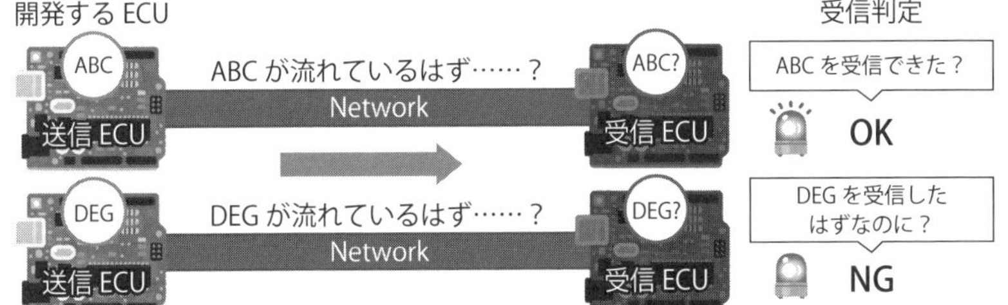

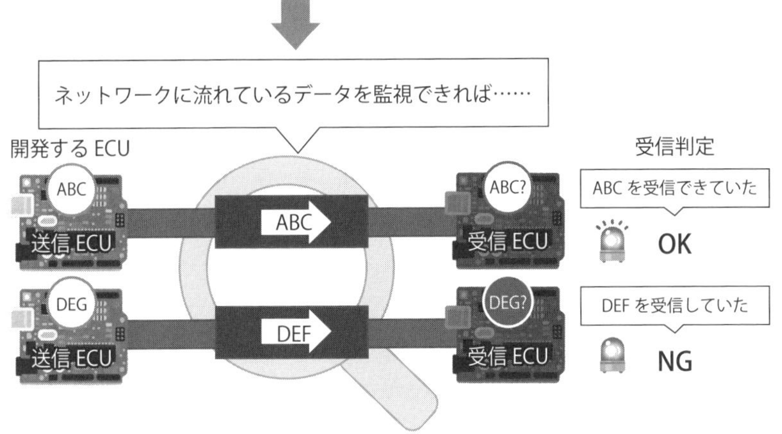

図7.1　ECUの通信評価のイメージ

7.2 オシロスコープとネットワークモニタ（アナライザ）

7.2.1. オシロスコープ

電子回路の開発では電気信号をオシロスコープを使って観察することで、設計通りに電圧や信号が制御されているかを確かめることができます。また、ネットワーク開発においても活用ができます。

特に開発の初期段階でマイコン・トランシーバ・バスへ正しく信号が出力されているかを調べるためには有効な手段です。オシロスコープと開発対象ECUとの接続例として**図7.2**を示します。

図7.2は、開発対象ECUがバスに正しくデータを送り出せているかを調べる方法の一例です。オシロスコープの仕様は、HS-CANの通信速度より高速にサンプリングできるものであれば、どのようなものでも利用できます。

この例では開発対象ECUから時系列で正しく信号が出力されていることがわかりますが、例えば終端抵抗を接続し忘れていると**図7.3**のような波形になります。この場合はマイコンからトランシーバへ接続されているTXDの波形とは異なった乱れた信号になり、マイコンからCANバスへ繋がる間に正しく設定ができていないことが判定できます。

ただし、オシロスコープでの検証では、ネットワークに流れている情報が設定したフレーム構成になっているか、設定されたデータの値が正しいかを直接判断することができません。そのため、データに注目した検証を行う場合は後述のネットワークモニタ（アナライザ）を使用することが多く、オシロスコープはあくまで物理層（電気信号）レベルでの確認に使用するのが一般的な使い方です。

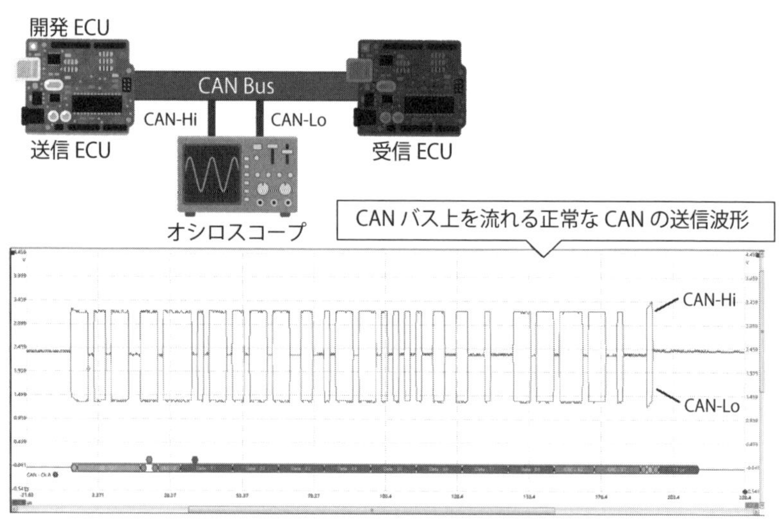

図7.2　オシロスコープと開発対象ECUとの接続例

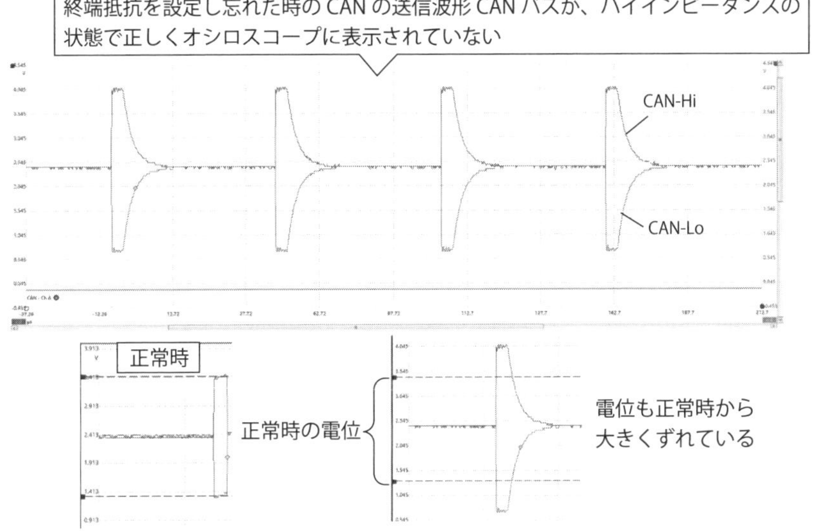

図7.3　終端抵抗がないCAN波形

今回はCANを例にしましたが、CAN FD、LIN、CXPI、Ethernetも観察する信号は異なりますが同様の方法で調べることは可能です。ただし、マイコン、トランシーバ、バスなど直接回路に触れるため取り扱いには十分注意する必要があります。特にLIN/CXPIのように12Vで直接駆動する回路ではプローブが他の信号に接触して機器を壊してしまったり、Ethernetのような高速通信の場合はオシロスコープやプローブそのものが通信への障害になったりする場合もありますので注意が必要です。

●CAN・LIN・CXPI・Ethernetの信号を直接見ることができるオシロスコープ

一般的に普及しているオシロスコープは、物理層（電気信号）レベルでの確認が主体となりますが、横河計測株式会社から提供されているミックスドシグナルオシロスコープDLM5000シリーズでは物理的な信号レベルの観測だけでなく、CAN、CAN FD、LIN、CXPI、Ethernetの波形を解析してデータを16進数で表記できます（**図7.4**）。

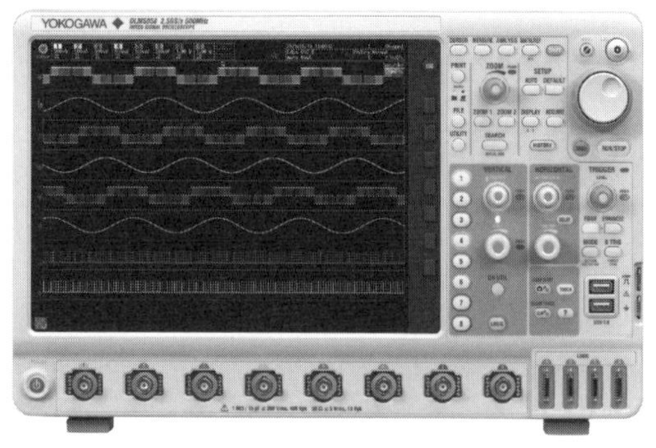

（提供：横河計測株式会社）

図7.4　DLM5000シリーズ

実際に出力されている波形とデータを時系列に同期して確認でき、ECUハードウェア設計と通信ソフトウェアの定義の両方を分析できるため、ECU開発当初の検証や物理層とデータリンク層の双方から分析が必要な時（送信時のクロックがずれて通信が破綻する場合など）に有効活用ができます。

CAN・CAN FD・LIN・CXPI・Ethernetのフレーム検出とデータ化以外にも、UART/I2C/SPIなどへ対応したものになっています。ネットワークの検証だけでなく、ネットワークと他の信号との時系列でのタイミング検証、例えばある信号が出力されてからLINの信号が出力されたかどうかや、UARTで取得された値が直後のCANデータに反映されているかなどの確認にも使用できます。

7.2.2.　ネットワークモニタ（アナライザ）

オシロスコープは、ECUの物理的なハードウェアを開発する時や信号が出力されているかを調べる時には有効なツールとして利用できますが、ソフトウェア開発においては時系列の信号レベルの検証ではなく、ネットワークに流れるデータに注目して検証を行うことが必要です。この場合はネットワークに流れる信号をデータ化して観測できるネットワークモニタ（もしくはアナライザと呼ぶ場合もある）が一般的に使用されます。

ネットワークモニタは、ネットワークに流れるロジックレベルの信号を、対象プロトコルのトランシーバ経由でのコントローラ受信部と同じ方式でデジタル値化することで確認が可能です。大量に流れるネットワーク通信情報から解析をしたり、ネットワーク情報から直接必要な情報だけを抜き出して観測したりする場合はネットワークモニタが必要になります。横河計測の DLM5000シリーズでも同様のことが可能ですが、ネットワークモニタは比較的安価に入手でき、サイズも小型なものが多いので、手軽に利用できるメリットがあります。

これもCANを例にして、その動作を見てみましょう。一般的なCANネットワークモニタを使った例として**図7.5**のように接続をして使用することになります。本例ではCANネットワークモニタとして、株式会社サニー技研のMicroPeckerX CAN-FD Analyzerのモニタ機能を使用します。このMicroPeckerXでは検査対象ECUから出力される信号情報として、以下のデータが時系列で表示されます。

・送信時刻
・チャンネル
・プロトコル
・送受信方向
・フレーム種
・フレームフォーマット
・CAN ID
・DLC
・ペイロードデータ
・CRC

図7.5では検査対象ECUはCAN ID＝0x100、1バイト目を0x00→0xffで10msおきに+1する動作になるよう制御しており、このモニタのログを見ると、約10msおきに順に繰り上がっていることが見て取れます。このようにペイロードデータの変化を観測することで、設計通りの値が伝送できていることを確認できるというのがネットワークモニタの利用方法の一つです。

この例では時系列で表示する機能を利用しましたが、目視でも追いかけられるような遅い信号の変化を検証する場合はCAN IDごとにフレームの最新値を観測

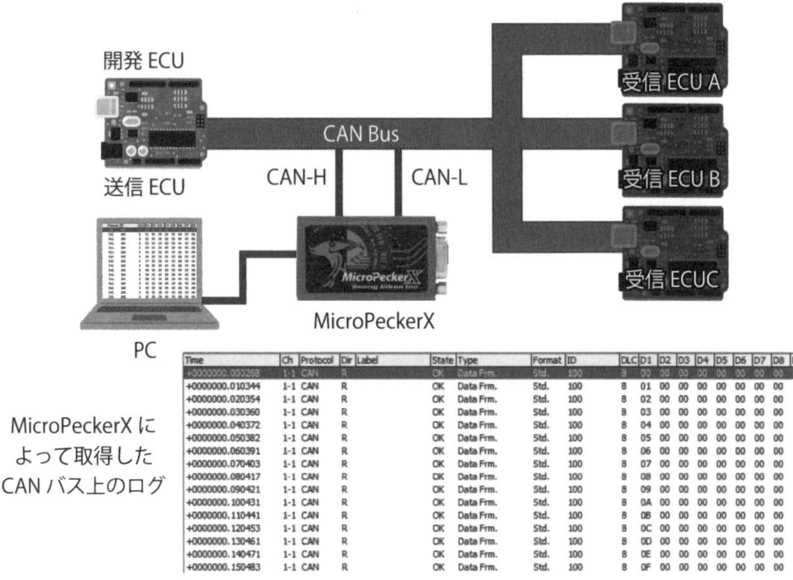

Time	Ch	Protocol	Dir	Label	State	Type	Format	ID	DLC	D1	D2	D3	D4	D5	D6	D7	D8
+0000000.000258	1-1	CAN	R		OK	Data Frm.	Std.	100	8	00	00	00	00	00	00	00	00
+0000000.010344	1-1	CAN	R		OK	Data Frm.	Std.	100	8	01	00	00	00	00	00	00	00
+0000000.020354	1-1	CAN	R		OK	Data Frm.	Std.	100	8	02	00	00	00	00	00	00	00
+0000000.030360	1-1	CAN	R		OK	Data Frm.	Std.	100	8	03	00	00	00	00	00	00	00
+0000000.040372	1-1	CAN	R		OK	Data Frm.	Std.	100	8	04	00	00	00	00	00	00	00
+0000000.050382	1-1	CAN	R		OK	Data Frm.	Std.	100	8	05	00	00	00	00	00	00	00
+0000000.060391	1-1	CAN	R		OK	Data Frm.	Std.	100	8	06	00	00	00	00	00	00	00
+0000000.070403	1-1	CAN	R		OK	Data Frm.	Std.	100	8	07	00	00	00	00	00	00	00
+0000000.080417	1-1	CAN	R		OK	Data Frm.	Std.	100	8	08	00	00	00	00	00	00	00
+0000000.090421	1-1	CAN	R		OK	Data Frm.	Std.	100	8	09	00	00	00	00	00	00	00
+0000000.100431	1-1	CAN	R		OK	Data Frm.	Std.	100	8	0A	00	00	00	00	00	00	00
+0000000.110441	1-1	CAN	R		OK	Data Frm.	Std.	100	8	0B	00	00	00	00	00	00	00
+0000000.120453	1-1	CAN	R		OK	Data Frm.	Std.	100	8	0C	00	00	00	00	00	00	00
+0000000.130461	1-1	CAN	R		OK	Data Frm.	Std.	100	8	0D	00	00	00	00	00	00	00
+0000000.140471	1-1	CAN	R		OK	Data Frm.	Std.	100	8	0E	00	00	00	00	00	00	00
+0000000.150483	1-1	CAN	R		OK	Data Frm.	Std.	100	8	0F	00	00	00	00	00	00	00

図7.5　CANネットワークモニタと開発対象ECUとの接続例

できる機能が利用できます。例えば、CAN通信で水温や電源電圧、手操作のスイッチの情報を伝える場合などは、それらのデータを格納したCANフレームの最新値をリアルタイムで観察するような使い方もあります。

●ネットワークモニタ（アナライザ）のバリエーション

ここまではCANのネットワークモニタ（アナライザ）を例に紹介しましたが、他のプロトコルでも同様のツールがあります。**表7.1**に一覧を示します。

表7.1　ネットワークモニタ

メーカー	製品名	対応プロトコル
クバサー	Kvaser Leaf Professional	CAN/LIN
サニー技研	MicroPecker Analyzer	CAN/LIN
サニー技研	MicroPeckerX CAN-FD Analyzer	CAN/CAN FD
ピークシステム	PCAN-USB FD	CAN/CAN FD
プリズム	MLT Advance	CAN/CAN FD/LI N/CXPI
ベクター	CANoe	CAN/LIN/Ethernet
ラインアイ	LE-2500XR	CAN/CAN FD/LIN/CXPI

コラム　Wireshark：オープンソースのネットワークモニタ

HS-CAN、CAN FD、Ethernetのモニタをオープンソースで利用できるソフトウェアとしてWiresharkがあります。

Wiresharkは、ネットワーク上に流れているフレームを「可視化」するツールです。Ethernetの世界では普及しており、オープンソースで使用できることもあって車載Ethernet開発におけるモニタツールとしても使用されることがあります。

Ethernetの場合、フレーム（パケット）をリアルタイムに取得し、そのパケットがどのような種別のデータかを判別して、フレームの中身を詳細に表示することができます。Wiresharkは、Ethernet開発時のデバッグや、ネットワークのトラブルシューティングでよく利用されています。

また、WiresharkはEthernetだけでなく、HS-CANやCAN FDにも対応しているため、例えばEthernetとCAN FDの通信状態を同じ画面で時系列に確認できるなど、車載通信のゲートウェイ開発などで活用することもできます。

WiresharkはWindowsパソコンやLinux環境で利用できるため、Ethernetのネットワークモニタではパソコンのイーサネットインターフェースを利用できますが、CAN FDやHS-CANでは対応したインターフェースが必要となります。

また、WiresharkはLinux環境で動作できることからRaspberry Piなどのシングルボードコンピュータ上でも利用できることもメリットとしてあげられます。Wiresharkは誰でも自由に利用できるオープンソースであるため、コストをかけずにネットワークモニタ環境を構築する際に利用できる選択肢の一つとなります。

図7.6にLinux UbuntuベースでHS-CANのネットワークモニタとして使用している例を記します。

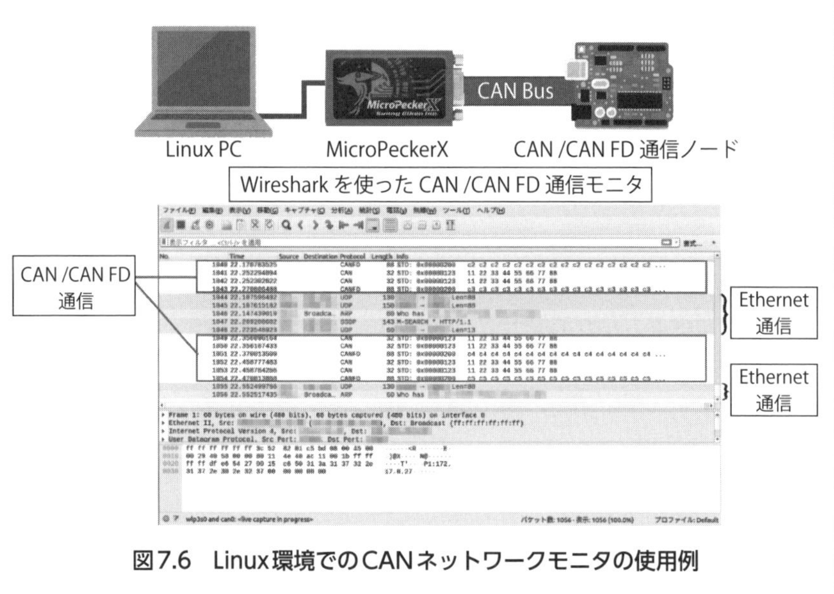

図7.6　Linux環境でのCANネットワークモニタの使用例

7.3 ネットワークノードシミュレータと専用模擬ノード

7.3.1. ネットワークノードシミュレータ

車載ネットワークシステムの開発でよく利用されるのが、ネットワークノードシミュレータです。

ECUを開発する際に、実際の通信相手となるECUやシステムを準備をすることは容易ではありません。そして実際の通信相手となる対象も同時に開発中であったり、持ち出しが困難であったりすることが多く、希望した通信データを自由に送受信させるのはほぼ不可能に近い状況があります。

通信による検証を実現する手段として、通信相手を模擬できるシミュレータを用意し、希望する通信環境を構築することが一般的に行われています。

①CAN FD・HS-CANにおけるノードシミュレーション

ノードシミュレータの例としてCAN FDおよびHS-CANで、株式会社サニー技研のMicroPeckerX CAN-FD Analyzerの動作を見ていきます。このシミュレータは相手ノードの送信動作を模擬するだけでなく、7.2.2.「ネットワークモニタ（アナライザ）」で紹介したネットワークモニタ機能も備えています。相手ノードをシミュレーションしながら、検証対象のECUから送信されるフレームを時系列に並べて確認することが可能です。この動作を**図7.7**に示します。

②CAN FD・HS-CANシミュレータで単独送信させるとエラーになる

ノードシミュレータをCANバスに接続させずに定義したフレームを送信すると、正常に送出されず全てエラーになる現象が発生します（**図7.8**）。ほとんどの場合、このケースはノードシミュレータの異常ではなく、受信するノードが存在しないことで発生する現象となります。これはACKエラーと呼ばれるもので、CAN FD・HS-CANにおけるプロトコル動作の中で受信ノードがACKフィールド部にドミナントを発行しないために発生します。つまり、ノードシ

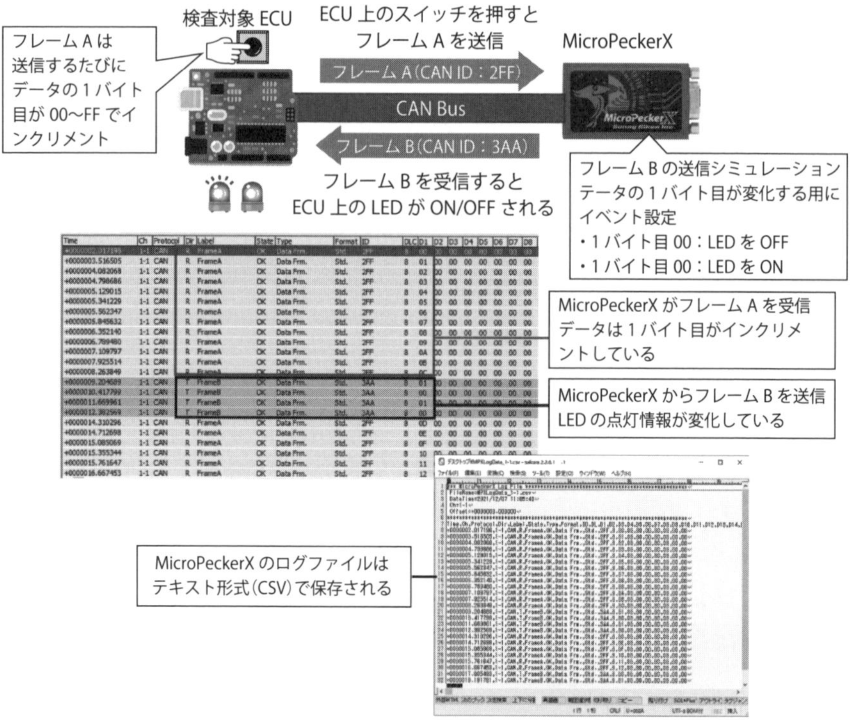

検査対象 ECU

ECU 上のスイッチを押すと
フレーム A を送信

MicroPeckerX

フレーム A は
送信するたびに
データの 1 バイト
目が 00～FF でイ
ンクリメント

フレーム A(CAN ID：2FF)

CAN Bus

フレーム B(CAN ID：3AA)

フレーム B を受信すると
ECU 上の LED が ON/OFF される

フレーム B の送信シミュレーション
データの 1 バイト目が変化する用に
イベント設定
・1 バイト目 00：LED を OFF
・1 バイト目 00：LED を ON

MicroPeckerX がフレーム A を受信
データは 1 バイト目がインクリメ
ントしている

MicroPeckerX からフレーム B を送信
LED の点灯情報が変化している

MicroPeckerX のログファイルは
テキスト形式(CSV)で保存される

図7.7　ノードシミュレーション環境の例

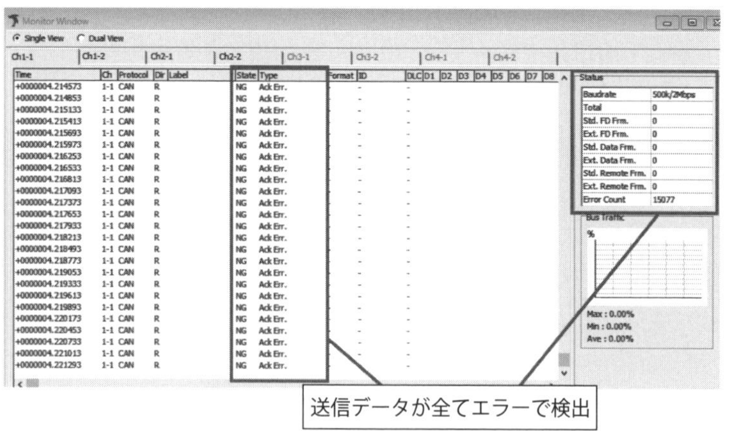

図7.8　ACKエラーの表示例

ミュレータで送信データが定義どおりに出力されるかを確認するためには、相手の受信ノードが接続され動作していることが必要になります。

CAN FD、HS-CANでのシミュレーションにおいて受信側のターゲットが正しく動作していることが必須になるため、CANバスに接続されている状況においてフレームを正しく受け取れる状況にあるノードが少なくとも1つ以上ないと、送信は成立しないことを認識しておく必要があります。

③送信シナリオを作りCANバス上にHS-CANフレームを送る

MicroPeckerX CAN FD Analyzerでは、送信するCAN FDもしくはHS-CANメッセージ（CAN ID、DLC、ペイロードデータ）をあらかじめ定義しておき、その定義されたメッセージをレコーダーで再生するように順次CANバスへ送信する、ログ送信機能と呼ばれるシミュレータ機能が備わっています。この機能を使うことで、あらかじめデータに特定のパターンを定義しておき、定義されたパターンを検査対象ECUが受信することで、設計通りの動作となることを検証できます。この定義されたパターンとして送信する時刻をμ秒単位で指定することが可能であるため、検査対象ECUに対するリアルタイムな挙動の確認が可能です。

この機能を使用するときも同様にネットワークモニタ機能が動作しますので、例えば送信シナリオに同期して検査対象がCANバスへ送信するフレームの変化も同時に観察できます。この動作を**図7.9**に示します。

送信パターンを定義するログファイルはテキストファイル形式で作成できます。図7.9の動作を見ると、テキスト定義されたCANメッセージが正しく順番通りにフレームとして送信されていることが分かります。検査対象のECUから送信されるフレームは順にデータフレーム1バイト目がインクリメントされていることから、フレームが受信されるとデータフレーム1バイト目を+1するという設計通りの動作となっていることが確認できます。

④LINマスタシミュレータとLINスレーブシミュレータ

LIN通信のノードシミュレーションで気をつける点は、LINではマスタノードとしてシミュレーションをする場合とスレーブノードとしてシミュレーションする場合に、それぞれ定義の仕方が異なるということです。

例えば、開発しているECUがスレーブノードである場合は、マスタノードシミュレータを使用して検証をします。LINはシングルマスタ方式の通信のため、

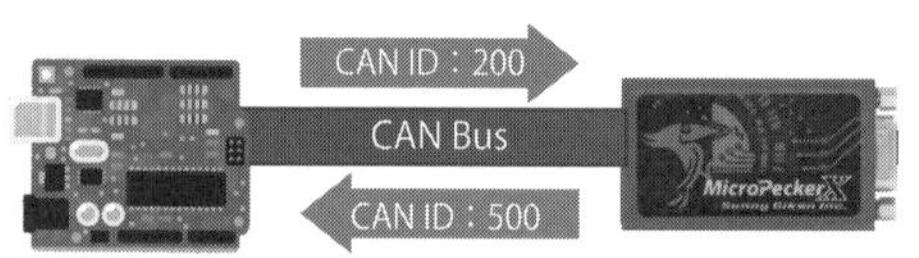

Time	Ch	Protocol	Dir	Label	State	Type	Format	ID	DLC	D1	D2	D3	D4	D5	D6	D7	D8
+0000000.000268	1-1	CAN	R		OK	Data Frm.	Std.	200	8	00	00	00	00	00	00	00	00
+0000000.000588	1-1	CAN	T		OK	Data Frm.	Std.	500	8	00	00	00	00	00	00	00	00
+0000000.300301	1-1	CAN	R		OK	Data Frm.	Std.	200	8	01	01	01	01	01	01	01	01
+0000000.300601	1-1	CAN	T		OK	Data Frm.	Std.	500	8	01	01	01	01	01	01	01	01
+0000000.600300	1-1	CAN	R		OK	Data Frm.	Std.	200	8	02	02	02	02	02	02	02	02
+0000000.600597	1-1	CAN	T		OK	Data Frm.	Std.	500	8	02	02	02	02	02	02	02	02
+0000000.900298	1-1	CAN	R		OK	Data Frm.	Std.	200	8	03	03	03	03	03	03	03	03
+0000000.900598	1-1	CAN	T		OK	Data Frm.	Std.	500	8	03	03	03	03	03	03	03	03
+0000001.200301	1-1	CAN	R		OK	Data Frm.	Std.	200	8	04	04	04	04	04	04	04	04
+0000001.200601	1-1	CAN	T		OK	Data Frm.	Std.	500	8	04	04	04	04	04	04	04	04
+0000001.500302	1-1	CAN	R		OK	Data Frm.	Std.	200	8	05	05	05	05	05	05	05	05
+0000001.500600	1-1	CAN	T		OK	Data Frm.	Std.	500	8	05	05	05	05	05	05	05	05
+0000001.800301	1-1	CAN	R		OK	Data Frm.	Std.	200	8	06	06	06	06	06	06	06	06
+0000001.800602	1-1	CAN	T		OK	Data Frm.	Std.	500	8	06	06	06	06	06	06	06	06
+0000002.100301	1-1	CAN	R		OK	Data Frm.	Std.	200	8	07	07	07	07	07	07	07	07
+0000002.100599	1-1	CAN	T		OK	Data Frm.	Std.	500	8	07	07	07	07	07	07	07	07
+0000002.400302	1-1	CAN	R		OK	Data Frm.	Std.	200	8	08	08	08	08	08	08	08	08
+0000002.400600	1-1	CAN	T		OK	Data Frm.	Std.	500	8	08	08	08	08	08	08	08	08
+0000002.700287	1-1	CAN	R		OK	Data Frm.	Std.	200	8	09	09	09	09	09	09	09	09
+0000002.700585	1-1	CAN	T		OK	Data Frm.	Std.	500	8	09	09	09	09	09	09	09	09
+0000003.000300	1-1	CAN	R		OK	Data Frm.	Std.	200	8	0A	0A	0A	0A	0A	0A	0A	0A
+0000003.000597	1-1	CAN	T		OK	Data Frm.	Std.	500	8	0A	0A	0A	0A	0A	0A	0A	0A
+0000003.300284	1-1	CAN	R		OK	Data Frm.	Std.	200	8	0B	0B	0B	0B	0B	0B	0B	0B
+0000003.300588	1-1	CAN	T		OK	Data Frm.	Std.	500	8	0B	0B	0B	0B	0B	0B	0B	0B
+0000003.600301	1-1	CAN	R		OK	Data Frm.	Std.	200	8	0C	0C	0C	0C	0C	0C	0C	0C
+0000003.600601	1-1	CAN	T		OK	Data Frm.	Std.	500	8	0C	0C	0C	0C	0C	0C	0C	0C
+0000003.900284	1-1	CAN	R		OK	Data Frm.	Std.	200	8	0D	0D	0D	0D	0D	0D	0D	0D
+0000003.900584	1-1	CAN	T		OK	Data Frm.	Std.	500	8	0D	0D	0D	0D	0D	0D	0D	0D

図7.9　送信シナリオでのCANフレーム送信の例

マスタとなるノードがヘッダ部分をバスに送信し、ヘッダのIDを確認して自身が応答を返す必要がある場合は、レスポンス領域（ペイロード）にデータとチェックサムを送信するという動作となります。

マスタノードシミュレータは、このヘッダ部分をシミュレータ内で定義したIDと間隔に基づき、バスに送信する機能を有します。マスタノード自身がレスポンス領域へデータを送信するケースのときはマスタ内でデータを送信するシミュレーションが必要になります。また複数のノードをシミュレーションする必要がある場合は、マスタノードが他のノードのレスポンス部分をシミュレーションすることも可能です。開発対象のノードはマスタノードシミュレータから送信されるヘッダを調べ、自身が応答を返す必要があるIDであるならば、データをレスポンス領域に送信することになります。

開発しているECUがマスタノードである場合は、スレーブノードシミュレータを使用して検証します。開発対象ECUがLINマスタノードを担うため、定義されたLIN通信スケジュールに従いLINヘッダを送信し、レスポンス部をスレーブノードシミュレータが応答を返すことで検証を行う動作となります。

⑤複数のネットワークノードを1台のシミュレータが模擬をする

相手が必要なCANノードが2つ以上あるときは、シミュレータも同数必要になるのでしょうか。これは通信プロトコルによって変わります。

●CAN FD、HS-CANの場合

CAN FD、HS-CAN通信は物理的な送信元と送信先を区別する情報を持っていません。つまりどのノードが送信元になるかを区別する必要がないため、1台のノードシミュレータが複数のノードを模擬することは簡単に可能です。

●LINの場合

LINもCAN FD、HS-CANと同様に1台のノードシミュレータで模擬できます。

●Ethernetの場合

Ethernet通信では送信元・受信先というアドレスが定義され、それぞれが通信先を意識して通信するという仕組みです。そのため複数のEthernetノードを1つのシミュレータが担おうとする場合、検証で接続されるそれぞれのノードのMACアドレスを1台に割り付けが可能なシミュレータシステムが必要になります。

7.3.2. 専用模擬ノード

7.3.1.「ネットワークノードシミュレータ」では、汎用性の高いパソコンなどで実行可能なツールや専用の機器でのシミュレーションについて紹介しました。これらの汎用ツールは使い勝手が良い反面、リアルタイムな制御を伴う厳密な模擬は困難な場合があります。

例えば、HS-CANで受信したフレームに対して、CAN通信以外のI/O操作をした後に規定時間内に応答を返す場合などは、パソコンのシミュレータでは、μ秒単位での制御ができないなどの制約が発生します。そのようなユースケースの場合は車載ネットワーク通信機能を搭載した評価用の汎用マイコンボードに、実際の制御と通信ソフトウェアを実装することでシミュレータとして利用することがあります。

例としてCANマイコンを搭載したボードと検査対象ECUを接続して検査をする様子を**図7.10**で示します。ここではマイコンボードと検査対象ECUの他に、通信をモニタするネットワークモニタも接続しています。

この方式でのシミュレーションのメリットは下記の通りです。

①マイコンの制御ソースコードでシミュレータを記述できるため、タイミングを調整しやすい
②ネットワーク通信以外のシミュレーションが必要なケースでも適用できる
③パソコンや専用ツールに比べて高速で、応答性の高い処理が実現できる
④必要とするシミュレーションに特化するため、小型でコンパクトな環境が構築できる
⑤比較的安価で実現できる

実施したい検証内容にも依存しますが、ECUの開発の延長でHS-CANのドライバソフトウェアを用意されている場合などは、元となるソフトウェアをシミュレータ環境であるマイコンボードに移植し、短期間で環境構築できるなど資産活

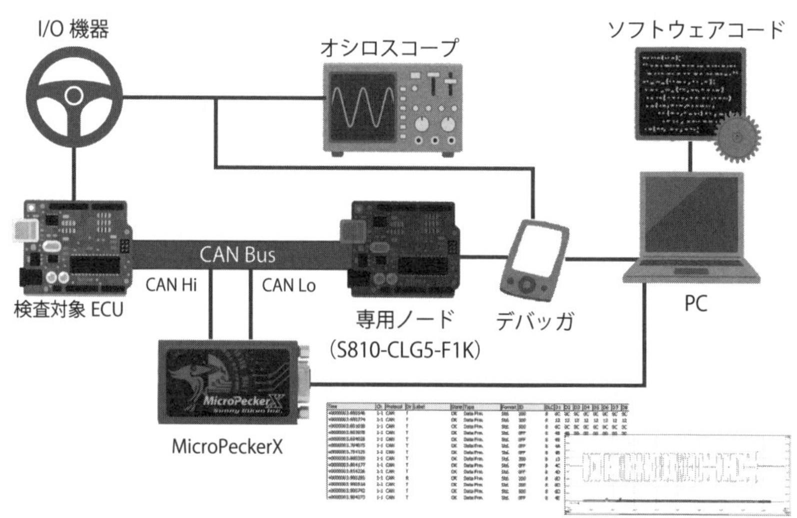

図7.10　マイコンボードの模擬ノードによる評価環境の例

用が可能なケースがあります。物理的な信号やタイミングの確認、実行時間を左右する応答性などの検証が必要な場合は、このような構成でシミュレーションシステムを構築します。

特にネットワーク以外の制御信号を検査対象ECUに送らないといけない場合、もしくは検査対象からネットワーク以外の信号を受け取って挙動を通信で返す場合などは、このような環境構築が必要になってきます。

●HILSの利用

ECUの機能試験をする場合に、対象となるECUへの信号の入出力を模擬するシステムとしてHILS（Hardware-In-the-Loop-Simulation）を使用することがあります。HILSは、ネットワーク通信を含め、ECUの入出力を模擬することでECUの機能検証を可能にするものですが、システム構築にモデルベース開発の知識や信号を高速に処理するための高性能な専用コントローラが必要になります。開発ECUのシステム規模が大きい、シミュレーション制御が複雑、高度な演算処理が必要になるケースではHILSを使うケースが一般的になってきています。その反面シミュレータ開発にかかるコストも増加するため、検証するシステムのテスト目的、粒度、規模に応じて選択していくのが理想です。

図7.11はdSPACE社のHILSシステムであるSCALEXIO LabBOXです。高度な演算機能と高速なI/O機能を備えており、あらゆるシミュレーションに適用させることが可能です。

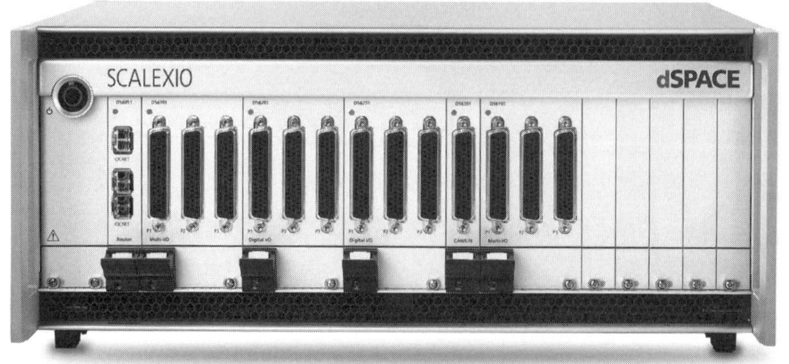

図7.11　HILSシステム SCALEXIO LabBOX

7.4 ネットワーク通信ログの活用

7.2.2.「ネットワークモニタ（アナライザ）」の例では、時系列で画面にCANバスのフレームの状態を見られることがわかります。しかし、検証作業は画面を目視確認するだけでなく、試験結果として検査記録を残す必要があります。またネットワーク通信は非常に高速であるため、人間の目で状態を追いかけることには限界があります。7.2.2で紹介したMicroPeckerX CAN FD AnalyzerのID固定表示で最終の値を観測するという方法もありますが、データの変化をリアルタイムで細かく観測することは困難です。

そんな時に役立つのがネットワークモニタのログ保存機能です。MicroPeckerX CAN FD AnalyzerではCANバスに流れるフレーム情報をパソコンのストレージに保存する機能があります。通信ログのイメージを**図7.12**に示します。

MicroPeckerX CAN FD Analyzerではログファイルをテキスト（CSV形式）でストレージに保存します。送受信されたフレームを1つの行として保存するため、CANの場合、500μ秒ごとに1分間送信されるログを取得すると実に12万行のCSVファイルとなります。CAN FD、HS-CANの種別、そしてペイロードのサイズによって変化しますが、この例では10Mbyte近くのファイルサイズになります。

通信ログを評価の検査結果として残す場合、取得したログから必要な箇所を抜き出して証明に使うこともできます。ログを分析する時はテキストエディタで検索をかけたり、Excelを使ってデータを加工して統計を取ったりすることなども可能です。また、ECUの開発中に発見される不具合の原因をログ解析により見つけるなどの利用も考えられます。

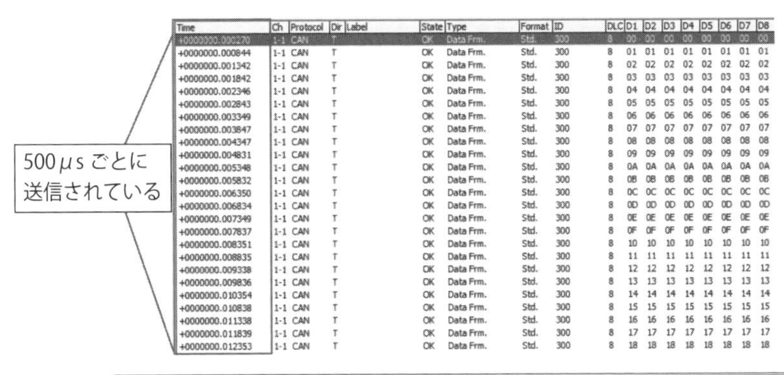

Time	Ch	Protocol	Dir	Label	State	Type	Format	ID	DLC	D1	D2	D3	D4	D5	D6	D7	D8
+0000000.000270	1-1	CAN	T		OK	Data Frm.	Std.	300	8	00	00	00	00	00	00	00	00
+0000000.000844	1-1	CAN	T		OK	Data Frm.	Std.	300	8	01	01	01	01	01	01	01	01
+0000000.001342	1-1	CAN	T		OK	Data Frm.	Std.	300	8	02	02	02	02	02	02	02	02
+0000000.001842	1-1	CAN	T		OK	Data Frm.	Std.	300	8	03	03	03	03	03	03	03	03
+0000000.002346	1-1	CAN	T		OK	Data Frm.	Std.	300	8	04	04	04	04	04	04	04	04
+0000000.002843	1-1	CAN	T		OK	Data Frm.	Std.	300	8	05	05	05	05	05	05	05	05
+0000000.003349	1-1	CAN	T		OK	Data Frm.	Std.	300	8	06	06	06	06	06	06	06	06
+0000000.003847	1-1	CAN	T		OK	Data Frm.	Std.	300	8	07	07	07	07	07	07	07	07
+0000000.004347	1-1	CAN	T		OK	Data Frm.	Std.	300	8	08	08	08	08	08	08	08	08
+0000000.004831	1-1	CAN	T		OK	Data Frm.	Std.	300	8	09	09	09	09	09	09	09	09
+0000000.005348	1-1	CAN	T		OK	Data Frm.	Std.	300	8	0A	0A	0A	0A	0A	0A	0A	0A
+0000000.005832	1-1	CAN	T		OK	Data Frm.	Std.	300	8	0B	0B	0B	0B	0B	0B	0B	0B
+0000000.006350	1-1	CAN	T		OK	Data Frm.	Std.	300	8	0C	0C	0C	0C	0C	0C	0C	0C
+0000000.006834	1-1	CAN	T		OK	Data Frm.	Std.	300	8	0D	0D	0D	0D	0D	0D	0D	0D
+0000000.007349	1-1	CAN	T		OK	Data Frm.	Std.	300	8	0E	0E	0E	0E	0E	0E	0E	0E
+0000000.007837	1-1	CAN	T		OK	Data Frm.	Std.	300	8	0F	0F	0F	0F	0F	0F	0F	0F
+0000000.008351	1-1	CAN	T		OK	Data Frm.	Std.	300	8	10	10	10	10	10	10	10	10
+0000000.008835	1-1	CAN	T		OK	Data Frm.	Std.	300	8	11	11	11	11	11	11	11	11
+0000000.009338	1-1	CAN	T		OK	Data Frm.	Std.	300	8	12	12	12	12	12	12	12	12
+0000000.009836	1-1	CAN	T		OK	Data Frm.	Std.	300	8	13	13	13	13	13	13	13	13
+0000000.010354	1-1	CAN	T		OK	Data Frm.	Std.	300	8	14	14	14	14	14	14	14	14
+0000000.010838	1-1	CAN	T		OK	Data Frm.	Std.	300	8	15	15	15	15	15	15	15	15
+0000000.011338	1-1	CAN	T		OK	Data Frm.	Std.	300	8	16	16	16	16	16	16	16	16
+0000000.011839	1-1	CAN	T		OK	Data Frm.	Std.	300	8	17	17	17	17	17	17	17	17
+0000000.012353	1-1	CAN	T		OK	Data Frm.	Std.	300	8	18	18	18	18	18	18	18	18

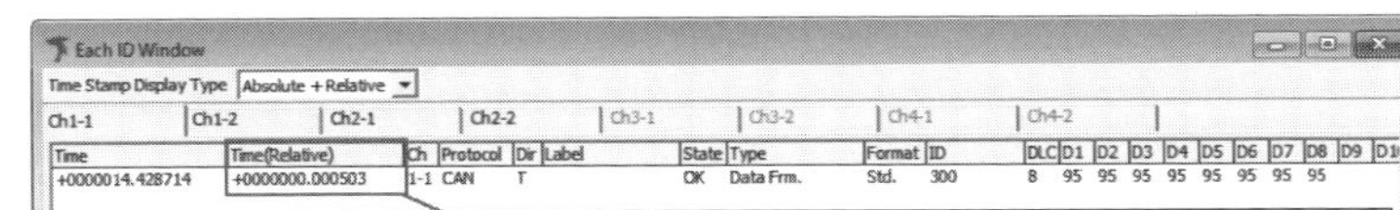

図7.12　ネットワークモニタの通信ログイメージ

コラム ログとして取得したメッセージをシミュレータ情報として活用する

通信ログはECUノード間の通信を記録するための機能ですが、記録されたログ情報は実際にECUが送信した制御手順として捉えることもできます。ECUノード間の通信ログを取得して、ノードシミュレータから対向ノードの送信ログを再生することで、制御手順を検証したいECUの動作確認をするような使い方も可能です。

例えば、ドライバーのスロットル操作情報と同期してHS-CAN通信が送信されるECUがあったとします。車両を走らせてドライバーがコントロールするスロットルの情報をHS-CANログとして記録しておき、後ほどスロットル情報を受信してアクチュエータを駆動するECUを検査する時に、実際のスロットル情報として検証用に利用するという使い方も考えられます（**図7.13**）。

7.3.1.「ネットワークノードシミュレータ」の、MicroPeckerX CAN FD Analyzerのログ送信機能と呼ばれる機能の説明では、人がシナリオを定義してシミュレーションデータとして利用する使い方でした。MicroPeckerX

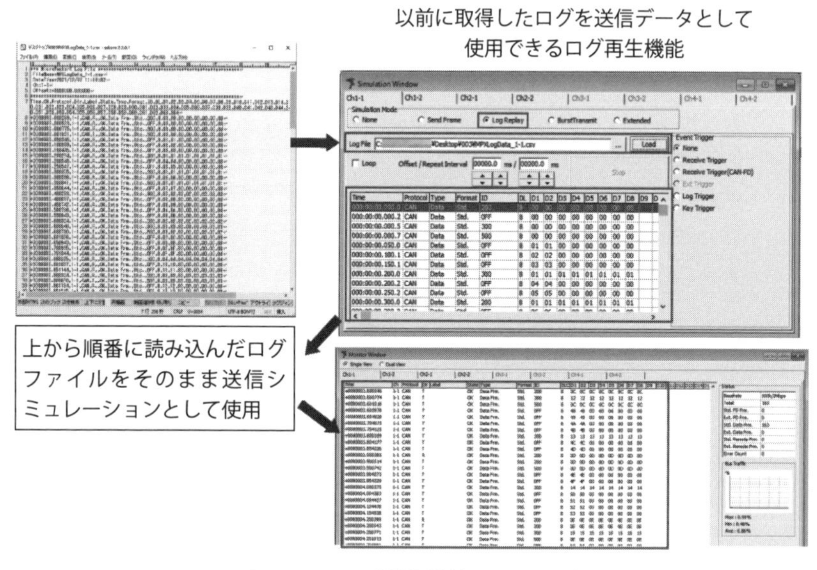

図7.13 ログ送信機能のイメージ

CAN FD Analyzerが生成するログは本来このログを再生できるようにすることを考慮したものであるため、この名称がついています。

他のツールメーカーのアナライザやシミュレータも同様の機能を持っており、取得したログをシミュレータデータとして再利用できるようになっているシステムは多数存在します。

7.5 高度なネットワーク通信テスト環境の構築

これまで紹介してきたテスト環境は、ツールを利用することでプログラムレスに利用できるものでした。通信状態をモニタリングする、定義された送信フレームを順にバスに流す、ある特定のフレームを受信したら固定メッセージを応答として返すというような、シンプルな利用であれば有効な手段です。しかし、通信シーケンスが複雑なテストや、ネットワーク通信中に様々なデータをルールに従って書き換える、ネットワーク通信を使用してECUの診断や情報を書き換えるなどのアプリケーション的な利用をしたい場合は、独自でツールをコントロールするソフトウェアを開発する必要があります。

車載ネットワークツールによっては、専用の言語を使って複雑なシーケンスのネットワーク通信を記述できるシステムも存在しますが、近年オープンソースを用いて、C言語、C＃言語、Python言語を用いた独自の車載ネットワーク環境を構築したり、車載ネットワークツールベンダーが提供するソフトウェア開発環境を利用して、Excelなどのアプリケーションソフトウェアからネットワーク通信を容易に利用し、高度なテスト環境を構築したりすることが可能になってきています。

以下に高度なネットワーク通信テスト環境を構築する手段についての例を紹介します。**図7.14**に通信ライブラリを用いたHS-CAN、CAN FD、LINの独自テスト環境の構築、**図7.15**にSocketCANを用いたHS-CAN、CAN FD独自テスト環境の構築、**図7.16**にExcelのワークシートからアクセス可能な独自テスト環境の構築、**図7.17**にWiresharkとTCPソケット通信を用いたEthernet独自開発環境の構築を示します。

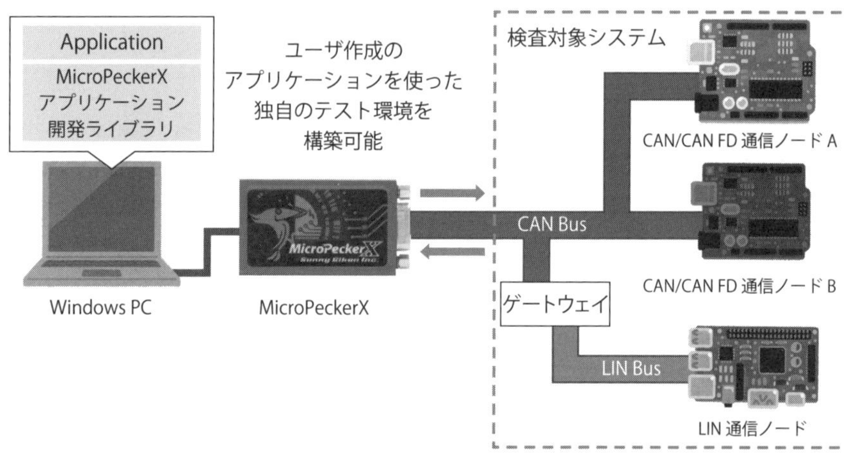

図7.14　MicroPeckerXアプリケーション開発ライブラリを使ったWindows版のソフトウェア開発環境構築

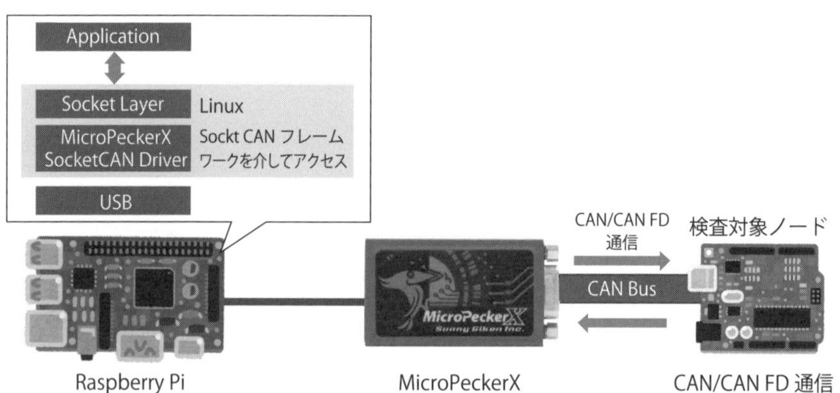

図7.15　Raspberry PiとMicroPeckerXを用いたスタンドアロンで動作する開発環境の構築

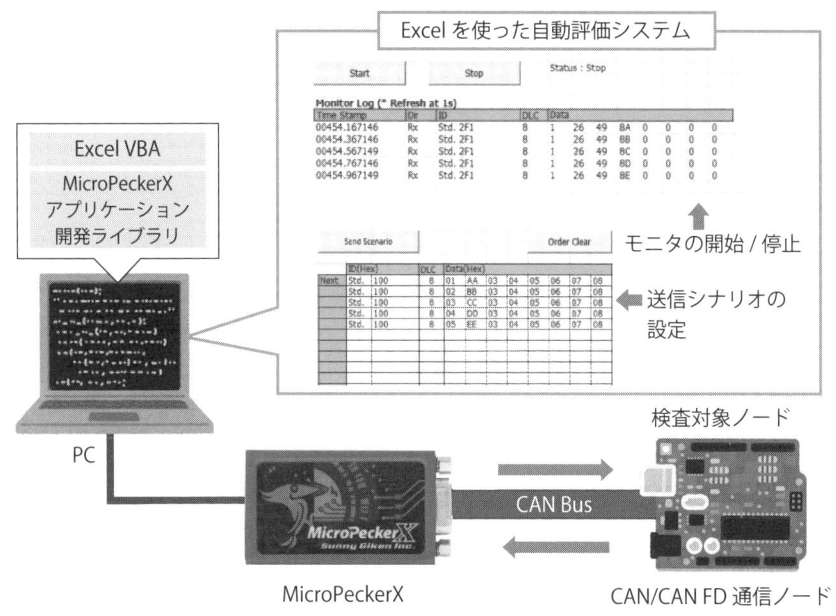

図7.16　Excelとアクセスライブラリを用いた自動テスト、自動レポート作成システムの構築

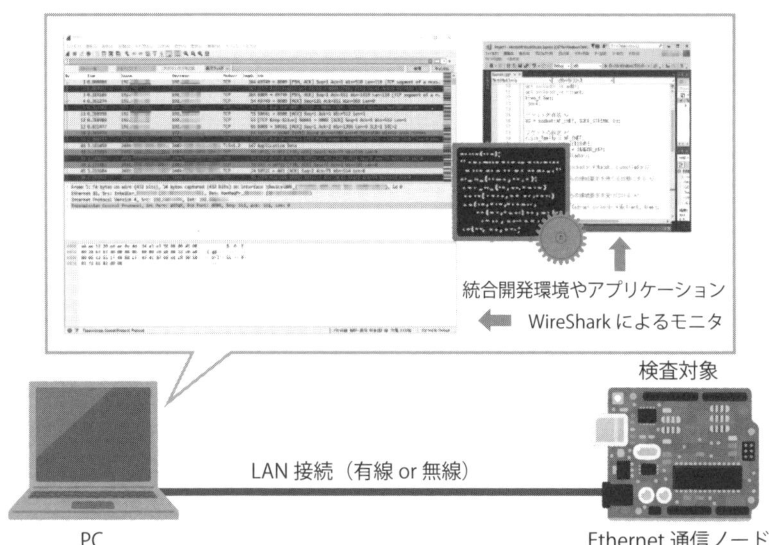

図7.17　TCPソケットを使ったノードシミュレーションとWireSharkを使った通信分析

7.6 車載ネットワークミドルウェア・ドライバソフトウェア

車載ネットワークソフトウェアをECUへ組み込む際、1からソフトウェアを作成するためには、深い車載ネットワークの知識、デバイスの知識、そしてテストのための様々なデータやアルゴリズムの用意、設備の確保など多くの作業時間と技術力が必要となります。

専門性を有するネットワークアクセスをより簡単に使用するために、ネットワーク通信を制御するミドルウェアやドライバソフトウェアが用意されています。ソフトウェアは無償で利用可能なオープンソースや公開ソフトウェアと、商用ベースで利用できる有償のものの2種類が存在します。

オープンソースや公開ソフトウェアは無償で利用できるものの、ソフトウェアの対象のコンピュータへの移植、利用の方法、品質の確保などは利用者側で技術的な理解や動作検証、そして品質の確認などを実施する必要があります。しかし、ネットワークのソフトウェアの技術習得や、利用範囲が限定的で品質確保の必要がないネットワークを使った試作やテストノードを開発する際には有効に活用できます。

商用ベースで利用できる有償のソフトウェアについては、車載ネットワーク制御に関する専門的な技術や知識がミドルウェアやドライバソフトウェアとしてパッケージ化されているため、利用者側が専門的な知識に乏しくても対象のネットワークを容易に利用でき、品質の高いソフトウェアを短期間で構築できるというメリットがあります。他にも販売を行っている企業の技術支援だけでなく、様々なECUへの移植などのサービスを受けられるなど、ネットワークソフトウェアを本格的にECUへ搭載するための最適な利用が可能です。しかし、対象とされるネットワークの種類・制御する機能・品質のレベル差により価格が変動します。開発されるECU開発費用、そして特性に応じて選択が必要です。

日本国内で使用可能ないくつかのソフトウェアを紹介します。

①オープンソース・公開ソフトウェア

- TOPPERS CAN/LIN通信ミドルウェア
- TOPPERS TOPPERS/A-COMSTACK
- TOPPERS TINET
- lwIP（オープンソースTCP/IPプロトコルスタック）

②商用ミドルウェア・ドライバソフトウェア

- Vector CANbedded, MICROSAR
- AUBASS AUBIST
- Elektrobit EB tresos
- サニー技研 CioRy

7.7 車載ネットワーク開発で有用なツールやアイテム

7.7.1. キャリブレーションツール

キャリブレーションとは一般的に校正や調整をあらわし、計測器などで標準通りの値を得るために標準器などを用いてその機器の偏りを計測し、正しい値となるよう調整することを意味します。それでは車載制御開発におけるキャリブレーションとはどんな意味でしょうか。

かつてガソリンエンジンは機械式で、スロットルやキャブレターを用いて空燃比を決定し、ガソリンを燃焼させて出力を得ていました。これだと、メカで動作が固定されてしまっているので、温度や気圧など周辺環境の変化などには対応できません。しかし現在では電子制御により周辺環境の情報をセンサーから取り込み、理想に近い燃焼が可能になりました。これにより燃費の向上やエミッションの低減を実現し、各種排出ガス規制をクリアしています。

エンジンを例にしましたが、自動車では車体制御、バッテリー、ハンドル、オートマチック、ブレーキなどの制御もソフトウェアで行っています。ソフトウェアを開発する際、理論通りに作ったとしても実際に動かしてみると、そううまくはいきません。最適な制御となるよう、どうしても調整が必要です。フィードバック制御ではセンサーからの入力を元に演算し、制御値を出力します。この調整がキャリブレーションです。

制御の方法を変更するにはプログラム（ソースコード）を変更し、ビルドして作られたオブジェクトを再度車載ECUに書き込む（フラッシュする）必要があります。しかし細かい調整のたびにビルドと書き込みを行うのは大変手間です。制御用の定数パラメータなどの変更のみの場合は、内部のROMやRAMに格納されている数値パラメータを書き換えることができると手間は大幅に削減できます。そういった調整を行うためのものとして、キャリブレーションツールと呼ばれるものが使われています。

①RAMモニタ

車載ECU内部にあるマイコンなどの演算装置に搭載されているデバッグインターフェースを用い、内部のRAM情報を読み取るものです。ソフトウェア開発におけるデバッガなどとは異なり、ソフトウェアを止めることなく内部の状態を取得できます。RAMモニタの中には指定したアドレスの数値を変更するRAM書き換え機能を有しているものもあり、この機能を用いて制御用パラメータを変更できます。

②XCPツール

RAMモニタを使用する場合、マイコンのデバッグインターフェースを用いるため、専用のコネクタやラインが出ている必要があります。実車に搭載される状態に近いECUの場合、そういったコネクタなどは搭載されていないことがほとんどなので、通信（CAN/LIN/Ethernetなど）を介して実現します。XCPはキャリブレーション用のプロトコルです。

7.7.2. 評価ボード・リファレンスボード

車載ネットワーク通信をマイコン上で実装テストするためには、ソフトウェアを実装するためのマイコンが搭載されたハードウェアが必要となります。ハードウェアの設計から進める方法もありますが、設計に多くの時間を要する上に、ハードウェアが正しく動作するかをテストするなど本来の開発以外の開発が伴います。さらに、ハードウェア設計や製造の技術が必要となります。このような場合に有効に活用できるものとして、車載ネットワークマイコンを搭載した評価ボードやマイコン応用の参考になるリファレンスボードが挙げられます。

評価ボードやリファレンスボードはすでに設計・テストされたハードウェアを購入するため、目的とするネットワーク通信の検証を迅速に進めることが可能です。使用したいマイコンに一致する評価ボード・リファレンスボードが存在しない場合もありますが、マイコンの仕様によってはメモリ容量やI/Oのアドレスが異なるだけで、同じ規格の車載ネットワークコントローラが搭載されていることもあるので、テストの目的によっては十分活用ができます。

リファレンスボードの一覧を、**表7.2**に示します。

表7.2　国内のリファレンスボードの一覧

メーカー名	型名	対応マイコン	対応車載ネットワーク
サニー技研	S810-CLG5-F1K	RH850/F1KM ※1	CAN FD、CAN、LIN
	S810-TPF-121	RH850/F1K ※1	CAN FD、CAN、LIN
	S810-CXG4	RL78/F14	CAN、CXPI
北斗電子	LIN・CANスタータキットRL78/F15	RL78/F15	CAN、LIN
	CANスタータキットRX62N	RX62N	CAN
テセラ・テクノロジー	CF-850/F1K-144-S	RH850/F1K ※1	CAN FD、CAN、LIN
	CF-850/F1K-176-S	RH850/F1K ※1	CAN FD、CAN、LIN
	CF-850/F1KM-176-S	RH850/F1KM ※1	CAN FD、CAN、LIN
アルファプロジェクト	AP-RX62N-0A	RX62N	CAN ※2、Ethernet
	AP-RX63N-0A	RX63N	CAN ※2、Ethernet
	AP-RX64M-0A	RX64M	CAN ※2、Ethernet
	AP-RX651-0A	RX651	CAN ※2
	AP-RX65N-0A	RX65N	CAN ※2、Ethernet

※1 マイコンは別途用意必要（ソケット実装）
※2 CANトランシーバアダプタ接続でCAN通信利用可能

第 8 章

ネットワークに関わる基本知識

8.1 基本用語および単位

8.1.1. 車載ECUで2進数を使う理由

ECUの中に組み込まれているマイクロコンピュータは、小規模なコンピュータといえます。既存のコンピュータと同様に、情報処理のための信号はデジタル信号を使用しています。

回路間の信号はアナログ信号を使うこともできますが、ノイズなどの影響で電圧がずれてしまった場合、正しい値を読み込めなくなってしまいます。そこで、既存のコンピュータは、ノイズに強いデジタル信号を使用しています。デジタル信号は、電圧を細かく分割するのではなく、閾値電圧より高い場合を“1”、低い場合を“0”といった2値で表す仕組みです（**図8.1**）。

このような理由で車載ECUでは、2個の数字を使って数を表現する2進数を使っています。

①数の体系と表記方法

情報通信の分野で使用する数の体系と表記方法を**表8.1**に示します。

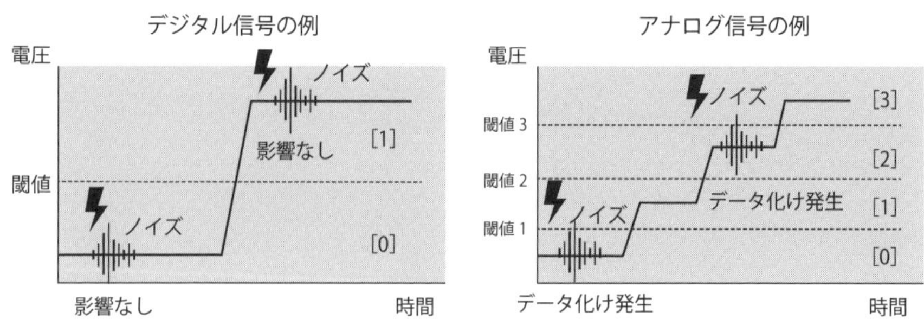

図8.1　デジタル信号とアナログ信号のときのノイズ

表8.1　数の表現方法

体系	表記方法	意味
2進数	0b1010	2進数では、数字の0, 1の2個の数字を使って数を表現します
10進数	10	10進数では、数字の0～9の10個の数字を使って数を表現します
16進数	0x0A	16進数では、数字の0～9の10個の数字とA～Fの6個のアルファベットを使って数を表現します

②2進数の情報の単位

情報通信の分野で使用する情報の単位を**図8.2**に示します。

③2進数を16進数へ変換する方法

16進数への変換方法は、2進数を下位bitから4bit単位に区切ります。4bitで表現可能な組み合わせは16種類ありますので、その組み合わせに対して0～9の数字とA～Fのアルファベットを割り当てます。2進数から16進数に変換した例と変換表を**表8.2**に示します。

情報の単位	各単位の意味
ビット（bit）	デジタルデータ（2進数）の最小単位が1ビットです
ニブル（nibble）	4bitを1単位とするのが1ニブルです
バイト（byte）	8bitを1単位とするのが1バイトです
オクテット（octet）	8bitを1単位とするのが1オクテットです Ethernetでは、バイトの代わりにオクテットという単位を使います
ワード（word）	16bitを1単位とするのが1ワードです

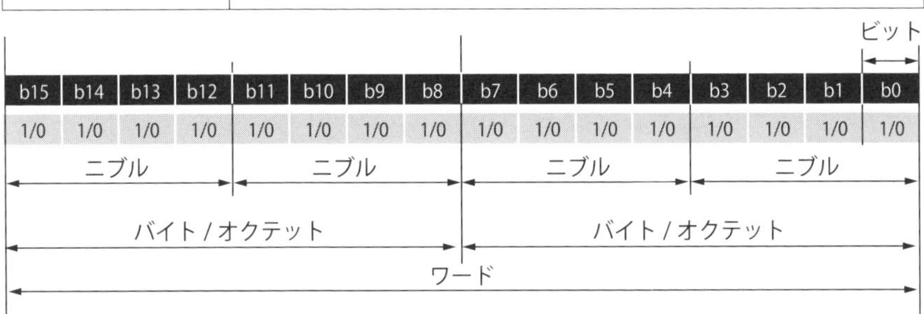

図8.2　情報の単位

8.1.2. パラレル転送方式とシリアル転送方式

パラレル（平行）転送方式とは、複数bitのデータを同時並列的に（parallel）転送する方式のことです。シリアル（直列）転送方式は、データを1bitずつ順番に転送する方式のことです。車載ネットワークは、シリアル転送方式を応用しています（**図8.3**）。

表8.2　2進数から16進数への変換

2進数から16進数への変換例

b15	b14	b15	b12	b11	b10	b9	b8	b7	b6	b5	b4	b3	b2	b1	b0
1	1	0	0	1	1	0	1	0	1	0	1	1	0	1	0
C				D				5				A			

2進数から16進数への変換表

2進数	16進数	2進数	16進数	2進数	16進数	2進数	16進数
0000	0	0100	4	1000	8	1100	C
0001	1	0101	5	1001	9	1101	D
0010	2	0110	6	1010	A	1110	E
0011	3	0111	7	1011	B	1111	F

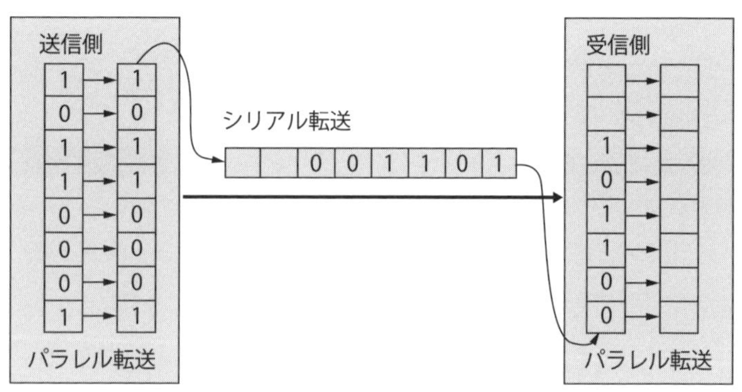

図8.3　パラレル転送方式とシリアル転送方式

8.1.3. 伝送速度

伝送速度とは、デジタルデータを伝送する速度のことです。1秒間に何bitのデータを転送するかを表しています。表記方法は、bps（bit per second）やbit/秒です。主要な車載ネットワークの伝送速度と1bit時間を**表8.3**に示します。

表8.3 伝送速度と1bit時間

伝送速度（データ信号速度）	送信可能なbit数	1bit時間	車載ネットワークの種類
1000Mbps	1000Mbit	1nsec	1000BASE-T1（車載Ethernet）
150Mbps	150Mbit	6.67nsec	MOST150
100Mbps	100Mbit	10nsec	100BASE-T1（車載Ethernet） 100BASE-TX（車載Ethernet）
50Mbps	50Mbit	20nsec	MOST50
10Mbps	10Mbit	10nsec	10BASE-T1（車載Ethernet） FlexRay CAN XL
8Mbps	8Mbit	125nsec	CAN FD
1Mbps	1Mbit	1μsec	CAN
160kbps	160kbit	6.25μsec	ASRB
20kbps	20kbit	50μsec	CXPI LIN

量を表す単位		
記号	読み方	べき乗の表現
K	キロ	10^3（1,000）
M	メガ	10^6（1,000,000）
G	ギガ	10^9（1,000,000,000）

時間を表す単位		
記号	読み方	べき乗の表現
s	秒	10^0（1）
ms	ミリ秒	10^{-3}（1/1,000）
μs	マイクロ秒	10^{-6}（1/1,000,000）
ns	ナノ秒	10^{-9}（1/1,000,000,000）

8.1.4. 通信方式

①全二重通信（Full duplex）

全二重通信は、データの送信と受信を双方から同時に行える通信方式です（**図8.4**）。全二重通信の特徴は送信ECUが通信帯域を占有できるので、実行速度は理論上の最大通信速度に近い速度を実現できることです。ただし、伝送路のハードウェア（ケーブルやトランシーバなど）構成が半二重通信と比べて約2倍の規模となります。車載ネットワークではEthernetで使用しています。

②半二重通信（half duplex）

半二重通信とは、データの送信と受信を同時に行えず、時間を区切って片方向ずつ送信する通信方式です（**図8.5**）。半二重通信の特徴は、伝送路のハードウェアを全二重通信の約半分の規模で構成できることです。

ただし、通信帯域を分割して使用するので、実行速度は分割数に比例して遅く

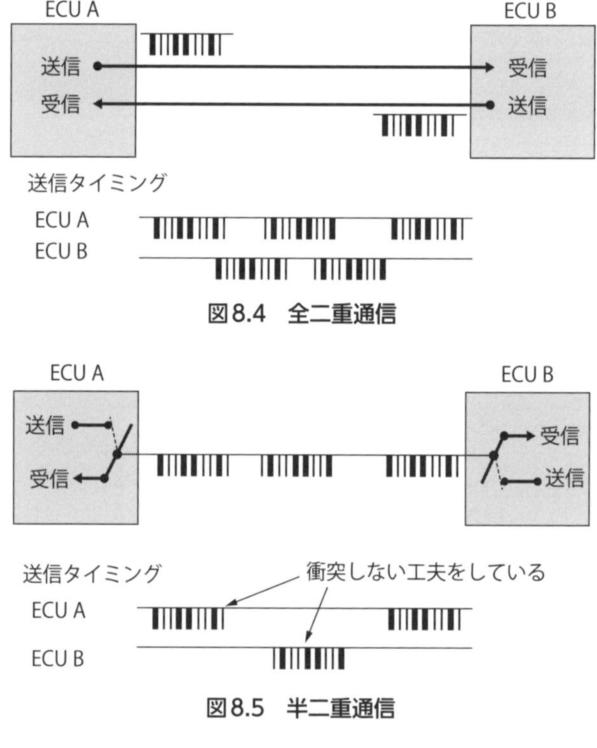

図8.4　全二重通信

図8.5　半二重通信

なります。車載ネットワークでは、Ethernet以外のLANプロトコルで使用しています。

8.2 伝送技術全般（データリンク層&物理層）

8.2.1. MAC副層のフレームの基本動作

MACフレームは、通信のための初期化処理完了後に通信待機状態（アイドル状態）になります。通信待機状態とは、ECU内部の送信イベントや伝送路上の受信信号を待っている状態のことです。通信待機状態において、送信すべきデータがある場合や伝送路上に受信信号がある場合は、通信状態に遷移します（**図8.6**）。

通信状態では、フレーム送信もしくはフレーム受信という動作を行います。通信状態が完了すると通信禁止状態に遷移します。通信禁止状態は、通信動作を行ってはいけない状態のことです。通信禁止状態は、伝送路上の全てのECU間の同期をリセットするためのフレームセパレーション期間として設けられています。また、通信フレームが連続で送られてきた時のECUの受信処理の負担を軽減するという目的もあるようです。

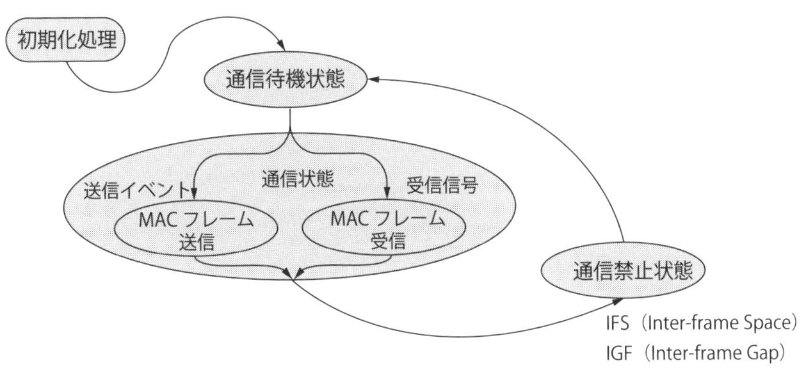

図8.6　通信のフロー

①MACフレームの種類

MACフレームには、データ通信を行うためのフレーム以外にスリープ中のECUを起床させるためのウエイクアップ専用のフレームがあります（**図8.7**）。車載プロトコルによっては、通信エラー通知用のフレームをサポートしているものもあります。

②MACフレームのbit・ナンバリング

MACフレームのbit・ナンバリングについては、各バイトのLSB（Least Significant Bit、最下位bit）にあるデータbitを最初に送信する「リトルエンディアン」と、その逆にMSB（Most Significant Bit、最上位bit）から順番に送信する「ビッグエンディアン」の2種類があります（**図8.8**）。車載ネットワークの車載Ethernet、LIN、CXPIなどは「リトルエンディアン」を使っています。CANやCAN FD、FlexRayは、「ビッグエンディアン」を使っています。

③データ通信用のMACフレームの構成

車載プロトコルによってMACフレームの構成は異なりますが、データ通信用のMACフレームに関しては共通部分が多くあります。データ通信用のMACフレームの基本構成を**図8.9**に示します。データ通信用のMACフレームの各ブロックの機能は、以下の通りです。

●SOF（Start of Frame）

MACフレームの送信開始情報のことです。このSOFの信号を検出することで受信動作を開始します。この一連の動作をフレーム同期といいます。このフレーム同期用の信号は、車載ネットワークごとに変わります。

●ヘッダ

MACフレームの送信先（宛先）アドレスや送信元アドレス、電文長といった制御情報のことです。

●ペイロード

MACフレームの正味のデータのことです。このペイロードのサイズは、ヘッダに含まれる電文長の値で指定します。

●誤り検出符号

MACフレームのペイロードのデータの誤りを検出するための符号のことです。受信した誤り検出符号と受信側で再計算した誤り検出符号を比較することで

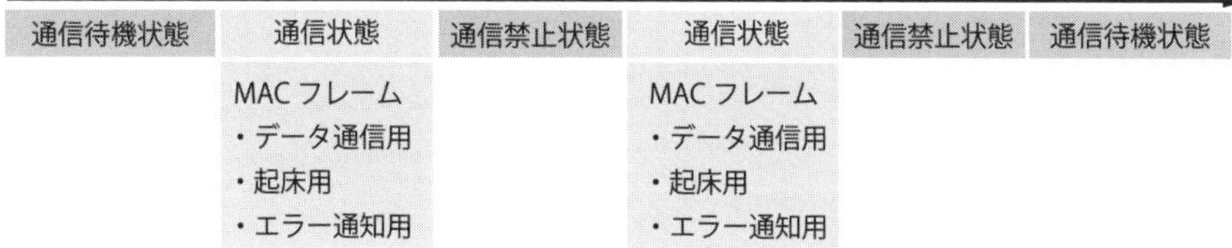

図8.7　MACフレーム

リトルエンディアンの例

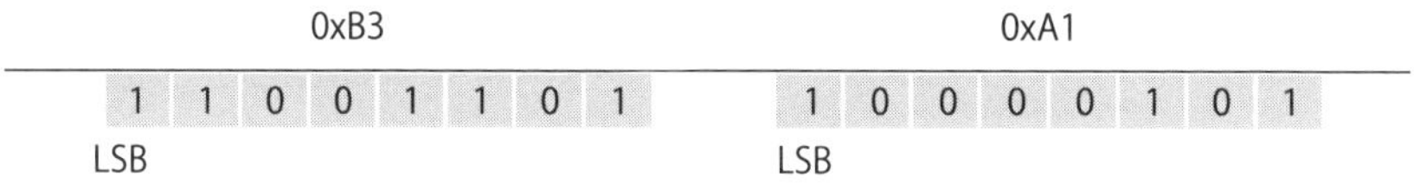

ビッグエンディアンの例

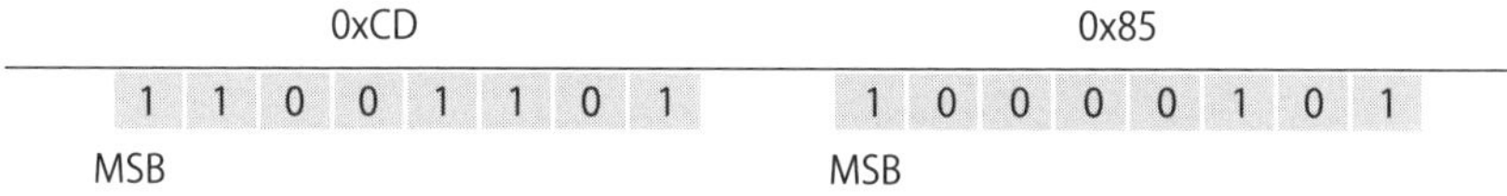

図8.8　リトルエンディアンとビッグエンディアン

MAC フレームの基本構成（OSI 参照モデルレイヤ 2）					
SOF (Start of Frame)	ヘッダ	ペイロード (データ本体)	誤り検出 符号	(ACK)	EOF (End of Frame)

図8.9　MACフレームの基本構成

誤りの有無を判定します。

●ACK

MACフレームの受信ステータス情報です。正常に受信した場合は「ACK」を返信し、異常の場合は「NACK」を返信します。車載ネットワークのCAN、CAN FDに使われていますが、車載Ethernet、LIN、CXPIでは使っていません。

●EOF（End of Frame）

MACフレームの送信終了情報のことです。

④ACKありMACフレームとACKなしMACフレームの制御の違い

フレーム通信処理において送信フレームが正常に伝送されたことを確認するために、受信側が受信ステータス（正常＝ACK、異常＝NACK）をMACフレームに乗せて返信するのが一般的です。正常時は2つのMACフレームを使います。異常が発生した場合は、再送を行いますので4つのMACフレームを使うことになります（**図8.10**）。

そこで、データ送信の確認にかかる時間を短縮するために、ACKありMACフレームが作られました。ACKフィールドで受信側のECUがACKもしくはNACKを送信することで、大幅な時短を実現しています。

8.2.2. 同期方式

通信では、送信側と受信側でタイミングを合わせる必要があります。このタイ

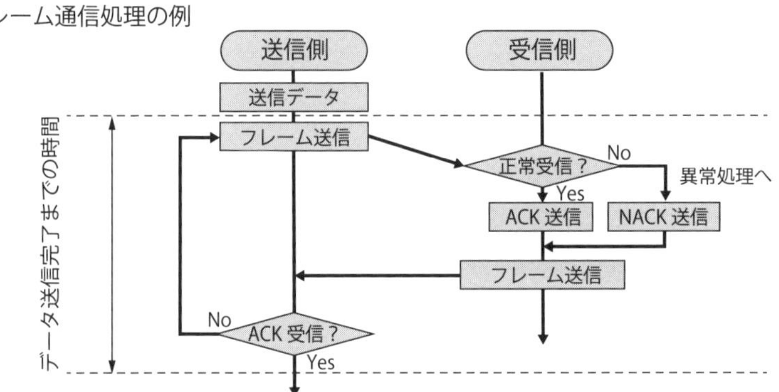

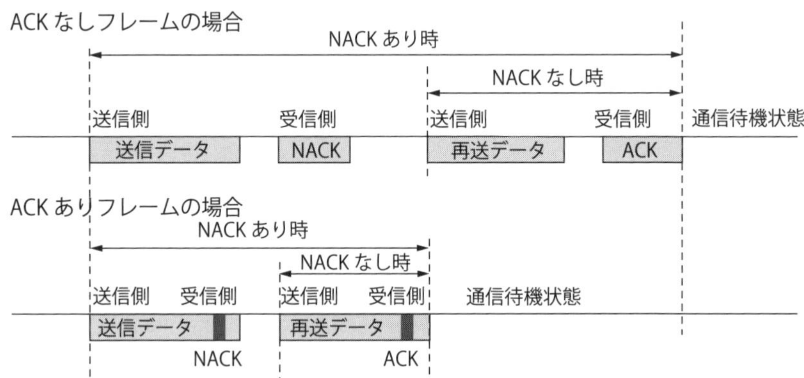

図8.10　ACKありMACフレームとACKなしMACフレーム

ミングを合わせなければ、受信側は通信フレームの始まりと終わりを知ることができません。通信では、このタイミングを合わせることを「同期」といいます。同期方式の種類を**表8.4**に示します。

表8.4　同期方式

同期方式の種類	同期方法
クロック同期方式	同期用クロックにより1bitごとにタイミングをとる方法
調歩同期方式	bit同期：同期用bitによりデータ1文字ごとにタイミングをとる方法
キャラクタ同期方式	ブロック同期： 同期用のbit列により、ひとまとりのデータごとにタイミングをとる方法
フラグ同期方式	

①クロック同期方式

クロック同期方式とは、bit単位で同期を取る方式です（**図8.11**）。この方式は、データ信号と同期用クロック信号の2本の信号線を使って同期を取ります。動作としては、送信側はクロックの立下りに同期しデータを出力します。受信側は半クロック位相をずらし、クロックの立ち上がりでデータを取り込みます。ECU基板内のデバイス間の通信で使っています。

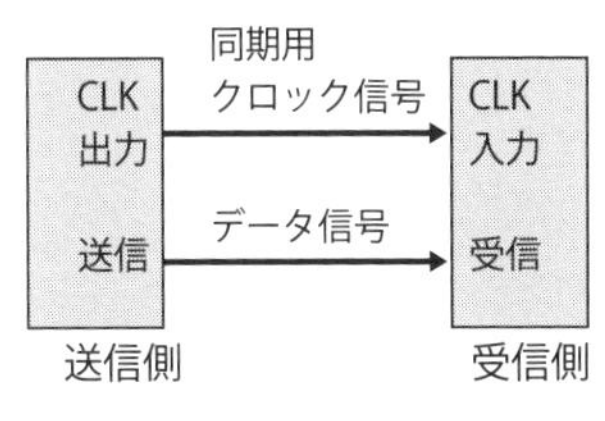

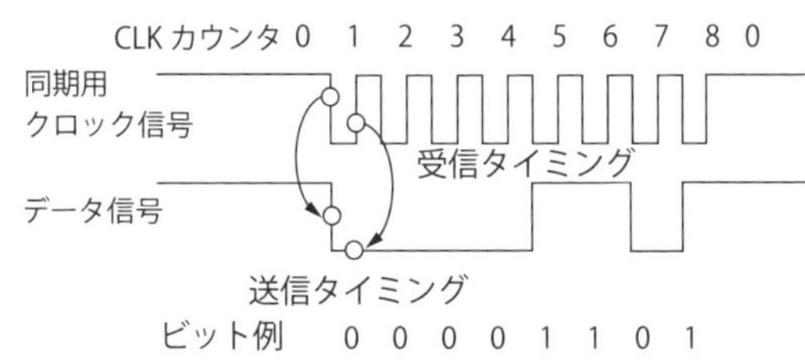

図8.11　クロック同期方式

②調歩同期方式

非同期方式とも呼ばれます。調歩同期方式のフレーム構成は、スタートビット、キャラクタビット、パリティビット、ストップビットの4種類のビットパターンを組み合わせた構成です（**図8.12**）。受信時の同期方法は、スタートビットの検出により行います。伝送路に情報がない時（アイドル状態）は、伝送路は「1」の状態になっているので、スタートビットの「0」を検出することで、受信動作を開始します。その後キャラクタビットとパリティビット（誤り検出用bit）、最後にストップビットを受信することで受信動作を終了します。車載ネットワークでは、LINがこの方式を使用しています。

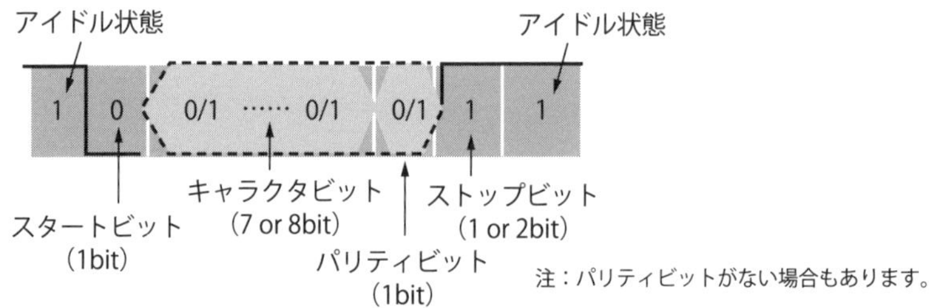

図8.12　調歩同期方式

●スタートビット検出方法

1bitを8クロック時間で構成した場合のスタートビット検出方法について説明します（**図8.13**）。スタートビットの検出は、アイドル状態「1」から「0」に変化したことと、1/2bit時間経過後に「0」を検知したという2つの条件が満たされたことでスタートビットとする判定を行っています。

1/2bit時間経過後に「1」を検知した場合は、受信信号をノイズとみなし、サンプリング用カウンタをリセットし、再度スタートビット検出待ち状態（立下り検出待ち）となります。

このスタートビット「0」受信による同期の概念は、各種車載ネットワークの再同期処理部に使われている重要技術です。

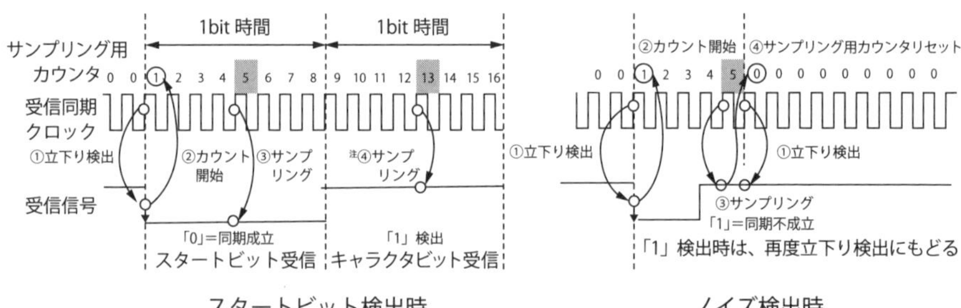

図8.13　スタートビットの検出

●キャラクタ同期方式

キャラクタ同期方式は、データをメッセージというまとまりの単位にし、メッセージの先頭にSYN（Synchronous idle）という文字符号を2個付加して送信します（**図8.14**）。このSYNは、00010110というbit列を持ち、これにより同期をとります。キャラクタ同期方式は、調歩同期方式に比べて付加する情報量が少なく、高速な通信に向きます。その反面、通信エラーが発生すると、メッセージ単位でデータを失うという欠点があります。

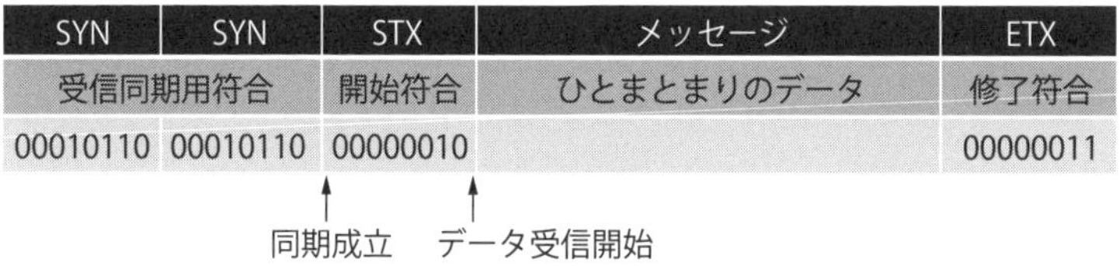

SYN	SYN	STX	メッセージ	ETX
受信同期用符合		開始符合	ひとまとまりのデータ	修了符合
00010110	00010110	00000010		00000011

↑同期成立　↑データ受信開始

図8.14　キャラクタ同期方式の受信フレーム構成

④フラグ同期方式

フラグ同期方式は、データをひとまとまりの単位にして同期をとる方式です。しかし、キャラクタ同期方式がSYNという文字を付加するのに対して、この方式では、フラグというbit列を付加する点が異なります（**図8.15**）。フラグは一見文字のようですが、「01111110」というbitの並びです。このbitの並びをフラグパターンといいます。

キャラクタ同期方式の場合、文字データだけを送るなら問題ありませんが、画像や音声などを送ろうとすると、そのデータbit列の中に「00010110」というbit列が含まれている可能性があります。このbit列はSYNとみなされてしまい、うまく通信できないという重要な問題があります。そこで、画像や音声など文字データ以外も送れるように、フラグというbit列を用いて同期をとるわけです。

フラグ同期方式では、送信するデータがない場合でも常にフラグを送り続けています。フラグと異なるbit列が表れたとき、つぎにフラグが現れるまでの間のbit列を、ひとつのまとまりのデータとみなすわけです。車載ネットワークでは、車載Ethernetがこの方式と同じ考え方の同期方式をとっています。

フラグ同期方式の受信フレーム構成

フラグ	フラグ	メッセージ	フラグ
受信同期用ビットパターン		ひとまとまりのデータ	ビットパターン
0111110	0111110	データ1…… データn	0111110

同期成立
データ受信開始

車載 Ethernet 受信同期タイミング

Ethernet の場合は、フラグというビットパターンがプリアンブルというビットパターンに変わります。プリアンブルのビットパターンは、「01010101」になります。受信同期用には、プリアンブルのビットパターンが 7 回連続と Start Frame Delimiter のビットパターンを正常に受信することで同期成立となります。

車載 Ethernet 受信同期タイミング

プリアンブル 1		プリアンブル 7	Start Frame Delimiter (SFD)	宛先アドレス (DST MAC)	省略
受信同期用ビットパターン				6バイト	―
01010101		01010111	01010111	xxxxxxx	

同期成立
データ受信開始

図8.15　フラグ同期方式の受信フレーム構成

8.3 誤り検出

信号データがケーブルなどの伝送媒体上を伝わっているときに、雑音などの影響を受けて、データが変化してしまうことがあります。このような信号データの誤りを検出するために用いられる情報が、FCS（Frame Check Sequence）です。

送信側では、データから作り出したチェック情報をフレーム中のFCSにセットして送信します。受信側では、受信したデータから同じ方法で作り出したチェック情報と、受信したチェック情報そのものとを比べることにより、エラーの有無を検出します。

以下に、主な誤り検出方式について説明します。

(1) 垂直パリティ方式
(2) チェックサム方式
(3) CRC方式

8.3.1. 垂直パリティ方式

垂直パリティ方式とは、送信するデータのbit列のまとまりごと（文字単位など）に、誤り検出用のパリティビット（1bit）を付け加える方法です。この方式の場合、どのbit列のまとまり（文字）に誤りがあったかが検出できます。

この垂直パリティ方式は、偶数パリティと奇数パリティの2つの方式があります（**図8.16、図8.17**）。偶数パリティの場合、パリティを付加すると「値が1」のbitが偶数個になり、奇数パリティの場合は「値が1」のbitが奇数個になります。ただし、パリティチェックでは誤り検出はできても、どのbit位置に誤りがあるかまでの判断はできないため、誤り訂正はできません。

データパターン					パリティ値	パリティ処理
1	0	1	0	→	0	データが偶数の場合、「0」がパリティ値となる
1	0	1	1	→	1	データが奇数の場合、「1」がパリティ値となる

図8.16　偶数パリティの例（4bitのデータパターンの例）

データパターン					パリティ値	パリティ処理
1	0	1	0	→	1	データが偶数の場合、「1」がパリティ値となる
1	0	1	1	→	0	データが奇数の場合、「0」がパリティ値となる

図8.17　奇数パリティの例（4bitのデータパターンの例）

8.3.2. チェックサム

データを分割し、文字などのブロック単位のデータを数値とみなして、合計を取った値を検査用の符号としてデータに付け加え、誤りを検出する方法です（**表8.5**)。合計を取るブロックの大きさは8bitや16bitがあります。合計を計算する時、ブロックサイズの上限値より大きくなった場合、繰り上がりの分は無視されます。

表8.5　チェックサムの例

ブロックサイズ	データ						チェックサム値
8bit	0x01	0x02	0x03	0x10	0x20	0x30	0x66
16bit	0x0102		0x0310		0x2030		0x2442

8.3.3. CRC方式

送信するbit列をある定数（生成多項式で求められる値）で割って、あまりを検査用の符号としてデータに付け加える方式です。パリティチェックの場合、複数bitが誤っている時に誤りを検出できない場合がありますが、CRC方式では連続したbitの誤り（＝バースト誤り）を検出できます。

図8.18に、CRC-8-SAEJ1850のCRC方式の例を示します。送信するbit列 $(64F)_{16}$ をCRC-8-SAEJ1850の生成多項式（$x^8+x^4+x^3+x^2+1$）で求められる値

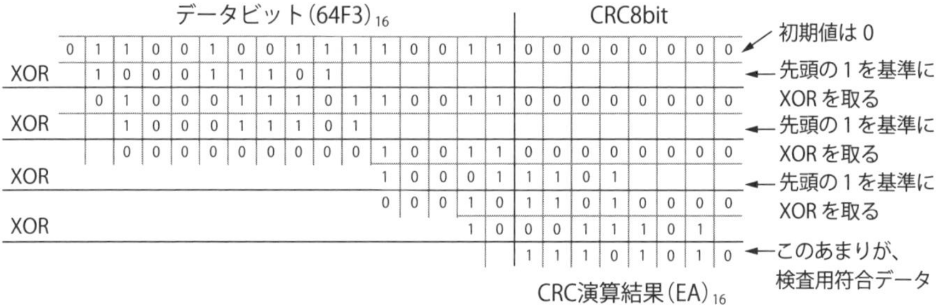

図8.18　CRC方式

の（11d）$_{16}$で割った結果のあまりが検査用の符号になります。この例では、(EA)$_{16}$が検査用符号データとなります。

8.3.4. CRC計算で車載ネットワークで使用する生成多項式

表8.6　生成多項式

名称	生成多項式	車載ネットワーク
CRC-8-SAE J1850	$x^8+x^4+x^3+x^2+1$	J1850
CRC-8-CXPI	x^8+x^4+x+1	CXPI（Normal Frame）
CRC-11	$x^{11}+x^9+x^8+x^7+x^2+1$	FlexRay
CRC-15-CAN	$x^{15}+x^{14}+x^{10}+x^8+x^7+x^4+x^3+1$	CAN
CRC-16-CCITT	$x^{16}+x^{12}+x^5+1$	CXPI（Long Frame）
CRC-17	$x^{17}+x^{16}+x^{14}+x^{13}+x^{11}+x^6+x^4+x^3+x+1$	CAN FD（16バイト以下）
CRC-21	$x^{21}+x^{20}+x^{13}+x^{11}+x^6+x^4+x^3+1$	CAN FD（17バイト以上）
CRC-24-Radix-64	$x^{24}+x^{23}+x^{18}+x^{17}+x^{14}+x^{11}+x^{10}+x^7+x^6+x^5+x^4+x^3+1$	FlexRay
CRC-32	$x^{32}+x^{26}+x^{23}+x^{22}+x^{16}+x^{12}+x^{11}+x^{10}+x^8+x^7+x^5+x^4+x^2+1$	Ethernet

生成多項式の方法は使用する通信手順やアプリケーションによって異なります。現在使用されている車載ネットワーク用の生成多項式は**表8.6**のようになります。

8.4 アドレス指定による通信の種類

8.4.1. ユニキャスト

ユニキャストは、受信するECUの宛先アドレスを指定して、1対1で行われるデータ通信です。**図8.19**の例は、ユニキャストを意味する0番地とECUの宛先アドレス35番地を指定して通信している例です。

8.4.2. マルチキャスト

マルチキャストは、受信するECUのグループアドレスを指定して、1対多で行われるデータ通信です。**図8.20**の例は、マルチキャストを意味する1番地とグループアドレス30番地を設定することで30番地台のECUを指定して通信している例です。

8.4.3. ブロードキャスト

ブロードキャストは、特定のアドレスを指定して、同じネットワーク内の全ECUと行うデータ通信です。**図8.21**の例は、ブロードキャストを意味する2番地を設定することで全ECUと通信している例です。ECUの宛先アドレスは、どんな値を設定しても通信に影響は与えません。

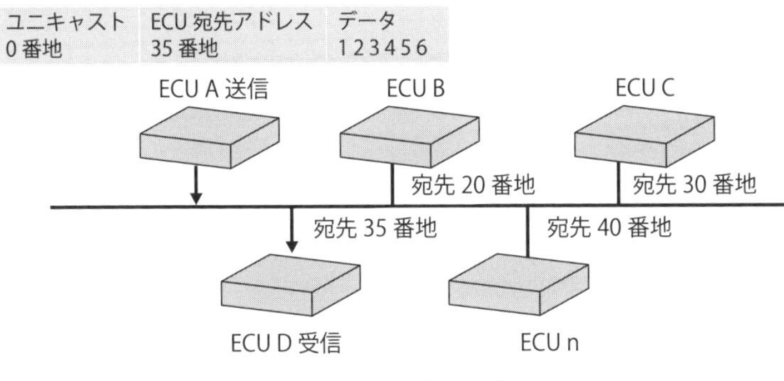

図8.19　ユニキャスト

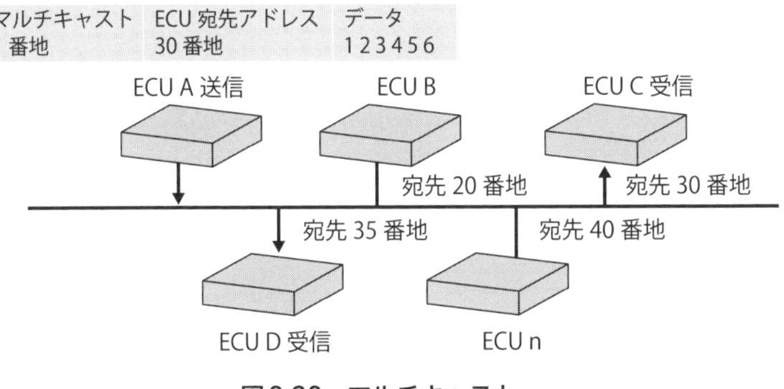

図8.20　マルチキャスト

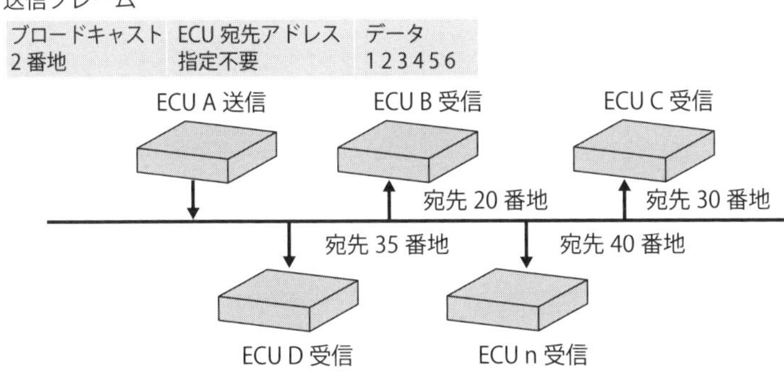

図8.21　ブロードキャスト

8.5 アクセス制御方式

8.5.1. CSMA/CD

CSMA/CD（Carrier Sense Multiple Access/Collision Detect）は、伝送路がアイドル状態（使用されていない状態）であることを確認後、送信するアクセス制御方式です（**図8.22**）。送信機能を持つECUが複数ある場合、同時送信によるデータの衝突（コリジョン）が発生しますが、衝突を検出した時点でECUは送信を中止します。異常終了からの復帰処理は、データの衝突を回避するためにランダムな時間を待機した上で再送を行います。車載ネットワークでは、車載Ethernetの10BASE-T1S（IEEE802.3cg）で使用しています。

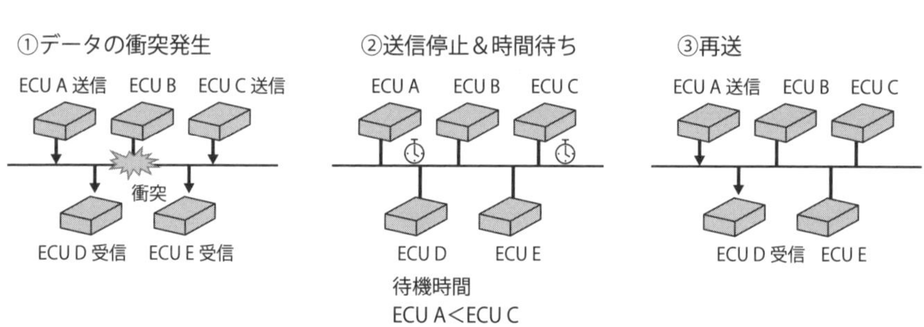

図8.22　CSMA/CD

8.5.2. CSMA/CR

CSMA/CR（Carrier Sense Multiple Access/Collision Resolution）は、伝送路がアイドル状態（使用されていない状態）であることを確認後、送信するアクセス制御方式です（**図8.23**）。送信機能を持つECUが複数ある場合、同時送信によるデータの衝突（コリジョン）が発生しますが、衝突を検出した時点でECUは送信フレームの宛先アドレスによる優先度判定を行い、優先度の低い送信フ

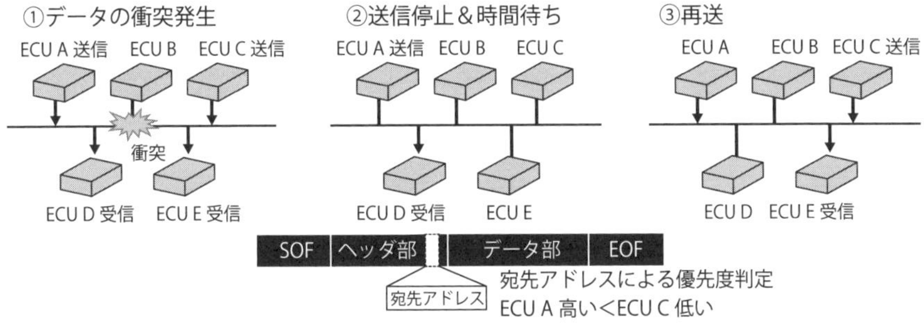

図8.23　CSMA/CR

レームを送信しているECUは送信を中止し受信動作に移行します。CSMA/CRではこの一連の動作のことをアービトレーションと呼んでいます。アービトレーションで負けたECUの復帰処理は、ランダムな時間を待たずに再送を行います。車載ネットワークでは、CANやCAN FD、CXPIで使用しています。

8.5.3. TDMA

TDMA（Time Division Multiple Access）は、同一ネットワークバスに接続されているすべてのECUでネットワーク時間を共有します（**図8.24**）。すなわち、ネットワーク上で基準となる時間が管理されます。各ECUは、期間開始信号か

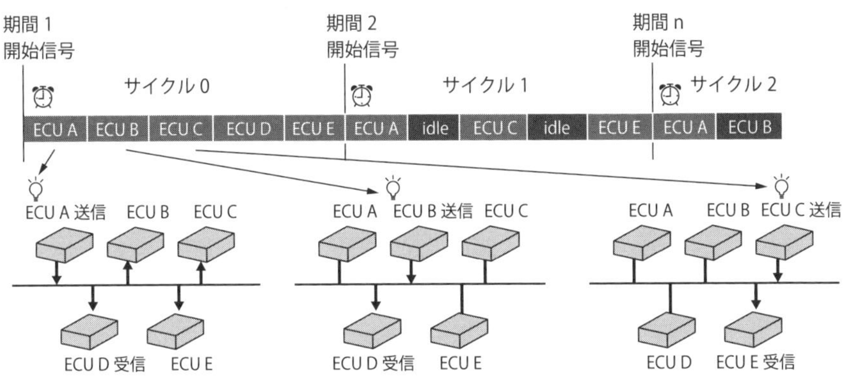

図8.24　TDMA

ら決められたオフセット時間経過後に通信フレームを送信します。伝送路異常が発生した場合は、その時点で送信終了です。再送するかどうかは、通信ソフトウェアによって決まります。車載ネットワークでは、FlexRayで使用しています。

コラム　CSMA/CRとCSMA/CAの違い

従来のCANの解説ではCSMA/CAとして紹介されていることが多かったと思われます。しかし、最近ではCSMA/CRという名称で紹介されるようになってきました。CSMA/CRとCSMA/CAとの違いは何でしょうか。

厳密に言うとCSMA/CA（Carrier Sense Multiple Access/Collision Avoidance（搬送波感知多重アクセス／衝突回避方式））は衝突を回避するために待ち時間を挿入するなどの方法を定義していますが、CSMA/CR（Carrier Sense Multiple Access/Collision Resolution）は、衝突した時の対応方法を定義している点が異なります。CANのアービトレーションやCXPIのイベントトリガー方式は、衝突を回避するためのものではなく衝突した時の振る舞いを定義したものなので、CRと呼ぶ方が正しい定義ということになります。

8.6 ベースバンド方式

デジタル情報をパルス波形として電圧や光の有無に変換し、デジタル情報をそのまま伝送する方法をベースバンド方式といいます。ベースバンド方式による伝送は品質が良く、伝送速度も速いことから車載ネットワークの伝送方式として標準的に使われています。Ethernetには、ノイズ耐量を上げるためにブロック符号などの今までにはない機能を物理層で使用しています。

8.6.1. 伝送符号

伝送路上にある様々な雑音により発生するデータの誤りを検出しやすくするために、いろいろな種類の伝送路符号が採用されています。車載ネットワークで使っている伝送符号の代表的なものを紹介します。

①NRZ符号

NRZ（Non-Return-to-Zero）符号は、デジタル信号が「0」の時は「0」、「1」の時は「1」にする方式です。NRZ符号に変換した例を**図8.25**に示します。車載ネットワークではLIN、CAN、CAN FDが使っています。

②NRZI符号

NRZI（Non-Return-to-Zero Inversion）符号は、デジタル信号が「1」の時に電圧の極性を変化させます。「0」の時は前の状態を保持するという方式です。NRZI符号に変換した例を**図8.26**に示します。車載ネットワークでは車載EthernetのPMA層で使っています。

③マンチェスタ符号

マンチェスタ符号は、デジタル信号が「1」の時「10」に、「0」の時「01」にする方式です。NRZやNRZIと比べると倍のClockで処理する必要がありますが、伝送路に現れる周波数成分は、3種類の周波数成分に限定できるためノイズ対策がしやすい符号となっています。マンチュスタ符号に変換した例を**図8.27**に示します。車載ネットワークでは車載Ethernetの10BASE-T1Sで使っています。

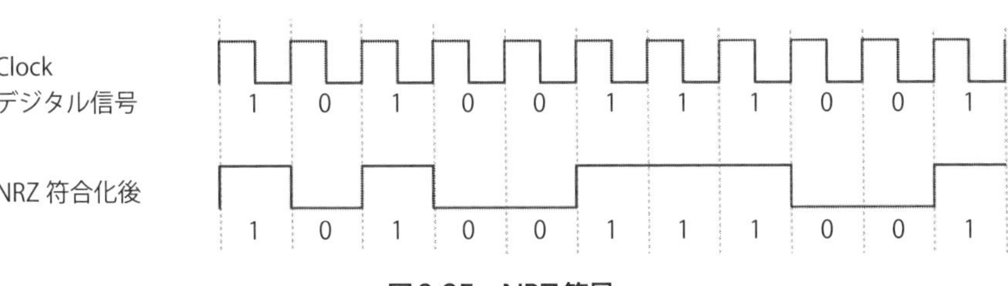

図8.25　NRZ符号

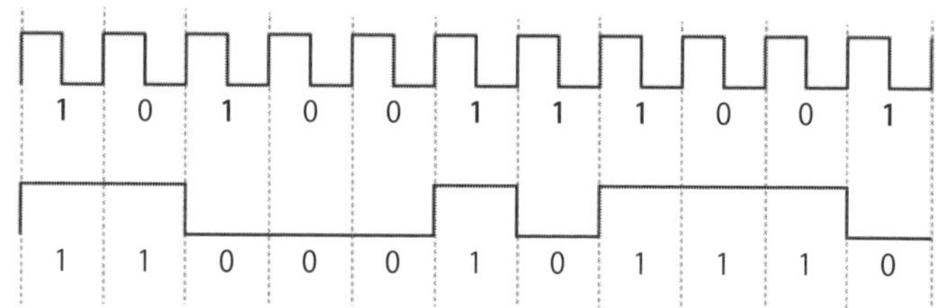

図8.26　NRZI符号

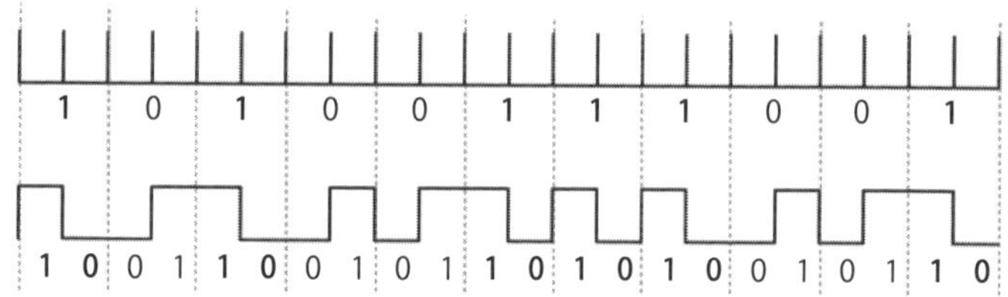

図8.27　マンチェスタ符号

8.7 シグナリング（電気信号）

8.7.1. 片線接地方式（シングル-エンド）

片線接地方式とは、GND基準の値電圧より電圧が高いか低いかで、信号の「1」と「0」を表現する方式です。この方式の特徴は、1本の信号線だけで信号を伝送できることです（**図8.28**）。ただし、外部より閾値を超えるノイズが混入した場合、受信側レシーバにはノイズが混入したままで伝送してしまいます。以上のことから、100KHz以上の高い周波数になると信号とノイズの識別が困難になるので、低速通信向けのシグナリング方式といえます。

車載ネットワークでは、LINやCXPIといったネットワークで使用しています。LINの場合の応用例を**図8.29**に示します。

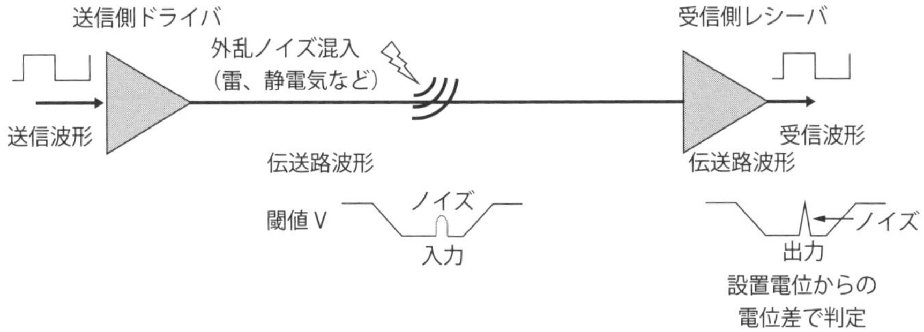

図8.28　片線接地方式

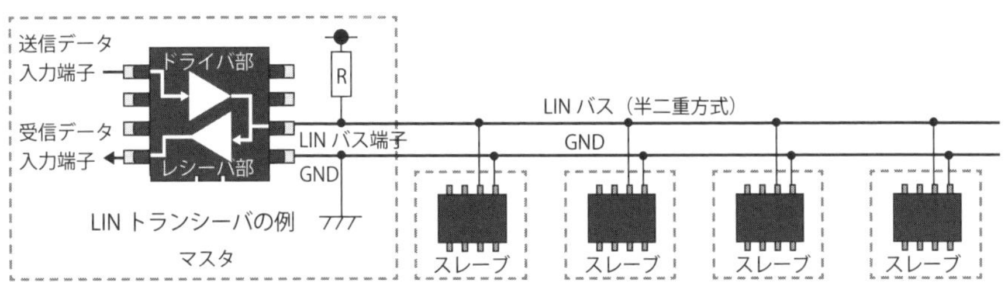

トランシーバは、送信機（Transmitter）と受信機（Receiver）から作った造語です。電気信号の送受信を行う IC を指します。

図8.29　LINでの応用

8.7.2.　差動方式（ディファレンシャル）

差動方式とは、信号と極性の反転した信号を、2本の信号線を使い同時に対で出力する方式です（**図8.30**）。この方式の特徴は、外乱ノイズが混入した場合、受信レシーバは電位差のない同相ノイズに関しては簡単に除去できることです。このような機能があるため、100KHz以上の高い周波数の信号を伝送する場合に多用されているシグナリング方式です。

車載ネットワークでは、CANやCAN FD、FlexRay、Ethernet（100BASE-TX、100BASE-T1など）といったネットワークで使用しています。CANの場合の応用例を**図8.31**に示します。

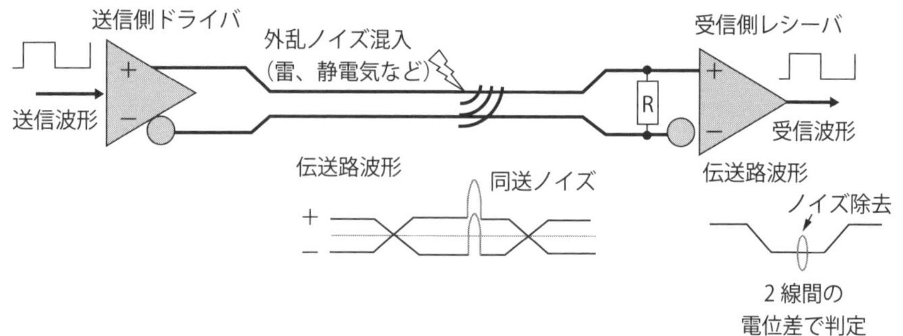

図8.30　差動方式

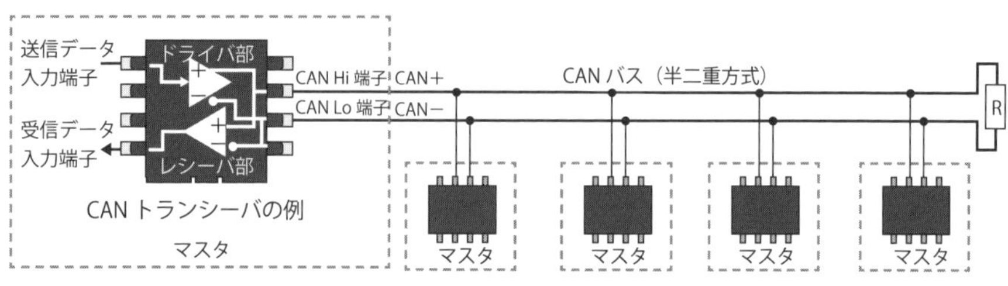

図8.31　CANでの応用例

8.8 車載通信用ケーブル

8.8.1. 車載通信用ケーブルの種類

ネットワーク構築時に使用するケーブルには、ノイズ対策用の保護シールドを使用したシールドデッドツイストペア線（以下STPと呼ぶ）と、使用しないアンシールドツイステッドペア線（以下UTPと呼ぶ）の2種類があります（**図8.32**）。車載ネットワークで使用するケーブルは、UTPを主に使用します。片線接地方式で使用するLINやCXPIでも単線ではありますが、UTPを使用します。

このUTPケーブルですが、通信速度に応じてカテゴリー分けされています(**表8.7**)。(ANSI/TIA規格) 車載Ethernetに関しては、カテゴリー5に対応するケーブルが必要になります。CAN、CAN FD、FlexRayに関しては、最大通信速度が車載Ethernetと比較して低いので、カテゴリー2やカテゴリー3に相当するケーブルを使用します。

8.8.2. ツイストペア線を使う理由

ネットワーク構築時にはツイストペア線を使用するのが一般的です。これは2本のケーブルをねじることで、平行線の時と比較して外部ノイズに対しての耐性を強くできるためです。また、出す方のノイズも小さくできるという長所があるので、広く使われています。

①外部ノイズに強い

外部から電磁誘導ノイズが侵入した場合、ケーブルを貫通する磁束により起電力が発生します(フレミングの右手の法則)。ツイストペア線は撚り対線となっ

図8.32　ネットワーク構築用ケーブル

表8.7　UTPのカテゴリー分け

ANSI/TIA規格	カテゴリー2	カテゴリー3	カテゴリー4	カテゴリー5
最大通信速度	4Mbps	16Mbps	20Mbps	100Mbps
最大伝送路長	約60m(－40度から80度の範囲の場合)			
ケーブル構造	UTP			
応用例	CAN	CAN FD FlexRay		100BASE-TX 100BASE-T1

ているため電流の向き（⦿と＋）が交互となるため、この起電力を打ち消すことができます（**図8.33**）。

②低ノイズ（ノイズを出さない）

ツイストペアを流れる信号電流の向きは、＋信号と－信号では逆になっていますが、ツイストペア線は撚り対線となっているため磁束の向き（⦿と＋）が交互に発生する仕組みとなっています（**図8.34**）。すなわち、磁束の向きが交互になっていることにより、自身の発する磁束は打ち消しあうことになりますので、外部にノイズを出しにくいという特徴があります。

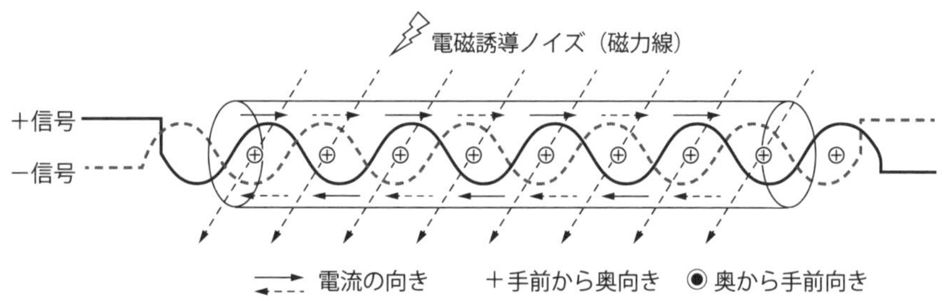

図8.33　外部ノイズに強い理由

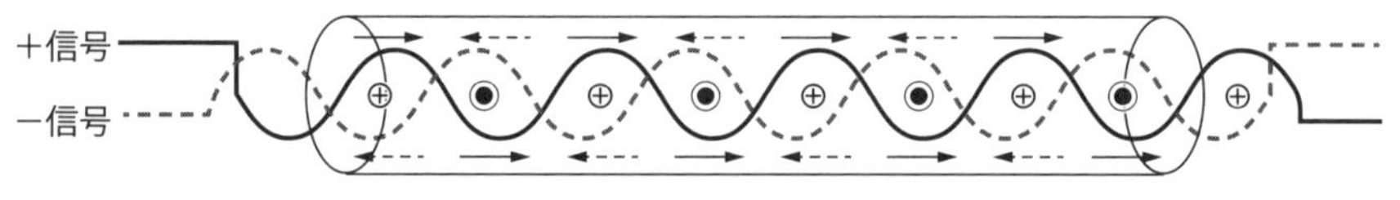

図8.34　低ノイズになる理由

8.9 ネットワーク構築のための技術全般

8.9.1. ネットワーク間の接続

車載ネットワーク間の中継を行うための代表的なECUとして、ブリッジ、スイッチ、ルータ、ゲートウェイについて説明します。

①ブリッジ

ブリッジは、同じデータリンク層のネットワーク間を中継するためのECUです（**図8.35**）。事前に登録したレイヤ2の宛先アドレス（MAC副層アドレス）のリストを判断し、一致した場合に中継を行います。一致しない場合は、中継を行いません（フィルタリング機能）。

この機能は、異なるネットワークからの攻撃や誤動作による誤送信に対するセキュリティ対策にもなります。不正なアクセスから守る防火壁ということで「ファイアウォール」と呼んでいます。

また、事前に登録する宛先アドレスリストのことを、中継しても問題がないリストという意味で「ホワイトリスト」と呼んでいます。車載ネットワーク導入後の初期段階の時に、CANネットワークの中継用として使用していました。

②スイッチ（レイヤ2スイッチ）

スイッチは、同じデータリンク層のネットワーク間を中継するためのECUです（**図8.36**）。機能は、ブリッジとほぼ同じです。事前に登録したレイヤ2の宛先アドレス（MAC副層アドレス）のリストを判断し、一致した場合に中継を行います。一致しない場合は、中継を行いません（フィルタリング機能）。

中継するチャネル数が3個以上のものをスイッチと呼んでいます。車載ネットワークでは、CANやEthernet（10BASEを除く）ネットワークの中継用として使用しています。

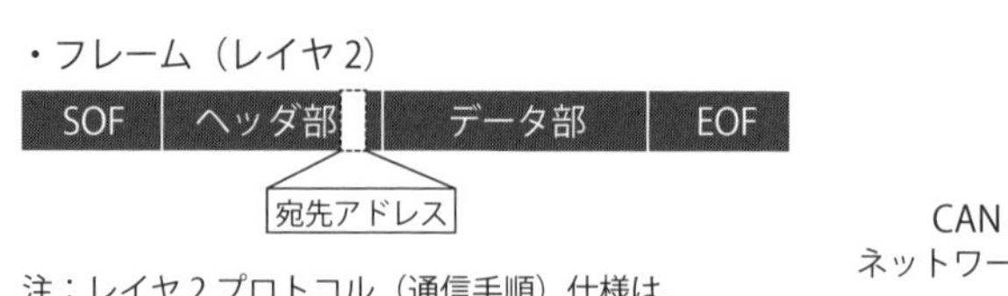

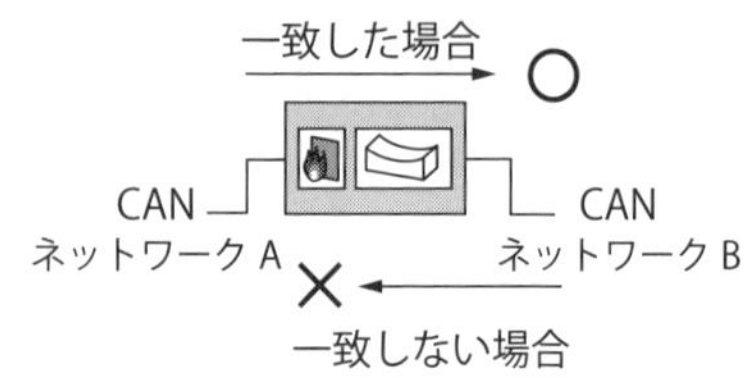

図8.35　ブリッジ

図8.36　スイッチ

③ルータ

ルータは、同じデータリンク層のネットワーク間を中継するためのECUです（**図8.37**）。事前に登録したレイヤ2とレイヤ3の宛先アドレス（IPアドレス）のリストを判断し、一致した場合に中継を行います。一致しない場合は、中継を行いません。（フィルタリング機能）

車載ネットワークでは、Ethernet（10BASEを除く）の中継用として使用しています。スイッチと比べセキュリティ機能が大幅に強化されていることもあり、「コネクテッドカー」などの車外との通信機能（LTE、5GやWi-Fi）を持つECUと車内のECUを中継するために使用します。

④ゲートウェイ

ゲートウェイは異なるデータリンク層のネットワーク間を中継するためのECUです（**図8.38**）。事前に登録したレイヤ2、レイヤ3とレイヤ4以上の宛先アドレスのリストを判断し、一致した場合に中継を行います。一致しない場合は、中継を行いません（フィルタリング機能）。

車載ネットワークでは、CANをベースとしたゲートウェイが多く使われていますが、「コネクテッドカー」になるとEthernetをベースにしたセキュリティ機能が大幅に強化されたゲートウェイを使用します。

図8.37　ルータ

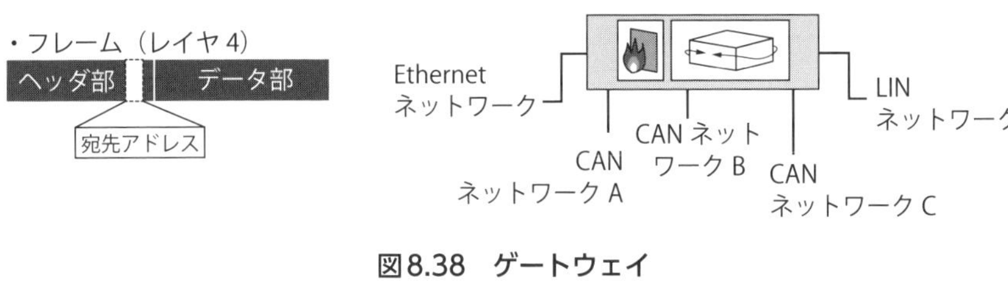

図8.38　ゲートウェイ

8.9.2. ネットワークトポロジ

ネットワークトポロジとは、通信ネットワーク上のECUの接続形態を表したものです。車載ネットワークで使っている代表的な物理トポロジとして、バス型、スター型、リング型のトポロジについて説明します。

①バス型トポロジ

バス型トポロジは、1本の幹線に複数のECUが支線経由で接続するトポロジのことです（**図8.39**）。バス型トポロジでは、中心となるケーブルに障害（短絡など）が発生するとそれに接続する全てのECUが通信できなくなります。主に車載ネットワークのEthernetの10BASE-T1S、CAN、CAN FD、LIN、CXPIで使っているトポロジです。

②リング型トポロジ

リング型トポロジは、ECUをリング状に接続するトポロジのことです（**図8.40**）。ケーブルに障害が発生した場合、信号の伝送方向をECU AからECU D方向に変えることで、通信を正常に行うことができます。主に車載ネットワークのASRB、MOST、Ethernetの100BASE-TX、T1や1000BASE-T1で使っているトポロジです。Ethernetの場合は、スイッチやルータなどの中継機間を接続するトポロジとして使用する場合があります。

③スター型トポロジ

スター型トポロジは、中継機（スイッチもしくはルータ）を介してECUを放射状に接続するトポロジのことです（**図8.41**）。ケーブルに障害が発生した場合は、障害が発生したECUとは通信はできませんが、その他のECUとは正常に通信を行えます。主に車載ネットワークのFlexRay、Ethernetの100BASE-TX、T1や1000BASE-T1で使っているトポロジです。

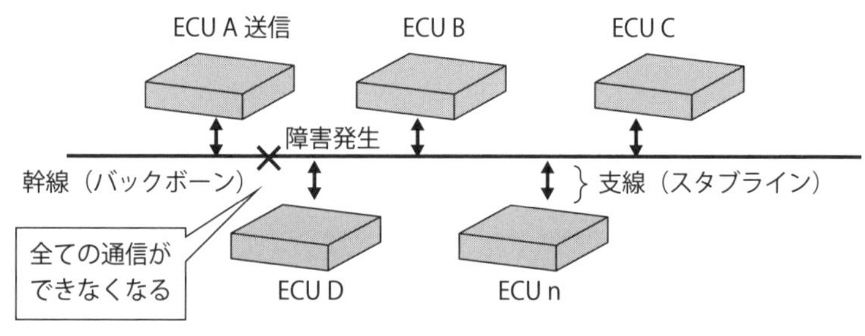

図8.39　バス型トポロジ

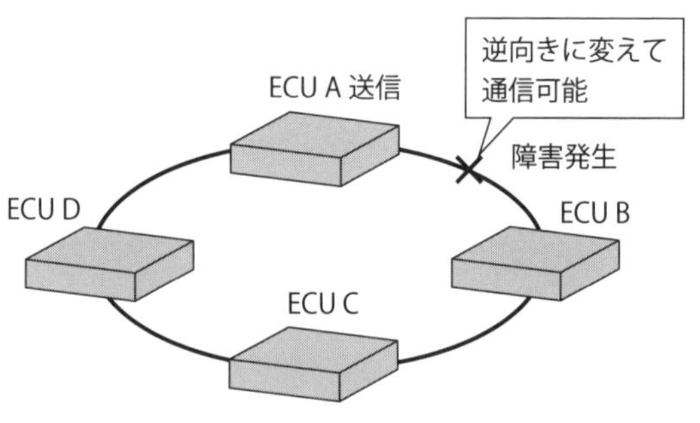

図8.40　リング型トポロジ

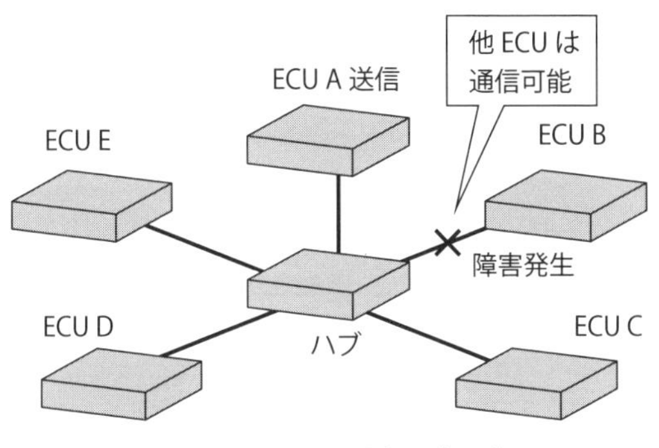

図8.41　スター型トポロジ

参考文献

○ネットワーク全体

「車載ネットワーク・システム徹底解説」佐藤道夫、CQ出版

「車載LANとその応用」監修：大熊繁、著者：松本孝、土屋泰、沖寿美代、西原百合子、古谷壽章、大木紳一、松谷寛、トリケップス

「図解カーエレクトロニクス［上］システム編」監修：加藤光治、著者：デンソーカーエレクトロニクス研究会、日経BP

「図解カーエレクトロニクス［下］要素技術編」監修：加藤光治、著者：デンソーカーエレクトロニクス研究会、日経BP

○CAN/CAN FD

「CAN入門講座―組込みマイコンで学ぶCANプロトコルとプログラミング」著者：五十嵐資朗、玉城礼二、佐藤正幸、電波新聞社

「ISO11898-1：2015 Road vehicles―Controller area network（CAN）―Part 1：Data link layer and physical signalling」ISO

「ISO11898-2：2016 Road vehicles―Controller area network（CAN）―Part 2：High-speed medium access unit」ISO

「ISO11898-3：2006 Road vehicles―Controller area network（CAN）―Part 3：Low-speed, fault-tolerant, medium-dependent interface」ISO

「はじめてのCAN/CANFD」ベクタージャパン
（https://www.vector.com/jp/ja/know-how/beginners/beginners-cancan-fd-jp/）

○LIN

「LIN Specification Package Revision 1.3 Dec. 12, 2002」LIN Consortium

「LIN Specification Package Revision 2.0 September 23, 2003」LIN Consortium

「LIN Specification Package Revision 2.1 November 24, 2006」LIN Consortium

「LIN Specification Package Revision 2.2A December 31, 2010」LIN Consortium

「ISO 17987-2：2016（E）」ISO

「ISO 17987-3：2016（E）」ISO

「ISO 17987-6：2016（E）」ISO

○CXPI

「JASO D 015-1」公益社団法人自動車技術会

「JASO D 015-2」公益社団法人自動車技術会

「JASO D 015-3」公益社団法人自動車技術会

○車載Ethernet

「IEEE Standard for Local and Metropolitan Area Networks：Overview and Architecture」IEEE Computer Society IEEE
「IEEE Standard for Local and Metropolitan Area Networks—Timing and Synchronization for Time-Sensitive Applications」IEEE Computer Society IEEE
「ISO21111-1：2020 Road vehicles—In-vehicle Ethernet—Part 1：General information and definitions」ISO
「ISO21111-1：2020 Road vehicles—In-vehicle Ethernet—Part 2：Common physical entity requirements」ISO
「Specification of Ethernet Interface R20-11」AUTOSAR
「Specification of Ethernet Transceiver Driver R20-11」AUTOSAR
「Specification of Ethernet Driver R20-11」AUTOSAR
「OPEN Sleep/Wake-up Specification Ver2.0」OPEN Alliance
「Advance Diagnostic features for 100BASE-T1 automotive Ethernet PHYs Ver1.0」OPEN Alliance
「OPEN Alliance Automotive Ethernet ECU Test Specification Layer 1」OPEN Alliance
「OPEN Alliance Automotive Ethernet ECU Test Specification Layer 2」OPEN Alliance「BroadR-Reach® Physical Layer Transceiver Specification For Automotive Applications」Broadcom Corporation
「図解でわかるネットワークの全て」小泉修、日本実業出版社
「はじめての車載Ethernet」ベクタージャパン
https://cdn.vector.com/cms/content/know-how/VJ/PDF/AutomotiveEthernet_for_Beginners.pdf

○Diagnostic

「ISO 14229-1：2020 Road vehicles—Unified diagnostic services (UDS)—Part 1：Application layer」ISO
「ISO 15765-2：2016 Road vehicles—Diagnostic communication over Controller Area Network (DoCAN)—Part 2：Transport protocol and network layer services」ISO

○デバイス

「RL78/F13, F14 ユーザーズマニュアル ハードウェア編」ルネサスエレクトロニクス
「RH850/F1KH, RH850/F1KM User's Manual：Hardware」ルネサスエレクトロニクス
「TJA1145A High-speed CAN transceiver for partial networking Product data sheet」NXP Semiconductors N.V.
「車載向けCAN トランシーバBD41041FJ-C Datasheet」ローム
「車載向け低EMI CXPIトランシーバ BD41003FJ-C Datasheet」ローム
「車載向けLINトランシーバ BD41030FJ-C Datasheet」ローム

索引

英数字

あ

か

さ

た

な

は

ま

や

ら

わ

■ 著者紹介

藤澤 行雄

1996年より三菱電機（現ルネサスエレクトロニクス）にて、CANを皮切りに車載通信プロトコル（J1850, TTCAN, LIN, FlexRay, TTP, Ethernet）用デバイスの開発および応用技術開発を担当。JASPARやFlexRayコンソーシアムなどの国内外の車載ネットワークの標準化団体の仕様策定委員として参画し、主にデータリンク層と物理層の仕様策定に寄与。AUTOSARのソフトプラットフォーム導入推進のため、ソフト処理負荷の重いBSW部のハード化検討など実施。2017年、株式会社ネットワークマスタを設立。車載ネットワーク技術応用コンサルタントとして活動中。

品川 雅臣

1994年に電気会社の半導体部門入社後、車載関連ソフトウェアおよびマイコンのフラッシュファームウェア開発に従事。2013年、株式会社サニー技研入社。16bitマイコン対応のAUTOSARソフトウェアプラットフォーム開発、CAN／CAN FDの通信ソフトウェアや通信ゲートウェイソフトウェアの開発に携わる。

高島　光

2008年に株式会社サニー技研入社後、自動車メーカー標準や大手部品メーカーオリジナルのCAN通信ソフトウェア・ツールの開発に従事。診断・ソフトウェアアップデート（リプログラミング）・セキュリティなどの領域で活動中。

村上　倫

2001年に株式会社サニー技研入社後、LIN通信ソフトウェア開発を中心に従事。LINコンソーシアム仕様、自動車メーカー独自仕様など多数のLIN通信ソフトウェア開発を担当し、様々なLIN仕様に精通。自動車技術会の新HMI系多重通信小委員会にてCXPI仕様の標準化活動にも参画。

石本 裕介

2005年に株式会社サニー技研入社後、CAN、LIN、CXPIの多岐にわたる通信ソフトウェアの開発に従事。CXPI通信ソフトウェアの製品化を推し進めるプロジェクトリーダー。車載通信アナライザツール（CAN、CAN FD、LIN）の開発にも携わる。

米田 真之

2005年に株式会社サニー技研入社後、CAN、LIN、FlexRayなどの通信ソフトウェアの開発に従事。この経験を活かし車載通信アナライザツール（CAN、CAN FD、LIN）ほか車載ECU開発者向けツール製品の開発に転向。現在、同製品のプロジェクトリーダー。

詳解 車載ネットワーク
CAN、CAN FD、LIN、CXPI、Ethernetの仕組みと設計のために NDC537

2022年6月29日 初版1刷発行
2024年6月21日 初版5刷発行

定価はカバーに表示されております。

藤澤 行雄
品川 雅臣
高島 光
村上 倫
石本 裕介
米田 真之

発行者 井水 治博
発行所 日刊工業新聞社
〒103-8548 東京都中央区日本橋小網町14-1
電話 書籍編集部 03-5644-7490
販売・管理部 03-5644-7403
FAX 03-5644-7400
振替口座 00190-2-186076
URL https://pub.nikkan.co.jp/
e-mail info_shuppan@nikkan.tech

印刷・製本 新日本印刷株式会社

落丁・乱丁本はお取り替えいたします。 2022 Printed in Japan

ISBN 978-4-526-08215-3